药材煲汤最滋补

柴瑞震 编著

黑龙江科学技术出版社
HEILONGJIANG SCIENCE AND TECHNOLOGY PRESS

图书在版编目（CIP）数据

药材煲汤最滋补/柴瑞震编著. -- 哈尔滨 ：黑龙
江科学技术出版社，2013.8（2024.2重印）
ISBN 978-7-5388-7490-7

Ⅰ．①药… Ⅱ．①柴… Ⅲ．①保健－汤菜－菜谱
Ⅳ.①TS972.122

中国版本图书馆CIP数据核字(2013)第073283号

药 材 煲 汤 最 滋 补
YAOCAI BAOTANG ZUI ZIBU

编　　著	柴瑞震	
责任编辑	李欣育　汝海婧	
出　　版	黑龙江科学技术出版社	
	地址：哈尔滨市南岗区公安街70-2号　邮编：150007	
	电话：（0451）53642106　传真：（0451）53642143	
	网址：www.lkcbs.cn	
发　　行	全国新华书店	
印　　刷	三河市天润建兴印务有限公司	
开　　本	711 mm×1016 mm　1/16	
印　　张	22	
字　　数	350千字	
版　　次	2013年8月第1版	
印　　次	2013年8月第1次印刷　2024年2月第2次印刷	
书　　号	ISBN 978-7-5388-7490-7	
定　　价	88.00元	

序

　　药膳食疗是在我国具有悠久历史的饮食疗法基础上发展而来的，并有独特的理论和丰富的内容，也是我国传统医学的重要组成部分，是中华民族文化宝库中的一颗璀璨的明珠。中华民族自古就有"寓医于食"的传统，"药食同源"已成为一种共识，且中医学向来认为食疗优于"药治"，尤其是在养生保健方面，中药材常结合着食物使用。药膳不同于一般的方剂，它药性温和，更加符合各类人群的身体状况。而且药膳有食物的美味，人们更易于接受和坚持服用。服用药膳可谓一项美差，一举两得，所以千百年来药膳在民间广为流传，其延年益寿、养生防病的作用得到了广泛的认可。如今，人们的生活水平有了显著提高，自行烹制药膳食用的人也越来越多，药膳养生已逐渐演变成为了一种时代的潮流。

　　毋庸置疑，人们的健康和生命的维系主要依赖于"吃"，故饮食是人的本能和第一大要，诚如《尚书·洪范》所言："饮食男女，人之大欲也"。如今，大多数人不会再为吃不饱而担忧，有些人本着"多多益善"的原则，山珍海味无所不吃。然而，有的人却因此得了"营养不良"，更不用说由此引发的心脑血管病、痛风、脂肪肝、高脂血症、糖尿病等"富贵病"。如此种种，非不能吃之太过和不及，实在是因为饮食习惯不健康所致。可见，吃出健康、吃出长寿并不简单。科学的饮食习惯，可以让人们增强体质、预防疾病，此时药膳作为一种特殊的食物，便可发挥其独特的优势。药膳可以达到"药借食力，食助药威"的功效，而且操作简单，取材方便，是人们日常生活保健养生的不二之选。所以，适宜饮食可以保持身体的阴平阳秘，达到身体健康的目的。

　　本书分为上下两篇，上篇详细介绍了药膳原料的四性、五味、五色以及药材、食材之间的搭配宜忌、使用原则和一些必要的药膳常识。从体质、职业、年龄、四季变化、五脏六腑几个方面入手，分别列举了它们首选的药材与食材，并给出相应的养生药膳供人们选择。本书下篇列举了十二种不同功效的药膳，分别为益气中药汤、补血中药汤、滋阴中药汤、壮阳中药汤、解表利湿汤、清热中药汤、活血化瘀汤、消食导滞汤、化痰平喘止咳汤、安神补脑汤、理气调中汤和收涩中药汤。故特撰写本书并序，以便与医学同道互相交流，切磋食疗经验，亦能使广大的群众更易、更快的选择到自己所需的药膳，喝出美味，喝出健康的好身体！

柴瑞震 谨识

目录

● 上篇　小小中药，大有智慧！

第一章 熟悉药材，煲出好汤！

第二章 辨清体质，因人施膳！

第三章 特定职业，饮食各异！

第四章 各种年龄，各种饮食！

第五章 四季变化，顺时养生！

第六章 五脏六腑，调养有方！

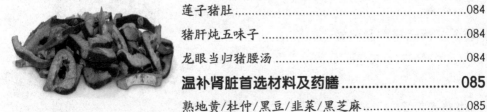

● 下篇　药材煲汤，受益全家！

第一章 益气中药汤

第二章 补血中药汤

第四章 壮阳中药汤

第五章 解表利湿汤

第六章 清热中药汤

第十一章 理气调中汤

第十二章 收涩中药汤

上篇

小小中药，大有智慧！

许多食物也可作为药物使用，它们之间没有绝对的分界线，中药与食物是同时起源的，随着时代的发展与人们经验的积累，药食才开始分化。《黄帝内经·太素》中写道："空腹食之为食物，患者食之为药物"，这里反映了"药食同源"的思想。中药使用正确时，效果会很突出，而用药不当时，则容易出现较明显的副作用。而食物治疗见效比较缓慢，疗效也不及中药那样突出，亦因此，当其配食不当时，也不至于立刻产生不良的结果。但需要注意的是，药物虽然药效强但一般不会经常吃，食物虽然作用弱但天天都不能缺少。中医以辨证理论为指导，将中药与食物搭配，或制作简单的药茶，或加入调味料，制成色、香、味、形俱佳的药膳食疗，因其膳中有药，兼具营养保健、防病治病的多重功效，深受人们喜爱，如今已成为人们餐桌上不可缺少的美味佳肴。

第一章

熟悉药材，煲出好汤！

　　中医讲究辨证施治，无论是养生还是治病，都需要根据每个人不同的体质和症状加以施膳。药膳养生是按药材和食材的性、味、功效进行选择、调配、组合的，用药物、食物之偏性来矫正脏腑功能之偏，使体质恢复正常。因此，如果我们想要煲出适合自己的一款好汤，就必须要熟悉药材和食材的四性、五味、五色、食疗功效以及一些煎煮的方法与搭配技巧，只有在充分认识到药材和食材这些基本知识的前提下，我们才能煲出既美味又有效的药膳汤。

寒、凉、温、热,四性各显其功

"四性"即寒、热、温、凉四种不同的性质,也是指人体食用后的身体反应。如食后能减轻体内热毒的食物属寒凉之性,吃完之后能减轻或消除寒证的食物属温热之性。

寒凉性药材与食材:清热、泻火、解暑、解毒

寒凉性质的药材和食物有清热、泻火、解暑、解毒的功效,能解除或减轻热证,适合体质偏热,如易口渴、喜冷饮、怕热、小便黄、易便秘的人,或一般人在夏季食用。如金银花可治热毒疔疮;夏季食用西瓜可解口渴、利尿等。寒与凉只在程度上有差异,凉次于寒。

代表药材:金银花、石膏、知母、黄连、黄芩、栀子、菊花、桑叶、板蓝根、蒲公英、鱼腥草、淡竹叶、马齿苋、葛根等。

| 金银花 | 黄连 | 菊花 | 桑叶 | 鱼腥草 |

代表食材:绿豆、西瓜、苦瓜、西红柿、香蕉、梨、田螺、猪肠、柚子、山竹、海带、紫菜、竹笋、油菜、莴笋、芹菜、薏米、白萝卜、冬瓜等。

| 绿豆 | 西瓜 | 苦瓜 | 西红柿 | 香蕉 |

温热性药材与食材:抵御寒冷、温中补虚、暖胃

温热性质的药材和食材均有抵御寒冷、温中补虚、暖胃的功效,可以消除或减轻寒证,适合体质偏寒,如怕冷、手脚冰冷、喜欢热饮的人食用。如辣椒适用于四肢发凉等怕冷的症状;姜、葱、红糖对缓解感冒、发热、腹痛等症状有很好的功效。

代表药材:黄芪、五味子、当归、何首乌、大枣、龙眼肉、鸡血藤、鹿茸、杜

| 黄芪 | 五味子 | 当归 | 何首乌 | 大枣 |

仲、肉苁蓉、淫羊藿、锁阳、肉桂、补骨脂等。

　　代表食材：葱、姜、韭菜、荔枝、杏仁、栗子、糯米、羊肉、狗肉、虾、鲢鱼、黄鳝、辣椒、花椒、胡椒、洋葱、蒜、椰子、榴莲等。

| 葱 | 姜 | 韭菜 | 荔枝 | 杏仁 |

平性药材与食材：开胃健脾、强壮补虚

　　平性的药食材介于寒凉和温热性药食材之间，具有开胃健脾、强壮补虚的功效并容易消化。各种体质的人都适合食用。

　　代表药材：党参、太子参、灵芝、蜂蜜、莲子、甘草、白芍、银耳、黑芝麻、玉竹、郁金、茯苓、桑寄生、麦芽、乌梅等。

| 党参 | 太子参 | 蜂蜜 | 莲子 | 甘草 |

　　代表食材：黄花菜、胡萝卜、土豆、大米、黄豆、花生、蚕豆、无花果、李子、黄鱼、鲫鱼、鲤鱼、牛奶等。

   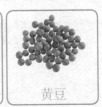

| 黄花菜 | 胡萝卜 | 土豆 | 大米 | 黄豆 |

酸、苦、甘、辛、咸，五味各不同

"五味"为酸、苦、甘、辛、咸五种味道，分别对应人体五脏，酸对应肝、苦对应心、甘对应脾、辛对应肺、咸对应肾。

酸味药材与食材："能收、能涩"

酸味药材和食物对应于肝脏，大多都有收敛固涩的作用，可以增强肝脏的功能，常用于盗汗自汗、泄泻、遗尿、遗精等虚证，如五味子，可止汗止泻、缩尿固精。食用酸味食物还可开胃健脾、增进食欲、消食化积，如山楂。酸性食物还能杀死肠道致病菌，但不能食用过多，否则会引起消化功能紊乱，引起胃痛等症状。

代表药材和食材：五味子、浮小麦、吴茱萸、马齿苋、佛手、石榴皮、五倍子；山楂、乌梅、荔枝、葡萄、橘子、橄榄、西红柿、枇杷、醋等。

| 五味子 | 马齿苋 | 佛手 | 山楂 | 乌梅 | 荔枝 |

苦味药材与食材："能泻、能燥、能坚"

苦味药材和食材有清热、泻火、除燥湿和利尿的作用，与心对应，可增强心的功能，多用于治疗热证、湿证等，但食用过量，也会导致消化不良。

代表药材和食材：绞股蓝、白芍、骨碎补、赤芍、栀子、槐米、决明子、柴胡；苦瓜、茶叶、青果等。

| 白芍 | 槐米 | 决明子 | 苦瓜 | 茶叶 | 青果 |

甘味药材与食材："能补、能和、能缓"

甘味药材和食材有补益、和中、缓急的作用，可以补充气血、缓解肌肉紧张和疲劳，也能中和毒性，有解毒的作用。多用于滋补强壮、缓和因风寒引起的痉挛、抽搐、疼痛，适用于虚证、痛证。甘味对应脾，可以增强脾的功能。但食用过多会引起血糖升高，胆固醇增加，导致糖尿病等。

代表药材和食材：丹参、锁阳、沙参、黑芝麻、银耳、桑葚、黄精、百合、地黄；莲藕、茄子、萝卜、丝瓜、牛肉、羊肉等。

| 丹参 | 锁阳 | 沙参 | 莲藕 | 茄子 | 萝卜 |

辛味药材与食材："能散、能行"

辛味药材和食材有宣发、发散、行气、通血脉的作用，可以促进肠胃蠕动，促进血液循环，适用于表证、气血阻滞或风寒湿邪等病症。但过量服用会使肺气过盛，有痔疮、便秘的老年人要少吃。

代表药材和食材：红花、川芎、紫苏、藿香、生姜、益智仁、肉桂；葱、大蒜、香菜、洋葱、芹菜、辣椒、花椒、茴香、韭菜、酒等。

| 红花 | 紫苏 | 生姜 | 大蒜 | 香菜 | 洋葱 |

咸味药材与食材："能下、能软"

咸味药材和食材有通便补肾、补益阴血、软化体内酸性肿块的作用，常用于治疗热结便秘等症。当发生呕吐、腹泻不止时，适当补充些淡盐水可有效防止发生虚脱。但心脏病、肾脏病、高血压的老年人不能多吃咸味的药材与食材。

代表药材和食材：蛤蚧、鹿茸、龟甲等；海带、海藻、海参、蛤蜊、猪肉、盐等。

| 蛤蚧 | 鹿茸 | 海带 | 海藻 | 海参 | 蛤蜊 |

绿、红、黄、白、黑，五色养五脏

"五色"为绿、红、黄、白、黑五种颜色，也分别与五脏相对应，不同颜色的食材、药材补养不同的脏器：绿色养肝、红色养心、黄色养脾、白色养肺、黑色养肾。

绿色药材与食材：护肝

绿色食物中富含膳食纤维，可以清理肠胃，保持肠道正常菌群繁殖，改善消化系统功能，促进胃肠蠕动，保持大便通畅，有效减少直肠癌的发生。绿色药材和食物是人体的"清道夫"，其所含的各种维生素和矿物质，能帮助体内毒素的排出，能更好的保护肝脏，还可明目，对老年人眼干、眼痛，视力减退等症状，有很好的食疗功效，如桑叶、菠菜。

代表药材和食材：桑叶、枸杞子叶、夏枯草、菠菜、韭菜、苦瓜、绿豆、青椒、韭菜、大葱、芹菜、油菜等。

| 桑叶 | 枸杞子叶 | 菠菜 | 韭菜 | 苦瓜 | 绿豆 |

红色药材与食材：养心

红色食物中富含番茄红素、胡萝卜素、氨基酸及铁、锌、钙等矿物质，能提高人体免疫力，有抗自由基、抑制癌细胞的作用。红色食物如辣椒等可促进血液循环，缓解疲劳，驱除寒意，给人以兴奋感；红色药材如枸杞子对老年人头晕耳鸣、精神恍惚、心悸、健忘、失眠、视力减退、贫血、须发早白、消渴等多有裨益。

代表药材和食材：红枣、枸杞子、牛肉、猪肉、羊肉、红辣椒、西红柿、胡萝卜、红薯、赤小豆、苹果、樱桃、草莓、西瓜等。

| 红枣 | 枸杞子 | 牛肉 | 猪肉 | 羊肉 | 红辣椒 |

黄色药材与食材：黄色食物 **健脾**

黄色食物中富含维生素C，可以抗氧化、提高人体免疫力，同时也可延缓皮肤衰老、维护皮肤健康。黄色蔬果中的维生素D可促进钙、磷的吸收，有效预防老年人骨质疏松症。黄色药材如黄芪是民间常用的补气药材，气虚体质的老年人适宜食用。

代表药材和食材：黄芪、玉米、黄豆、柠檬、木瓜、柑橘、柿子、番薯、香蕉、蛋黄、姜等。

| 黄芪 | 玉米 | 黄豆 | 柠檬 | 木瓜 | 柑橘 |

白色药材与食材：白色食物 **润肺**

白色食物中的米、面富含碳水化合物，是人体维持正常生命活动不可或缺的能量之源。白色蔬果富含膳食纤维，能够滋润肺部，提高免疫力；白肉富含优质蛋白；豆腐、牛奶富含钙质；白果有滋养、固肾、补肺之功，适宜肺虚咳嗽和肺气虚弱体质的哮喘者服用；百合有补肺润肺的功效，肺虚干咳久咳或痰中带血的老年人，非常适宜食用。

代表药材和食材：百合、白果、银耳、杏仁、莲子、白米、面食、白萝卜、豆腐、牛奶、鸡肉、鱼肉等。

| 百合 | 白果 | 银耳 | 杏仁 | 莲子 | 白米 |

黑色药材与食材：黑色食物 **固肾**

黑色食材、药材含有多种氨基酸及丰富的微量元素、维生素和亚油酸等营养素，可以养血补肾，改善虚弱体质。其富含的黑色素类物质可抗氧化、延缓衰老。

代表药材和食材：何首乌、木耳、黑芝麻、黑豆、黑米、海带、乌鸡等。

| 何首乌 | 木耳 | 黑芝麻 | 黑豆 | 乌鸡 | 海带 |

科学煎煮,功效更强

煎煮中药应注意火候与煎煮时间。煎一般药宜先用大火后用小火。煎解表药及其他芳香性药物不宜久煎。有效成分不易煎出的矿物类、骨角类、贝壳类、甲壳类药及补益药,宜用小火久煎,以使有效成分更充分地溶出。同一药物因煎煮时间不同,其性能与临床应用也存在差异。所以应特别注意以下几点。

先煎

如制川乌、制附片等药材,应先煎半小时后再放入其他药同煎。生用时煎煮时间应加长,以确保用药安全。川乌、附子等药材,无论生用还是制用,因久煎可以降低其毒性、烈性,所以都应先煎。磁石、牡蛎等矿物、贝壳类药材,因其有效成分不易煎出,也应先煎30分钟左右再放入其他药材同煎。

后下

如薄荷、白豆蔻、大黄、番泻叶等药材,因其有效成分煎煮时容易挥散或分解破坏而不耐长时间煎煮者,煎煮时宜后下,待其他药材煎煮将成时投入,煎沸几分钟即可。

包煎

如车前子、葶苈子等较细的药材,含淀粉、黏液质较多的药材,辛夷、旋覆花等有毛的药材,这几类药材煎煮时宜用纱布包裹入煎。

另煎

如阿胶、鹿角胶、龟胶等胶类药,容易熬焦,宜另行烊化,再与其他药汁兑服。

冲服

如芒硝等入水即化的药材及竹沥等汁液性药材,宜用煎好的其他药液或开水冲服。

配伍宜忌要牢记

"配伍"是指按病情需要和药性的特点，有选择地将两味以上的药物配合使用。但不是所有的中药都可配伍使用，中药的配伍也存在相宜相忌。

中药材的七种配伍关系

历代医家将中药材的配伍关系概括为七种，称为"七情"。

单行：用单味药治病。如清金散，单用黄芩治轻度肺热咳血；独参汤，单用人参补气救脱。

相使：将性能功效有共性的药配伍，一药为主，一药为辅，辅药能增强主药的疗效。如黄芪与茯苓配伍，茯苓能助黄芪补气利水。

相须：将药性功效相似的药物配伍，可增强疗效。如桑叶和菊花配伍，可增强清肝明目的功效。

相畏：即一种药物的毒性作用能被另一种药物减轻或消除。如附子配伍干姜，附子的毒性能被干姜减轻或消除，所以说附子畏干姜。

相杀：即一种药物能减轻或消除另一种药物的毒性或副作用。如干姜能减轻或消除附子的毒副作用，因此说干姜杀附子之毒。由此而知，相杀、相畏实际上是同一配伍关系的两种说法。

相恶：即两药物合用，一种药物能降低甚至去除另一种药物的某些功效。如莱菔子能降低人参的补气功效，所以说人参恶莱菔子。

相反：即两种药物合用，能产生或增加其原有的毒副作用。如配伍禁忌中的"十八反""十九畏"中的药物。

家庭药膳配伍，可取单行、相须、相使、相畏、相杀、相恶、相反的配伍一般禁用于家庭药膳中。

中药材用药之忌

配伍禁忌：目前，中医学界共同认可的配伍禁忌为"十八反"和"十九畏"。"十八反"即甘草反甘遂、大戟、海藻、芫花，乌头反贝母、瓜蒌、半夏、白蔹、白及，藜芦反人参、沙参、丹参、玄参、细辛、芍药。"十九畏"即硫黄畏朴硝，水银畏砒霜，狼毒畏密陀僧，巴豆畏牵牛，丁香畏郁金，川乌、草乌畏犀角，牙硝畏三棱，官桂畏石脂，人参畏五灵脂。

妊娠用药禁忌：妊娠禁忌药物是指妇女在妊娠期，除了要中断妊娠或引产外，禁用或须慎用的药物。根据临床实践，将妊娠禁忌药物分为"禁用药"和"慎用药"两大类。禁用的药物多属剧毒药或药性峻猛的药，以及堕胎作用较强的药；慎用药主要是大辛大热药、破血活血药、破气行气药、攻下滑利药以及温里药中的部分药。

禁用药：水银、砒霜、雄黄、轻粉、甘遂、大戟、芫花、牵牛子、商陆、马钱子、蟾蜍、川乌、草乌、藜芦、胆矾、瓜蒂、巴豆、麝香、干漆、水蛭、三棱、莪术、斑蝥。

慎用药：桃仁、红花、牛膝、川芎、姜黄、大黄、番泻叶、牡丹皮、枳实、芦荟、附子、肉桂、芒硝等。

服药食忌：服药食忌是指服药期间对某些食物的禁忌，即通常说的忌口。忌口的目的是避免疗效降低或发生不良反应，影响身体健康及病情的恢复。一般而言，服用中药时应忌食生冷、辛辣、油腻、有刺激的食物。但不同的病情有不同的禁忌，如热性病应忌食辛辣、油腻、煎炸及热性食物，寒性病忌食生冷、肝阳上亢、头晕目眩、烦躁易怒者应忌食辣椒、胡椒、酒、大蒜、羊肉、狗肉等大热助阳之品，脾胃虚弱、易腹胀、易泄泻者应忌食黏腻、坚硬、不易消化之品，患疮疡、皮肤病者应忌食鱼、虾、蟹等易引发过敏及辛辣刺激性食物。

巧记药膳烹调知识与工艺

药膳与药材、食材一样，具有"四性"（寒、热、温、凉）和"五味"（酸、辛、甘、苦、咸）的特点，所以在制作药膳时，在考虑其功效的前提下，也要兼顾味道的可口。

烹饪药膳的要求

要炮制精美可口、功效显著的药膳其实没那么简单，除了要讲究烹饪技术之外，制作人员的中医药知识、药膳烹调的制作工艺、烹饪过程的清洁卫生等对药膳的功效和味道都有至关重要的影响。

药膳制作人员除了要精于烹调技术外，还必须懂中医、中药的知识，只有这样，才能制作出美味可口、功效显著的药膳。

药膳的烹调制作必须建立在药膳调药师和药膳炮制师配制合格的药食基础上，按照既定的制作工艺进行烹调制作，保证药膳制成之后，质量达到要求，色香味俱全。

药膳烹调过程中的清洁卫生很重要，因为民众服用药膳是以健康长寿为目的的，清洁卫生工作的好坏直接关系到药膳的质量和功效。

药膳的烹调制作，提倡节约的原则。在药膳的烹调制作中，对取材用料的要求十分严格。动物的头、爪、蹄、翅膀和内脏，植物的根、茎、叶、花和果实，在药膳中的运用都是泾渭分明的。在取用了动植物的主要部分后，剩余较多的副产物，如鸡内金、鳖甲、龟板、蛇鞭等，不要随意扔掉，可清理干净留待下次使用，这样就相应地降低了药膳的成本。

药膳的烹调制作，应时刻牢记"辨证施膳"的原则。由于每个人的身体状况、所在的地区节气各不相同，所以药膳烹调师应严格按照医生的处方抓药，然后让药物炮制师对药物进行炮制，最后才能进行药膳烹调。

对于名贵药物如人参、西洋参、冬虫夏草、燕窝、雪蛤等可与食物共烹，并应让食客能见着药物；对一些坚硬价廉药物可单独煮后滤渣提取药液与食物共烹。

药膳烹调师在制作药膳前，要对药膳的制作有完整的设想，计划周密。是让全鸡、全鸭入膳，还是将食材切成块、丁入膳；是炒还是炖，都要先考虑好，然后按计划制作。

药膳装盘上桌时要讲究造型美观。盛装药膳的餐具要适当，一般来说，条、丝用条盘，丁、块用圆盘，再配以适当装饰，一款精美的药膳就可以上桌了。

药膳七大烹饪法

药膳的烹饪方法可分为"炖""焖""煨""蒸""煮""熬""炒"七种。可根据药膳原料的不同以及个人口味选择适合的烹饪方法。

炖：先将食材放入沸水锅里汆去血污和腥膻味，然后放入炖锅内（选用砂锅、陶器锅为佳）；药物用纱布包好，用清水浸泡几分钟后放入锅内，再加入适量清水，大火烧沸后撇去浮沫，再改小火炖至熟烂。炖的时间一般在2~3小时。

特点：以喝汤为主，原料烂熟易入味，质地软烂，滋味鲜浓。

焖：将食材冲洗干净，切成小块，锅内放油烧至六七成热，加入食材炒至变色，再加入药物和适量清水，盖紧锅盖，用小火焖熟即成。

特点：食材酥烂、汁浓、味厚，以柔软酥嫩的口感为主要特色。

煨：煨分两种，第一种是将炮制后的药物和食物置于容器中，加入适量清水慢慢地将其煨至软烂；第二种是将所要烹制的药物和食材经过一定的方法处理后，再用阔菜叶或湿草纸包裹好，埋入刚烧完的草木灰中，用余热将其煨熟。

特点：加热时间长，食材酥软，口味醇厚，无需勾芡。

蒸：将原料和调料拌好，装入容器，置于蒸笼内，用蒸气蒸熟。"蒸"又可细分为以下五种：①粉蒸，药食拌好调料后，再用米粉包好上蒸笼，如粉蒸丁香牛肉。②包蒸，药食拌好调料后，用菜叶或荷叶包好再上笼蒸制的方法，如荷叶凤脯。③封蒸，药食拌好调料后，装在容器中，用湿棉纸封闭好，然后再上笼蒸制的方法。④扣蒸，把药食整齐不乱地排放在合适的特制容器内，上笼蒸制的方法。⑤清蒸，把药食放在特制的容器中，加入调料和少许白汤，然后上笼蒸制的方法。

特点：营养成分不受损失，菜肴形状完整，质地细嫩，口感软滑。

煮：将药物与食物洗净后放在锅内，加入适量清水或汤汁，先用大火上烧沸，再用小火煮至熟。

特点：适于体小、质软一类的食材，属于半汤菜，其口味鲜香，滋味浓厚。

熬：将药物与食物用水泡发后，去其杂质，冲洗干净，切碎或撕成小块，放入已注入清水的锅内，用大火烧沸，撇去浮沫，再用小火烧至汁稠、味浓即可。

特点：汤汁浓稠、食材质软。

炒：是先用大火将炒锅烧热，再下油，然后下原料炒熟。炒又可细分为以下四种：①生炒，原料不上浆，先将食物和药物放入热油锅中炒至五六成熟，再加入辅料一起炒至八成熟，加入调味品，迅速颠翻，断生即成。②熟炒，将加工成半生不熟或全熟后的食物切成片，放入热油煸炒，依次加入药物、辅料、调味品和汤汁，翻炒均匀即成。③滑炒，将原料加工成丝、丁、片、条，用盐、淀粉、鸡蛋清上浆后，放入热油锅里迅速滑散翻炒，加入辅料，用大火炒熟。④干炒，将原料洗净切好之后，先用调味料腌渍（不用上浆），再放入八成热的油锅中翻炒，待水气炒干，原料变微黄时，加入调料同炒，炒至汁干即成。

特点：加热时间短，味道、口感均较好。

善用药膳原料，发挥最大疗效

药膳之所以能发挥疗效，是因为药膳中的药材与食材新鲜、不被污染，营养成分不被破坏。因此，我们要对药膳原料进行正确的保存，避免其腐烂、发霉、虫蛀、受潮等。此外，正确使用药膳原料对于药膳的疗效发挥也有非常重要的影响。

原料保存有方法

药膳原料的保存得当与否对药膳疗效的发挥有极大的影响，如果药膳材料保存不当，其发挥疗效的成分就会大大减少，从而失去其价值。

药膳材料一般都应放置在阴凉、干燥、通风处为佳。有些易腐烂、变质的食材像蛋类、蔬菜类可置于冰箱内保存。

需要长时间保存的药材，最好放在密封容器内或袋子里，或者冷藏；药材都有一定的保质期，任何药材都不宜放太长时间。虫蛀或发霉的药材，不可再继续食用；如果买回来的药材上有残留物，可以在食用前用清水浸泡半小时，再用清水冲洗之后，才可入锅；药材受潮后，要放在太阳下，将水分晒干，或用干炒的方法将多余水分去除。

增添药膳功效、味道小窍门

药膳的制作除了要遵循相关医学理论，要符合食材、药材的宜忌搭配之外，还有一定的窍门，这样可以让药膳吃起来更像美食。

适当添加一些甘味的药材：具有甘味的药材既有不错的药性，又可以增加菜肴的甜味，如汤里加一些枸杞子，不仅能起到滋补肝肾、益精明目的作用，还能让汤更加香甜美味。

用调味料降低药味：人们日常生活中所用的糖、酒、油、盐、酱、醋等均属药膳的配料，利用这些调味料可以有效降低药味。如果是炒菜，还可以加入一些味道稍重的调味料。

将药材熬汁使用：这样可以使药性变得温和，又不失药效，还可以降低药味，可谓"一举三得"。

药材分量要适中：切忌做药膳时用的药材分量与熬药相同，这样会使药膳药味过重，影响菜品的味道。

药材装入布袋使用：这样可以防止药材附着在食物上，既减少了药味，还维持了菜肴的外观和颜色。

了解药膳养生禁忌,避免走进误区

　　食物对疾病有食疗作用,但如运用不当,也可以引发疾病或加重病情。因此,在使用药膳食疗的过程中一定要掌握一些食材的使用禁忌知识,才能避免走进误区。

部分食材食用禁忌

(1)不适合某些人吃的食物

白萝卜:身体虚弱的人不宜吃。

茶:空腹时不要喝,失眠、身体偏瘦的人要尽量少喝。

姜:孕妇不可多吃。

胡椒:咳嗽、吐血、喉干、口臭、流鼻血、痔漏的人不适合吃。

麦芽:孕妇不适合吃。

薏米:孕妇不适合吃。

杏仁:小孩吃得太多会产生疮痈、膈热,孕妇也不可多吃。

西瓜:胃弱的人不适合吃。

桃子:产后腹痛、经闭、便秘的人忌食。

绿豆:脾胃虚寒的人不宜食。

枇杷:脾胃寒的人不宜食。

香蕉:胃溃疡的人不能吃。

(2)不宜搭配在一起食用的食物

蜂蜜与葱、蒜、豆花、鲜鱼、酒一起吃会导致腹泻或中毒。

牛奶和菠菜一起吃会中毒。

柿子和螃蟹一起吃会腹泻。

羊肉和豆酱一起吃会引发痼疾。

羊肉和奶酪一起吃会伤五脏。

葱和鲤鱼一起吃容易引发旧病。

李子和白蜜一起吃会破坏五脏的功能。

芥菜和兔肉一起吃会引发疾病。

用蘘和牛肉做羹一起吃会引发疾病。

猪肉不可和田螺一起吃,否则会使人眉毛脱落。

(3)不宜多吃的食物

葱多食令人神昏。

醋多吃会伤筋骨、损牙齿。

酒喝得太多会伤肠胃、损筋骨、使神经麻痹、影响神智和寿命。

木瓜多吃会损筋骨，使腰部和膝盖没有力气。

盐吃得太多，伤肺喜咳，令人皮肤变黑、损筋力。

糖吃得太多，会生蛀牙，使人情绪不稳定、脾气暴躁。

饼干吃太多，动火气、使喉部干燥、容易感冒。

肉类吃得太多，会让血管硬化、导致心脏病等。

乌梅多吃会损牙齿、伤筋骨。

杏仁吃太多会引起宿疾，使人目盲发落。

生枣多食，令人热渴气胀。

芋头多吃，会动宿疾。

李子多吃，会使人虚弱。

番石榴多吃，损人肺部。

胡瓜多吃，动寒热、积瘀血热。

姜吃得太多，令人少智、伤心神。

菱角吃得太多，伤人肺腑、损阳气。

药材与食材的配伍禁忌

中药材与食物配伍禁忌是古人在日常生活中总结出来的经验，值得我们重视。在烹调药膳时，应特别注意中药与食物的配伍禁忌。

猪肉：不能和乌梅、桔梗、黄连、苍术、荞麦、鸽肉、黄豆、鲫鱼同食。猪肉与苍术同食，令人动风；猪肉与荞麦同食，令人毛发落、患风病；猪肉与鸽肉、鲫鱼、黄豆同食，令人滞气。

猪心：不能与吴茱萸同食。

猪血：不能与地黄、何首乌、黄豆同食。

猪肝：不能与荞麦、豆酱、鲤鱼、肠子、鱼肉同食。猪肝与荞麦、豆酱同食，令人发痼疾；猪肝与鲤鱼、肠子同食，令人伤神；猪肝与鱼肉同食，令人生痈疽。

鸭蛋：不能李子、桑葚同食。

狗肉：不能与商陆、杏仁同食。

羊肉：不能与半夏、石菖蒲、丹砂、醋同食。

鲫鱼：不能与厚朴、麦门冬、芥菜、猪肝同食。

鲤鱼：不能与朱砂、狗肉同食。

黄鳝：不能与狗肉、狗血同食。

龟肉：不能与酒、水果、苋菜同食。

雀肉：不能与白术、李子、猪肝同食。

鳖肉：不能与猪肉、兔肉、鸭肉、苋菜、鸡蛋同食。

第二章

辨清体质，因人施膳！

药膳讲究因人施膳，不同的人有不同的体质，也适用于不同的食疗方。例如人参、虫草、鹿茸等有滋补强壮的作用，但不能长期不分对象地食用，否则可能会使不适宜者出现热盛火炎等副作用；野菊花、苦瓜等属寒凉性食材，体质虚寒的人吃了会寒上加寒。此外，药膳配方必须要在中医学理论的指导下，经过正确辨证后才能配制，擅自配方不但会削减药膳的功效，还有可能产生毒副作用。因此，我们在选取药膳时，应非常谨慎。总之，只有在辨清自身的体质状况的前提下，才能真正做到"对症下药，药到病除"。

现代中医对体质的论述

所谓体质，是指在人的生命过程中，在先天禀赋和后天获得的基础上，逐渐形成的在形态结构、生理功能、物质代谢和性格心理方面，综合的、固有的一些特质。

什么是体质

所谓体质，是指在人的生命过程中，在先天禀赋和后天获得的基础上，逐渐形成的在形态结构、生理功能、物质代谢和性格心理方面，综合的、固有的一些特质。体质可高度概括为形和神两个方面。形主要是形态结构，也就是人体看得见、摸得着的有形态结构的物质部分，如肌肉、骨骼等。神包括功能活动、物质代谢过程、性格心理精神，比如心跳、呼吸、吸收、消化、排泄以及人的性格特点、精神活动、情绪反应、睡眠等。形神结合就是生命，形神和谐就是健康，形神不和就是疾病，形神相离就是死亡。

体质决定健康

体质的变化决定健康的变化。每个人的体质都具有相对的稳定性，但是也具有一定范围的动态可变性、可调性，这才使体质养生具有很好的实用价值，通过调养，可以使体质向好的方面转化。体质养生就是顺应体质的稳定性，优化体质，改善体质。体质决定了我们的健康，决定了我们对于某些疾病的易感性，也决定了得病之后身体的反应形式以及治疗效果和预后转归，所以体质对我们每个人来说都非常重要。

养生还需分体质

一个人爱不爱生病、身体状况如何，是由体质决定的。体质分先天和后天，先天的体质是父母赋予我们的，我们无法改变，但后天体质却是由我们自己掌握的。因此，我们要注重后天的体质养生。但并不是所有的人都适用于同一种养生方法，养生还需分体质。人的形体有胖瘦、体质有强弱、脏腑有偏寒偏热的不同。所受的病邪，也都根据每人的体质、脏腑之寒热而各不相同，或成为虚证，或成为实证，或成为寒证，或成为热证。就好比水与火，水多了火就会灭，火盛了则水就会干涸，事物总是不断地盛衰变化。也就是说，不同体质的人易得不同的疾病。养生要因人而异，有的放矢，体现个人差异，绝不能所有的人都按照相同的方法养生保健。

最简明的体质自测法

老年人要想通过食用药膳来养生，首先要辨清自己是何种体质，这样才能因人施膳，从而达到养生的目的。《黄帝内经》将人的体质大致分为以下九种。

平和体质

平和体质是一种健康的体质，其主要特征为：阴阳气血调和，体型匀称健壮，面色、肤色润泽，头发稠密有光泽，目光有神，鼻色明润，嗅觉通利，唇色红润，不易疲劳，不易生病，生活规律，精力充沛，耐受寒热，睡眠良好，饮食较佳，二便正常。此外，性格开朗随和，对于环境和气候的变化适应能力较强。平和体质者饮食应有节制，营养要均衡，饮食粗细搭配要合理，少吃过冷或过热的食物。

气虚体质

气虚体质是由于一身之气不足，以气虚体弱、脏腑功能状态低下为主要特征的体质状态。其主要特征为：元气不足，肌肉松软不实，平素语音低弱，气短懒言，容易疲乏，精神不振，易出汗，舌淡红，舌边有齿痕，脉弱，易患感冒、内脏下垂等病。此外，性格内向，不喜冒险，不耐受风、寒、暑、湿邪。气虚体质者平时应多食用具有益气健脾作用的食物，如白扁豆、红薯、山药等。不吃或少吃荞麦、柚子、菊花等。

阳虚体质

阳虚体质是指人体的阳气不足，人的身体出现一系列的阳虚症状。其主要特征为：畏寒怕冷，手足不温，肌肉松软不实，喜温热饮食，精神不振，舌淡胖嫩，脉沉迟，易患痰饮、肿胀、泄泻等病，感邪易从寒化。此外，性格多沉静、内向，耐夏不耐冬，易感风、寒、湿邪。阳虚体质者平时可多食牛肉、羊肉等温阳之品，少吃或不吃生冷、冰冻之品。

阴虚体质

"阴虚"是指精血或津液亏损。其主要特征为：口燥咽干，手足心热，体形偏瘦，鼻微干，喜冷饮，大便干燥，舌红少津，脉细数，易患虚劳、失精、不寐等病，感邪易从热化。此外，性情急躁，外向好动、活泼，耐冬不耐夏，不耐受暑、热、燥邪。阴虚体质者平时应多食鸭肉、绿豆、冬瓜等甘凉滋润之品，少食羊肉、韭菜、辣椒等性温燥烈之品。

血瘀体质

血瘀体质的人血脉运行不通畅，不能及时排出和消散离经之血，久之，离经之血就会瘀积于脏腑器官组织之中，而产生疼痛。其主要特征为：肤色晦暗，色素沉着，容易出现瘀斑，口唇黯淡，舌暗或有瘀点，舌下络脉紫暗或增粗，脉涩，易患癥瘕及痛证、血证等。此外，血瘀体质者易烦、健忘，不耐受寒邪。血瘀体质者应多食山楂、红糖、玫瑰等，不吃收涩、寒凉、冰冻的东西。

痰湿体质

痰湿体质者脾胃功能相对较弱，气血津液运行失调，导致水湿在体内聚积成痰。其主要特征为：体形肥胖，腹部肥满，面部皮肤油脂较多，多汗且黏，胸闷，痰多，口黏腻或甜，喜食肥甘甜黏，苔腻，脉滑，易患消渴、中风、胸痹等病。此外，性格偏温和、稳重，多善于忍耐，对梅雨季节及湿重环境适应能力差。痰湿体质者饮食应以清淡为主，多食粗粮，夏多食姜，冬少进补。

湿热体质

湿热体质是以湿热内蕴为主要特征的体质状态。常表现为：面垢油光，易生痤疮，口苦口干，身重困倦，大便黏滞不畅或燥结，小便短黄，男性易阴囊潮湿，女性易带下增多，舌质偏红，苔黄腻，脉滑数，易患疮疖、黄疸、热淋等病。此外，容易心烦急躁，对夏末秋初湿热气候，湿重或气温偏高环境较难适应。湿热体质者饮食以清淡为主，可多食赤小豆，不宜食用冬虫夏草等补药。

气郁体质

气郁体质者大都性格内向不稳定，敏感多虑。常表现为：神情抑郁，忧虑脆弱，形体瘦弱，烦闷不乐，舌淡红，苔薄白，脉弦，易患脏躁、梅核气、百合病及郁证等。此外，气郁体质者对精神刺激适应能力较差，不适应阴雨天气。气郁体质者宜多食一些行气解郁的食物，如佛手、橙子、柑皮等，忌食辛辣食物、咖啡、浓茶等刺激品。

特禀体质

特禀体质也就是过敏体质，属于一种有偏颇的体质类型，过敏会给病人带来各种不适。其主要特征为：常见哮喘、风团、咽痒、鼻塞、喷嚏等；患遗传性疾病者有垂直遗传、先天性、家族性特征；先天性禀赋异常者或有畸形，或有生理缺陷；患胎传性疾病者具有母体影响胎儿个体生长发育及相关疾病特征。此外，特禀体质者对外界环境适应能力差。特禀体质者食宜益气固表，起居避免过敏原，加强体育锻炼。

平和体质首选材料、药膳

平和体质者一般不需要特殊调理，但人体的内部环境也易受外界因素的影响，如夏季炎热、干燥少雨，人体出汗较多，易耗伤阴津，所以可适当选用一些滋阴清热的食材或药材，百合、玉竹、银耳、枸杞子、沙参、梨、丝瓜、鸭肉、兔肉等。在梅雨季节气候多潮湿，则可选用一些健脾祛湿的食物或药材，如鲫鱼、茯苓、白扁豆、山药、赤小豆、莲子、薏米、绿豆、马蹄、冬瓜等。

玉竹

茯苓

薏米

枸杞子

鲫鱼

玉竹瘦肉汤

|配 方| 玉竹30克，猪瘦肉150克，盐、味精各适量
|制 作| ①玉竹洗净用纱布包好，猪瘦肉洗净切块。②玉竹、猪瘦肉同放入锅内，加适量水煎煮，熟后取出玉竹，加盐、味精调味即可。

功效 滋阴润燥、益气补虚

绿豆茯苓薏米粥

|配 方| 绿豆30克，大米60克，薏米50克，茯苓15克，冰糖20克
|制 作| ①绿豆、大米、薏米淘净，放入锅中加6碗水。②茯苓碎成小片，放入锅中，以大火煮开，转小火续煮30分钟。③加冰糖煮溶即可。

功效 健脾益气、清热利湿、养心安神

枸杞子蒸鲫鱼

|配 方| 鲫鱼1条，枸杞子20克，生姜丝5克，葱花、盐、味精、料酒各适量
|制 作| ①将鲫鱼洗净，宰杀后，用生姜丝、葱花、盐、料酒等腌渍入味。②将泡发好的枸杞子均匀地撒在鲫鱼身上。③再将鲫鱼上火蒸6~7分钟至煮即可。

功效 健脾利水、滋补肝肾、明目

气虚体质首选材料、药膳

气虚体质者宜吃性平偏温的、具有补益作用的药材和食材。比如中药有人参、西洋参、党参、太子参、山药等。果品类有大枣、葡萄干、苹果、龙眼肉、橙子等。蔬菜类有白扁豆、红薯、山药、莲子、白果、芡实、南瓜、包心菜、胡萝卜、土豆、香菇等。肉食类有鸡肉、猪肚、牛肉、羊肉、鹌鹑、鹌鹑蛋等。水产类有泥鳅、黄鳝等。调味料有麦芽糖、蜂蜜等。谷物类有糯米、小米、黄豆制品等。

黄芪

西洋参

党参

太子参

黄鳝

归芪猪脚汤

|配 方| 猪脚1只，当归10克，黄芪15克，黑枣5个，盐5克，味精3克

|制 作| ①猪脚洗净斩件，入滚水氽去血水。②当归、黄芪、黑枣洗净。③把全部用料放入清水锅内，武火煮滚后，改文火煲3小时，加调味料即可。

功效 补气养血、强壮筋骨

参果炖瘦肉

|配 方| 猪瘦肉25克，太子参100克，无花果200克，盐、味精各适量

|制 作| ①太子参略洗；无花果洗净。②猪瘦肉洗净切片。③把全部用料放入炖盅内，加滚水适量，盖好，隔滚水炖约2小时，调味供用。

功效 益气养血、健胃理肠

芪枣黄鳝汤

|配 方| 黄鳝500克，黄芪75克，生姜5片，红枣5个，盐5克，味精3克

|制 作| ①黄鳝洗净，用盐腌去黏潺液，切段，氽去血腥。②起锅爆香生姜片，放入黄鳝炒片刻取出。③黄芪、红枣、鳝肉放入煲内，加水煲2小时，调味即可。

功效 补气益血、滋补强身

阳虚体质首选材料、药膳

阳虚体质者可多食温热之性的药材和食材。比如中药有鹿茸、杜仲、肉苁蓉、淫羊藿、锁阳等。果品类有荔枝、榴莲以及龙眼肉、板栗、大枣、核桃、腰果、松子等。干果中最典型的就是核桃，可以温肾阳，最适合腰膝酸软、夜尿多的老年人。蔬菜类包含生姜、韭菜、辣椒等。肉食类有羊肉、牛肉、狗肉、鸡肉等。水产类有虾、黄鳝、海参、鲍鱼、淡菜等。调料类有麦芽糖、花椒、姜、茴香、桂皮等。

 杜仲

 鹿茸

 核桃

 韭菜

 虾

鹿茸枸杞子蒸虾

|配 方| 大白虾500克，鹿茸10克，枸杞子10克，米酒50毫升

|制 作| ①大白虾剪去须脚，自背部剪开冲净。②鹿茸、枸杞子以米酒浸泡20分钟。③大白虾盛盘，放入鹿茸、枸杞子及酒汁。④将盘子移入锅内隔水蒸8分钟即成。

功效 壮元阳、补气血、益精髓

猪肠核桃汤

|配 方| 猪大肠200克，核桃仁60克，熟地黄30克，大枣10个，姜丝、葱末、料酒、盐各适量

|制 作| ①猪大肠反复漂洗干净，余水切块；核桃仁捣碎；熟地黄、大枣洗净。②锅内加水适量，放入所有材料小火炖煮2小时即成。

功效 滋补肝肾、强健筋骨

核桃拌韭菜

|配 方| 核桃仁300克，韭菜150克，白糖、白醋、盐、香油各适量

|制 作| ①韭菜洗净，切长段。②锅内下油烧热，下入核桃仁炸成浅黄色后捞出。③在另一碗中放入韭菜、白糖、醋、盐、香油，拌入味，和核桃仁一起装盘即成。

功效 补肾壮阳、通便润肠、暖脾胃

阴虚体质首选材料、药膳

　　阴虚证多源于肾、肺、胃或肝的不同症状，应根据不同的阴虚症状而选用药材或食材。比如中药有银耳、百合、石斛、玉竹、枸杞子等。食材类有石榴、葡萄、柠檬、苹果、梨、香蕉、罗汉果、西红柿、马蹄、冬瓜、丝瓜、苦瓜、黄瓜、菠菜、生莲藕等。新鲜莲藕非常适合阴虚内热的人，可以在夏天榨汁喝；如果藕稍微老一点，质地粉，补脾胃效果则更好。也可以利用以上的药材和食材做成药膳，不仅美味，而且营养丰富，滋阴润燥。

百合

石斛

莲藕

冬瓜

梨

冬瓜瑶柱汤

|配 方| 冬瓜200克，虾30克，瑶柱、草菇各20克，高汤、姜、盐各适量

|制 作| ①冬瓜去皮切片；瑶柱泡发；草菇洗净对切。②虾去壳洗净；姜切片。③锅上火，爆香姜片，下入高汤、冬瓜、瑶柱、虾、草菇煮熟，调味即可。

功效 滋阴补血、利水祛湿

雪梨猪腱汤

|配 方| 猪腱500克，雪梨1个，无花果8个，盐5克

|制 作| ①猪腱洗净切块；雪梨去皮，洗净切块，无花果用清水浸泡，洗净。②把全部用料放入清水煲内，武火煮沸后，改文火煲2小时。③加盐调味即可。

功效 润肺清燥、降火解毒

百合绿豆粥

|配 方| 大米50克，百合30克，绿豆60克，枸杞子10克，盐2克

|制 作| ①大米、绿豆泡发洗净；百合洗净。②锅置火上，倒入清水，放入大米、绿豆煮至开花。③加入百合、枸杞子同煮至浓稠状，调入盐拌匀即可。

功效 清火、润肺、安神

湿热体质首选材料、药膳

　　湿热体质者养生重在疏肝利胆、祛湿清热。饮食以清淡为主。中药方面可选用茯苓、薏米、赤小豆、玄参等清热利湿功效的。食材方面可多食绿豆、芹菜、黄瓜、丝瓜、荠菜、芥蓝、竹笋、藕、紫菜、海带、四季豆、兔肉、鸭肉等甘寒、甘平的食物。湿热体质者还可适当喝些凉茶，如决明子、金银花、车前草、淡竹叶、溪黄草、木棉花等泡的茶，这对湿热体质者有很好的效果，可驱散湿热，但不可多喝。

赤小豆

玄参

绿豆

金银花

鸭肉

金银花饮

|配　方| 金银花20克，山楂10克，蜂蜜250克
|制　作| ①将金银花、山楂放入锅内，加适量水。②置急火上烧沸，5分钟后取药液一次，再加水煎熬一次，取汁。③将两次药液合并，稍冷却，然后放入蜂蜜，搅拌均匀即可。

|功效| 清热祛湿、驱散风热

茯苓绿豆老鸭汤

|配　方| 土茯苓50克，绿豆200克，陈皮3克，老鸭500克，盐少许
|制　作| ①老鸭洗净，斩件备用。②土茯苓、绿豆洗净备用。③瓦煲内加适量清水，大火烧开，然后放入土茯苓、绿豆、陈皮和老鸭，改用小火继续煲3小时，加盐调味即可。

|功效| 清热排毒、利湿通淋

赤小豆鱼片粥

|配　方| 鲫鱼50克，赤小豆20克，大米80克，盐3克，葱花、姜丝、料酒各适量
|制　作| ①大米、赤小豆洗净；鲫鱼收拾干净切片，用料酒腌渍。②锅置火上，注入清水，放入大米、赤小豆煮至八成熟。③再放入鱼肉、姜丝、葱花、盐煮至粥成。

|功效| 解毒渗湿、利水消肿

痰湿体质首选材料、药膳

　　痰湿体质者养生重在祛除湿痰、畅达气血，宜食味淡、性温平之食物。中药方面可选山药、薏米等有健脾利湿功效的，也可选生黄芪、茯苓、白术、陈皮等有健脾、益气、化痰功效的。食材方面宜多食粗粮，如玉米、小米、紫米、高粱、大麦、燕麦、荞麦、黄豆、黑豆、芸豆、蚕豆、红薯、土豆等。有些蔬菜比如芹菜、韭菜，也含有丰富的膳食纤维，非常适合痰湿体质者食用。

白扁豆

山药

白术

陈皮

玉米

白扁豆鸡汤

|配　方| 白扁豆100克，莲子40克，鸡腿300克，砂仁10克，盐5克

|制　作| ①将清水1500毫升、鸡腿、莲子置入锅中，以大火煮沸，转小火续煮45分钟备用。②白扁豆洗净，沥干，放入锅中煮熟。③再放入砂仁，搅拌溶化后，加盐调味后即可关火。

功效 健脾化湿、和中止呕

白术茯苓田鸡汤

|配　方| 白术、茯苓各15克，白扁豆30克，芡实20克，田鸡4只（约200克），盐5克

|制　作| ①田鸡宰洗干净，去皮斩块，备用；芡实、白扁豆、白术、茯苓均洗净，投入锅内转小火炖煮20分钟，再将田鸡放入锅中炖煮。②加盐调味即可。

功效 健脾益气、利水消肿

陈皮山楂麦茶

|配　方| 陈皮10克，山楂10克，麦芽10克，冰糖10克

|制　作| ①将陈皮、山楂、麦芽一起放入煮锅中。②加800毫升水以大火煮开，转小火续煮20分钟。③再加入冰糖，小火煮至溶化即可。

功效 理气健脾、祛湿润燥

血瘀体质首选材料、药膳

血瘀体质者养生重在活血祛瘀，补气行气。调养血瘀体质的首选中药是丹参，丹参是著名的活血化瘀中药，有促进血液循环，扩张冠状动脉，增加血流量，防止血小板凝结，改善心肌缺血的功效。另外，桃仁、红花、当归、三七、川芎等中药对于血瘀体质者也有很好的活血化瘀功效。食材方面如山楂、金橘、韭菜、洋葱、大蒜、桂皮、生姜、菇类、螃蟹、海参等都适合于血瘀体质者食用。

益母草

桃仁

三七

丹参

山楂

三七薤白鸡肉汤

|配 方| 鸡肉350克，枸杞子20克，三七、薤白各少许，盐5克

|制 作| ①鸡收拾干净，斩件，汆水；三七洗净，切片；薤白切碎。②将鸡肉、三七、薤白、枸杞子放入锅中，加适量清水，用小火慢煲。③2小时后加入盐即可食用。

功效 活血化瘀、散结止痛

二草赤小豆汤

|配 方| 赤小豆200克，益母草8克，白花蛇舌草15克，红糖适量

|制 作| ①赤小豆洗净，以水浸泡备用。益母草、白花蛇舌草洗净煎汁备用。②再将药汁加赤小豆以小火续煮1小时后，至赤小豆熟烂，即可加红糖调味食用。

功效 凉血解毒、活血化瘀

丹参红花陈皮饮

|配 方| 丹参10克，红花5克，陈皮5克

|制 作| ①丹参、红花、陈皮洗净备用。②先将丹参、陈皮放入锅中，加水适量，大火煮开，转小火煮5分钟即可关火。③再放入红花，加盖焖5分钟，倒入杯内，代茶饮用。

功效 活血化瘀、疏肝解郁

气郁体质首选材料、药膳

气郁体质者养生重在疏肝理气。中药方面可选陈皮、菊花、酸枣仁、香附等。陈皮有顺气、消食、治肠胃不适等功效；菊花有平肝宁神静思之功效；香附有温经、疏肝理气的功效；酸枣仁能安神镇静、养心解烦。食材方面可选橘子、柚子、洋葱、丝瓜、包心菜、香菜、萝卜、槟榔、大蒜、高粱、豌豆等有行气解郁功效的食物，醋也可多吃一些，山楂粥、花生粥也颇为相宜。

 菊花　 香附　 酸枣仁　 大蒜　 洋葱

山楂陈皮菊花茶

|配 方| 山楂10克，陈皮10克，菊花5克，冰糖15克

|制 作| ①山楂、陈皮盛入锅中，加400毫升水以大火煮开。②转小火续煮15分钟，加入冰糖、菊花熄火，焖一会即可。

|功效| 消食化积、行气解郁

大蒜银花茶

|配 方| 金银花30克，甘草3克，大蒜20克，白糖适量

|制 作| ①大蒜去皮，洗净捣烂。②金银花、甘草洗净，一起放入锅中，加水600毫升，大火煮沸即可关火。③调入白糖即可服用。

|功效| 行气解郁、清热除燥

玫瑰香附茶

|配 方| 玫瑰花5朵，香附10克，冰糖15克

|制 作| ①香附放入煮壶，加600毫升水煮开，转小火续煮10分钟。②陶瓷杯以热水烫温，放入玫瑰花，将香附水倒入冲泡，加冰糖调味即成。

|功效| 疏肝解郁、行气活血

特禀体质首选材料、药膳

特禀体质者在饮食上宜清淡、均衡，粗细搭配适当，荤素配伍合理。宜多吃一些益气固表的药材和食材。益气固表的中药中最好的是人参，虽然贵点，但也是最有效果的。还有防风、黄芪、白术、山药、太子参等也有益气的作用。在食物方面可适当地多吃一些糯米、羊肚、燕麦、红枣、燕窝和有"水中人参"之称的泥鳅等。燕麦是特别适宜过敏体质的人的一种食物，经常食用可提高机体的免疫力，防止过敏。

人参

防风

燕麦

糯米

泥鳅

鲜人参炖竹丝鸡

|配 方| 鲜人参两根，竹丝鸡650克，猪瘦肉200克，生姜2片，味精、盐、鸡汁各适量

|制 作| ①将竹丝鸡去内脏，洗净；猪瘦肉切件。②把所有的肉料焯去血污后，加入其他原材料，然后装入盅内，移到锅中隔水炖4小时。③调味即可。

功效 益气固表、强壮身体

香附豆腐泥鳅汤

|配 方| 泥鳅300克，豆腐200克，香附10克，红枣15克，盐少许，味精3克，高汤适量

|制 作| ①将泥鳅处理干净；豆腐切块；红枣洗净；香附煎汁备用。②锅上火倒入高汤，加入泥鳅、豆腐、红枣煲至熟，倒入香附汁，调入盐、味精即可。

功效 补中益气、疏肝解郁

山药黑豆粥

|配 方| 大米60克，山药、黑豆、玉米粒、薏米各适量，盐、葱各适量

|制 作| ①大米、薏米、黑豆、玉米粒均洗净；山药洗净切丁；葱切花。②锅置火上，加水，放入大米、薏米、黑豆煮至开花。③加山药、玉米煮至浓稠状，调入盐，撒上葱花即可。

功效 健脾暖胃、温中益气

第三章

特定职业，饮食各异！

职业不同的人所处的环境不同，他们对营养的需求也是不一样的。人从事不同职业，工作的状态也不一样。有的工作看起来轻松，却承受巨大的心理压力；有的工作看似简单，可体力消耗却非常大。但不管从事何种职业，"身体是革命的本钱"这个道理是通用的。医学专家指出，职业不同，身体消耗情况不一样，营养需求也有差异，平衡营养要因人、因时制宜，适当加以调节。因此，在日常生活中，如能够科学合理地安排饮食，可有效地预防、减轻职业病危害因素所致的健康危害，才能让我们轻松愉快地坚守在自己的工作岗位上。

脑力劳动者首选材料、药膳

　　脑力劳动者是靠头脑工作，脑力劳动强度较大，难免会有烦躁、精神疲倦、神经衰弱等症状，长时间保持坐着的状态会造成四肢血液循环受阻、静脉曲张或手脚酸麻等现象。因此，在日常饮食中，脑力劳动者宜多吃富含维生素A、维生素C及B族维生素的食物，如胡萝卜、红枣、龙眼肉等，胡萝卜有养肝明目的作用，常吃还可增强机体的抵抗力。红枣素有"天然维生素丸"之称，可提高记忆力，安抚神经、解除忧郁。龙眼肉含磷脂和胆碱，有助于神经的传导功能。此外，脑力劳动者应多吃健脑的食物，如花生仁、核桃仁、猪脑等。

红枣

胡萝卜

花生

核桃

猪脑

核桃排骨汤

|配　方| 排骨200克，核桃100克，何首乌40克，当归15克，熟地黄15克，桑寄生25克，盐适量

|制　作| ①排骨洗净砍成大块，氽烫后捞起备用。②其他所有食材洗净。③再将备好的材料加水以小火煲3小时，起锅前加盐调味即可。

功效 提神健脑、滋阴补血

胡萝卜红枣猪肝汤

|配　方| 猪肝200克，胡萝卜300克，红枣10个，盐、油、料酒各适量

|制　作| ①胡萝卜洗净，去皮切块，放油略炒后盛出；红枣洗净。②猪肝洗净切片，用盐、料酒腌渍，放油略炒后盛出。③把胡萝卜、红枣放入锅内，加足量清水，大火煮沸后以小火煲至胡萝卜熟软，放猪肝再煲沸，加盐调味。

功效 清肝明目、增强记忆力

体力劳动者首选材料、药膳

体力劳动者，如搬运工人、运动员等，他们的工作多以肌肉、骨骼的活动为主，能量消耗多，一天下来，肌肉酸痛、神疲力倦。因此，体力劳动者的饮食应以强健筋骨、补充能量为主。在日常饮食中，体力劳动者宜加大饭量来获得较高的热量，适当增加蛋白质的摄入，还要补充充足的水分、维生素和无机盐。宜多吃黑木耳、猕猴桃、橙子、南瓜、木瓜等。另外，体力劳动者在工作中难免会有碰伤、摔伤，因此宜选择三七、五加皮等散瘀消肿、强壮筋骨的中药材。此外，还要多食抗粉尘的食物，如猪血、胡萝卜、动物肝脏等。

粳米

三七

五加皮

猪血

南瓜

三七粉粥

|配 方| 三七粉3克，红枣5个，粳米100克，红糖适量

|制 作| ①粳米洗净；红枣去核、洗净备用。②将三七粉、红枣、粳米一同放入锅中，加水适量，大火煮开，转小火煮粥。③待粥将成时，加入红糖搅拌融化即可。

功效 益气补虚、活血化瘀

南瓜猪骨汤

|配 方| 猪骨、南瓜各100克，盐3克

|制 作| ①南瓜去瓤，去皮，洗净切块；猪骨洗净，斩开成块。②净锅入水烧沸，下猪骨汆透，取出洗净。③将南瓜、猪骨放入瓦煲，注入水，大火烧沸，改小火炖煮2.5小时，加盐调味即可。

功效 强身体、壮筋骨

夜间工作者首选材料、药膳

夜间工作者，如娱乐场所服务员、出租车司机等，由于过着昼夜颠倒的生活，这对人体的生理和代谢功能都会产生一定的影响，这类工作者有时会出现头晕，疲倦或者食欲不振的情况。因此在日常饮食中，夜间工作者要注意补充维生素A，如胡萝卜、动物肝脏等，都含有丰富的维生素A，多吃对眼睛有很好的保护作用。宜多食山楂、陈皮等具有助消化、增强食欲的中药材。另外，宜多食具有安神、助眠的食物，如牛奶、猕猴桃、莲子等，每晚临睡前喝上一杯热牛奶，对促进睡眠有很好的帮助。

山楂

陈皮

莲子

牛奶

鸡肝

红枣山楂茶

|配　方| 红枣10个，玫瑰花3朵，山楂10克，荷叶粉25克，柠檬半个

|制　作| ①将红枣、玫瑰花、山楂分别洗净，同荷叶粉放入锅中，加水适量，放在炉火上直到水开后15分钟即可。②把切片后的柠檬放进去，煮1分钟熄火，去渣留汤即可。

功效 补气益血、健脾益胃

莲子红枣糯米粥

|配　方| 糯米150克，红枣10个，莲子150克，冰糖3大匙

|制　作| ①糯米洗净，加水后以大火煮开，再转小火慢煮20分钟。②红枣泡软，莲子冲净，加入煮开的糯米中续煮20分钟。③待莲子熟软，米粒开花呈糜状时，加冰糖调味即可。

功效 健脾养胃、安神益心

高温工作者首选材料、药膳

高温工作者，如炼钢工人、发电厂工人等。他们在高温环境下工作，体温调节、水盐代谢、血液循环等功能都会受到一定程度的影响，高温作业会使蛋白质代谢增强，从而引起腰酸背痛、头晕目眩、代谢功能衰退等症状。因此，在日常饮食中，高温工作者应多补充蛋白质，高温作业会使蛋白质分解代谢增加，若体内蛋白质长期不足，则可能会造成负氮平衡。另外，要注意补充多种矿物质、维生素以及维持水、盐的平衡。可选用一些清热利尿的药材，如金银花、车前草等。多食黄豆、黑豆、土豆、草鱼、苦瓜、芹菜等食物。

金银花

黄豆

土豆

草鱼

芹菜

大蒜银花茶

|配　方| 金银花30克，甘草3克，大蒜20克，白糖适量

|制　作| ①将大蒜去皮，洗净捣烂。②金银花、甘草分别洗净，与大蒜一起放入锅中，加水600毫升，用大火煮沸即可关火，滤去渣。③最后调入白糖即可服用。

功效 清热解毒、消炎杀菌

黄豆猪蹄汤

|配　方| 猪蹄300克，黄豆300克，葱1根，盐5克，料酒8克

|制　作| ①黄豆洗净，泡入水中至涨至二三倍大；猪蹄洗净，斩块；葱洗净切丝。②锅中注水适量，放入猪蹄汆烫，捞出沥水；黄豆放入锅中加水适量，大火煮开，再改小火慢煮约4小时，至豆熟。③加入猪蹄，再续煮约1小时，调入盐和料酒，撒上葱丝即可。

功效 益血补虚、增强体质

低温工作者首选材料、药膳

　　低温工作者与普通环境下的工作者的生理状态存在着明显的差异，他们在低温环境中作业，体热散失加速，基础代谢率增高。此外，低温会使甲状腺素的分泌增加，使体内物质的氧化过程加速，机体的散热和产热能力都明显增强。因此，在日常饮食中，要补足热量，提高蛋白质的摄入量，多食羊肉、牛肉、鸡肉、鹌鹑、海参等，可提高机体的御寒能力。此外，补充富含钙和铁的食物可提高机体的御寒能力，如海带、黑木耳、牡蛎、虾、动物血、猪肝、红枣等。

牛肉

鹌鹑

海参

海带

黑木耳

黑豆牛肉汤

| 配　方 | 黑豆200克，牛肉500克，生姜15克，盐8克

| 制　作 | ①黑豆淘净，沥干；生姜洗净，切片。②牛肉切块，放入沸水中汆烫，捞起冲净。③黑豆、牛肉、姜片盛入煮锅，加7碗水以大火煮开，转小火慢炖50分钟，调味即可。

功效 补益血、提高御寒能力

腐竹焖海参

| 配　方 | 鲜腐竹200克，水发海参200克，西蓝花100克，冬菇50克，姜片、葱、盐、味精各适量

| 制　作 | ①锅中放入水，下入姜片、葱、水发海参煨入味待用。②将鲜腐竹煎至两面金黄色待用，西蓝花焯熟待用。③起锅爆香姜、葱，下入鲜腐竹、海参、冬菇略焖，再下入调味料焖至入味后装盘，西蓝花围边即可。

功效 补肾益精、养血润燥

汞环境工作者首选材料、药膳

汞的主要接触作业有汞矿开采和冶炼、电器制造、化工、仪器仪表制造、军火及医药等。汞中毒主要是通过呼吸道吸入汞蒸气或化合物气溶胶，汞进入血液，与血清蛋白及血红蛋白结合，引起脏器病变。因此，汞环境工作者要摄入足够的动物性蛋白和豆制品，以减轻体内汞的毒性。可多食绿豆，绿豆可解百毒，有效帮助体内毒物的排泄。此外，宜多食富含硒与维生素E的食物，如芝麻、花生、绿色蔬菜、蛋类、鱼类、牛奶等。

绿豆

芝麻

花生

鸡蛋

牛奶

绿豆莲子牛蛙汤

|配 方| 牛蛙1只，绿豆150克，莲子20克，高汤适量，盐6克

|制 作| ①将牛蛙收拾干净，斩块，汆水；绿豆、莲子淘洗净，分别用温水浸泡50分钟备用。②净锅上火，倒入高汤，放入牛蛙、绿豆、莲子煲至熟，加盐调味即可。

功效 利水消肿、清热解毒

沙葛花生猪骨汤

|配 方| 沙葛500克，花生50克，墨鱼干30克，猪骨500克，蜜枣3个，盐5克

|制 作| ①沙葛去皮，洗净，切成块状。②花生、墨鱼干洗净；蜜枣洗净。③猪骨斩件，洗净，汆水。④将清水2000克放入瓦煲内，煮沸后加入以上材料，大火煮沸后改用小火煲3小时，加盐调味即可。

功效 生津止渴、健脾和胃

高铅环境工作者首选材料、药膳

　　高铅环境指的是铅及其化合物大量存在并可对人体功能造成危害的环境，例如印刷、制陶、冶金等行业，铅元素可通过消化道和呼吸道进入人体，人体过量积蓄会引起慢性或急性中毒。在日常饮食中，高铅环境工作者要补充足够的蛋白质，优质蛋白可降低血铅浓度，从而降低中毒几率。此外，要多食含有果胶、膳食纤维的食物，如苹果、葡萄、草莓、香蕉、山楂、竹笋、香菇、银耳等，这些营养物质可降低肠道对铅的吸收。另外，可以通过食用大蒜排出体内的毒素，大蒜素可与铅结合成无毒的化合物，能有效防止铅中毒。

山楂

竹笋

香菇

银耳

大蒜

苹果银耳猪腱汤

|配　方| 苹果4个，银耳15克，猪腱250克，鸡爪2个，盐适量

|制　作| ①苹果洗干净，带皮切成4份，去果心，鸡爪斩去甲趾。②银耳浸透，剪去梗蒂，飞水，冲干净；猪腱、鸡爪飞水，冲干净。③煲中加适量清水，将各材料加入，以武火煲10分钟，改文火煲2个小时，下盐调味即可。

|功效| 排毒通便、滋阴润燥

大蒜鳝段

|配　方| 净黄鳝片400克，大蒜150克，葱15克，泡椒10克，盐、油、酱油各20毫升，绍酒、肉汤、麻油各适量

|制　作| ①净黄鳝片洗净切段；大蒜拍碎；葱切段。②锅置火上，下油烧热，下鳝段、大蒜煸炒，加盐、绍酒，煸至鳝段酥软时倒入肉汤、酱油、泡椒改小火焖烧入味，加入麻油即可起锅。

|功效| 杀菌解毒、防癌抗癌

高苯环境工作者首选材料、药膳

　　苯是一种无色、有芳香味的碳氢化合物，透明、易挥发、易燃、易爆。由于苯的挥发性大，暴露于空气中很容易扩散，人和动物吸入体内或皮肤接触大量苯会引起急性或慢性苯中毒。因此，高苯环境工作者宜多食富含维生素C及铁的食物，如樱桃、柿子、草莓、猕猴桃等。另外，要注意补充碳水化合物，如玉米、西瓜、香蕉、葡萄等，以提高机体对苯的耐受力。可多食高蛋白食品，如鸡蛋、瘦肉、大豆、牛奶等；并配合食用含铁较多的食品和富含维生素的绿叶蔬菜、水果，如动物肝脏、韭菜、菠菜、辣椒、白菜等。

玉米

猪肝

白菜

菠菜

辣椒

玉米龙眼煲猪胰

|配　方| 玉米50克，龙眼肉20克，鸡爪1个，猪胰70克，盐、鸡精、姜片各适量

|制　作| ①玉米洗净切小块；鸡爪洗净；猪胰洗净切块；龙眼肉洗净。②猪胰、鸡爪，入沸水中汆去血水后捞出。③砂煲内注入清水，烧开后加入所有材料和姜片，大火烧沸后小火煲煮1.5小时，调入盐、鸡精即可。

功效 健脾养胃、增强抵抗力

旱莲猪肝汤

|配　方| 旱莲草5克，猪肝300克，葱1根，盐1小匙

|制　作| ①旱莲草洗净入锅，加4碗水以大火煮开，转小火续煮10分钟；猪肝洗净，切片。②取旱莲草汤汁，转中火待汤一沸，放入肝片，待汤开即加盐调味熄火；葱洗净，切丝，撒在汤面即成。

功效 滋补强身、增强免疫力

放射性环境工作者首选材料、药膳

从事核原料、医院放射性仪器换作及一此工业、军事工作的人员由于经常接触放射线相关工作，其机体受辐射的损伤很大，长期如此，可能造成生理功能的紊乱或营养不良，最终影响人的身体功能。在日常饮食中，放射性环境工作者要提高蛋白质的摄入量，以增加白细胞和血小板，防治放射性病症。此外，要多补充各类维生素，以改善机体代谢功能，多摄入无机盐，以促使人的饮水量增加而加速放射性物质随尿液排出。多食黑芝麻及螺旋藻等食品，能提高人体的免疫力；多食紫苋菜、绿茶、西红柿、胡萝卜则可抗辐射。

| 黑芝麻 | 紫苋菜 | 绿茶 | 西红柿 | 螺旋藻 |

黑芝麻山药糊

|配 方| 黑芝麻250克，山药250克，制首乌250克，白糖适量

|制 作| ①将黑芝麻、山药、制首乌洗净，晒干，炒熟，研成细粉。②再将三种粉末盛入碗内，加入开水和匀。③调入白糖和匀即可。

功效 健脾补肾、增强免疫力

丁香绿茶

|配 方| 丁香花瓣10克，绿茶3克

|制 作| ①将丁香花瓣洗净撕碎，与绿茶搅拌均匀。②将丁香花与绿茶置于杯中，加入适量温水浸泡2分钟，把水倒掉。③加入适量沸水泡10分钟即可饮用。

功效 清肝泻火、抗辐射

长时间电脑工作者首选材料、药膳

　　长时间电脑工作者，如网络销售员、编辑等。这类人群在显示屏前工作时间过长，视网膜上的视紫红质会被消耗掉，还会出现头晕、食欲下降、反应迟钝等症状。此外，长时间操作电脑的人因长期姿势不良、全身性运动减少，容易引起腕管综合征与关节炎。在日常饮食中，长时间电脑工作者应多吃些胡萝卜、花生、核桃、豆腐、红枣、橘子以及牛奶、鸡蛋、动物肝脏、瘦肉等，从而补充人体内维生素A和蛋白质。另外，用菊花和枸杞子合泡成的杞菊茶具有清肝明目的作用，是最适宜长时间电脑工作者饮用的饮品。

 决明子
 菊花
 枸杞子
 鸭肝
 瘦肉

菊花羊肝汤

|配 方| 鲜羊肝200克，干菊花50克，鸡蛋1个，生粉、料酒、味精、盐、香油各适量

|制 作| ①鲜羊肝切片，干菊花洗净；鸡蛋去黄留清，同生粉调成蛋清糊。②羊肝片入沸水中稍余捞出，用盐、料酒、蛋清糊浆好。③锅中注水，加入羊肝片、盐、菊花稍煮，加味精煮沸后，淋入香油即可。

|功 效| 清热泻火、养肝明目

苦瓜菊花瘦肉汤

|配 方| 瘦肉400克，苦瓜200克，菊花10克，盐、鸡精各5克

|制 作| ①瘦肉洗净切块；苦瓜洗净，去子去瓤，切片；菊花洗净。②将瘦肉放入沸水中余一下，捞出洗净。③锅中注水，烧沸，放入瘦肉、苦瓜、菊花慢炖，1.5小时后，加入盐和鸡精调味，出锅装入炖盅即可。

|功 效| 疏风明目、清热解毒、益气补虚

第四章

各种年龄，各种饮食！

从婴幼儿、儿童、青少年、中年到老年人，不同年龄层的人各有不同的身体状况，因而其所需要的营养也是不一样的。有些成年人可以吃的食物，婴幼儿与儿童却不一定适合吃；有些适宜女人吃的食物也不见得适宜男人吃；有些老年人吃了可滋补强壮的食物，血气方刚的年轻人却不一定可以受得了。因此，在日常饮食中应该根据各年龄层不同的需求而进行合理的饮食选择与搭配，尽量让食物中的营养能最大化地被吸收和利用。无论哪个年龄层，唯有吃对食物，才能拥有健康的好身体。

婴幼儿首选饮食方案

　　婴幼儿时期是生长发育的重要时期，这个时期的婴幼儿需要大量的营养物质，如果喂养得好，发育就好，少得病；如果喂养不好，发育就会受到抑制，抵抗力差，容易经常患病。此外，婴幼儿的肠胃尚未发育成熟，消化能力不强，所以要供给其富有营养的食物。在日常饮食中，婴幼儿宜多吃谷类食品，如大米粥、小米粥、玉米等。宜多摄取优质蛋白质和钙，如鸡蛋、鱼类。香蕉、胡萝卜、西红柿、橙子、苹果、南瓜等蔬菜水果富含维生素C，可增强婴幼儿的抵抗力。

玉米

南瓜

香蕉

苹果

胡萝卜

玉米米糊

|配　方| 鲜玉米粒60克，大米50克，玉米30克

|制　作| ①鲜玉米粒洗净；大米加入清水浸泡2小时；玉米淘洗干净。②将所有食材倒入豆浆机中，加水，按操作提示煮好米糊。

|功效| 健脑益智、加强营养

姜汁南瓜糊

|配　方| 南瓜90克，姜2片，盐3克，胡椒粉2克

|制　作| ①姜片加水2汤匙，以榨汁机打成糊，滤除渣质。②南瓜切块，煮烂，放凉，用果汁机打成糊状。③将姜汁加入南瓜糊中，文火煮滚，加盐、胡椒粉调味。

|功效| 增强免疫力

儿童首选饮食方案

　　儿童正处于生长发育期，合理的营养饮食对他们的生长发育和健康成长起着决定性的作用，同时也为他们具有良好的学习和运动能力提供了物质基础。在这个时期，营养不良不但影响少年儿童生长发育，而且有碍于智力的发育和心理的健康。在日常饮食中，儿童的饮食营养要全面，粗细搭配好。要摄入足够的蛋白质，以增加营养，多食用富含钙的食物，以强健骨骼。多食牛奶、豆制品、核桃等以促进大脑发育。此外，小米、玉米、鱼、动物肝脏、胡萝卜、西红柿、金针菇、莴笋、山药、苹果等对儿童的生长发育均有益。

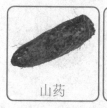
山药

牛奶

西红柿

燕麦

鱼

山药鱼头汤

|配　方|鳙鱼头400克，山药100克，枸杞子10克，盐6克，鸡精3克，香菜5克，葱、姜各5克，油适量

|制　作|①将鳙鱼头洗净剁成块，山药浸泡洗净备用，枸杞子洗净。②净锅上火倒入油、葱、姜爆香，下入鱼头略煎加水，下入山药、枸杞子煲至成熟，调入盐、鸡精，撒上香菜即可。

功效 补脑益智、健脾益胃

玉米胡萝卜脊骨汤

|配　方|脊骨100克，玉米、胡萝卜各适量，盐2克

|制　作|①脊骨洗净，剁成段；玉米、胡萝卜均洗净，切段。②锅入水烧开，滚尽脊骨上的血水后捞出，清洗干净。③将脊骨、玉米、胡萝卜放入瓦煲，注入水，用大火烧开，改为小火煲炖1.5小时，加盐调味即可。

功效 开胃益智、调理中气

青少年首选饮食方案

　　青少年时期是人生长发育的旺盛时期，加之青少年活动量大，学习负担重，对能量和营养的需求都很大。因此，其饮食宜富有营养，以满足生长发育的需要。在日常饮食中，青少年要注意摄入足够的优质蛋白，如瘦肉、蛋类、鱼、牛奶等，以保证发育的顺利进行。另外要注意食用富含铁和维生素的食物，如黄豆、韭菜、荠菜、芹菜、桃子、香蕉、核桃、红枣、黑木耳、海带、紫菜、香菇、牛肉、羊肉等。多吃谷类，保证充足的能量，青少年对热量的需要高于成人，且男性高于女性。此外，青少年在长身体时期，忌过多食用肥肉、糖果。

| 核桃 | 黄豆 | 鱼 | 海带 | 牛肉 |

核桃煲鸭

|配　方| 鸭500克，核桃适量，枸杞子、红枣各10克，盐、鸡精、生姜各适量

|制　作| ①鸭收拾干净，切件，汆水；核桃取肉；生姜洗净，切片；枸杞子、红枣洗净，浸泡。②将鸭肉、核桃、生姜、枸杞子、红枣放入炖盅。③锅置火上，加入清水烧开，放入炖盅，慢火炖2.5小时，调入盐和鸡精即可。

功效 养胃滋阴、提神醒脑

黄豆猪手汤

|配　方| 猪蹄200克，黄豆、红枣各适量，盐3克，姜片6克

|制　作| ①黄豆洗净后浸泡30分钟；红枣去核，洗净。②猪蹄洗净，斩件，飞水。③砂煲内注水，放入姜片、猪蹄、红枣、黄豆用大火煲沸，改小火煲3小时，加盐调味即可。

功效 健脾益气、养血润燥

中年女性首选饮食方案

　　女性由于生理期的原因，身体状况较多，尤其到了更年期，身体受激素影响会出现代谢紊乱、贫血和骨质疏松等症状。因此，在日常饮食中，中年女性宜多补充维生素C，如红枣、樱桃、橙子、竹笋、胡萝卜等，以延缓衰老。多食富含维生素D的食物，如脱脂牛奶、坚果、动物肝脏等，可以促进钙的吸收，预防骨质疏松。宜多食含有维生素E的食物，如谷类、小麦胚芽油、绿叶蔬菜、蛋黄、西红柿、胡萝卜、莴苣及乳制品等，以抗衰老，防癌抗癌。此外，还可选择滋阴补血的中药材食用，如当归、龙眼肉、何首乌、阿胶、熟地黄等。

 当归
 阿胶
 熟地黄
 脱脂牛奶
 小麦胚芽油

核桃仁当归瘦肉汤

|配 方|瘦肉500克，核桃仁、当归、姜、葱、盐各少许

|制 作|①瘦肉洗净，切件；核桃仁洗净；当归洗净，切片；姜洗净去皮切片；葱洗净，切段。②瘦肉入水氽去血水后捞出。③瘦肉、核桃仁、当归放入炖盅，加入清水；大火慢炖1小时后，调入盐，转小火炖熟即可食用。

功效 滋补肝肾、补血养颜

阿杞炖甲鱼

|配 方|甲鱼1只，清鸡汤1碗半，山药8克，枸杞子6克，阿胶10克，生姜1片，绍酒、盐、味精各适量

|制 作|①甲鱼宰杀洗净，切块，飞水去其血污，山药、枸杞子洗净。②将甲鱼肉、清鸡汤、山药、枸杞子、生姜、绍酒置于炖盅，加盖，隔水炖2小时，最后放入阿胶烊化，加盐、味精调味即可。

功效 补血止血、滋阴润燥

中年男性首选饮食方案

中年男性是指40岁以后的男性，其身材较女性高大，故需要更多的热量。此外，男人的胆固醇代谢经常遭到破坏，易患心脏病、中风、心肌梗死和高血压等疾病，因此，要注意饮食的安排。在日常饮食中，中年男人应多摄入含纤维的食物，以加强肠胃的蠕动，降低胆固醇。宜食富含镁的食物，以助提高男性的生殖能力。平时可多食的食材有花生、大豆、韭菜、芹菜、白萝卜、黑木耳、绿豆、紫菜、香菇、芝麻等。此外，中年男性可根据体质适当选择一些补阳类的中药材，如鹿茸、巴戟天、补骨脂、杜仲等。

鹿茸

杜仲

韭菜

芹菜

绿豆

鹿茸炖乌鸡

|配　方| 乌鸡250克，鹿茸10克，盐适量
|制　作| ①乌鸡洗净，切块，入沸水中汆去血水，捞出；鹿茸洗净备用。②将鹿茸与乌鸡块一齐装入炖盅内，炖盅内加适量开水，加盖，移入锅中，以小火隔水炖熟。③加盐调味后即可服用。

|功效| 保肝护肾、增强体质

杜仲巴戟天猪尾汤

|配　方| 猪尾、巴戟天、杜仲、红枣、盐各适量
|制　作| ①猪尾洗净，斩件；巴戟天、杜仲均洗净，浸水片刻；红枣去蒂洗净。②净锅入水烧开，下入猪尾汆透，捞出洗净。③将泡发巴戟天、杜仲的水倒入瓦煲，再注入适量清水，大火烧开，放入猪尾、巴戟天、杜仲、红枣改小火煲3小时，加盐调味即可。

|功效| 滋补肝肾、强壮筋骨

老年人首选饮食方案

　　人进入老年期，体内细胞的新陈代谢逐渐减弱，生理功能减退，消化系统的调节适应能力也在下降。一系列的生理变化，势必使老年人的营养需要也发生相应的变化。因此，在日常饮食中，老年人宜多食具有健补脾胃、益气养血作用的食物，如红枣、黑芝麻、山药、猪肚、泥鳅等。宜多食含有丰富蛋白质、维生素、矿物质的食物。多食粗粮，如玉米、小米、燕麦、大豆等，可增强体力，延年益寿。此外，虾皮、鱼类、醋、青枣、白菜、南瓜、羊肉等也是非常适宜老年人食用。

红枣

黑芝麻

南瓜

青枣

羊肉

杞枣猪蹄汤

| 配 方 | 猪蹄200克，山药10克，枸杞子5克，红枣少许，盐3克

| 制 作 | ①山药洗净，切块；枸杞子洗净泡发；红枣去核洗净。②猪蹄洗净，斩件、飞水。③将适量清水倒入炖盅，大火煲滚后，放入全部材料，改用小火煲3小时，加盐调味即可。

| 功 效 | 健脾益胃、益气补血

南瓜猪展汤

| 配 方 | 南瓜100克，猪展180克，姜、红枣适量，盐、高汤、鸡精各适量

| 制 作 | ①南瓜洗净，去皮切块；猪展洗净切块；红枣洗净；姜切片。②锅中注水烧开后加入猪展，汆去血水。③另起砂煲，将南瓜、猪展、姜片、红枣放入煲内，注入高汤，小火煲煮2小时后调入盐、鸡精调味即可。

| 功 效 | 强身健体、降低血糖

第五章

四季变化，顺时养生！

　　春夏秋冬又称为"四季"，是地球围绕太阳运行所产生的结果。春季，谓之发陈，是推陈出新，生命萌发的时令；夏季，谓之蕃秀，是自然界万物繁茂秀美的时候；秋季，谓之容平，自然景象因万物成熟而平定收敛；冬季，谓之闭藏，是生机潜伏，万物蛰藏的时候。春夏秋冬，各有其独特之处。而春夏秋冬的变化，又与人体的健康息息相关。四季气候不同，其养生的重点也不一样。然而在季节变换中，我们又该如何去选择药材和药膳来调养自己的身心呢？

春季养生首选材料及药膳

　　春属木，其气温，通于肝，所以春季应以养肝为先。中医认为，肝脏有藏血之功，《素问·五脏生成》云："故人卧血归于肝，肝受血而能视，足受血而能步。"若肝血不足，易使两目干涩、视物昏花、肌肉拘挛。因此养肝补血，是春季养生的重中之重。春季药膳养肝，常用的原料有：红枣、枸杞子、猪肝、带鱼、桑葚、女贞子、菠菜、葡萄等。

红枣

枸杞子

猪肝

带鱼

桑葚

葡萄干红枣汤

|配方| 红枣15克，葡萄干30克

|制作| ①葡萄干洗净，备用。②红枣去核，洗净。③锅中加适量的水，大火煮沸，先放入红枣煮10分钟，再下入葡萄干煮至枣烂即可。

功效 此汤具有养肝补血、滋阴明目的功效，适合春季食用，可改善眼睛干涩、视物模糊、贫血等

兔肉百合枸杞子汤

|配方| 兔肉60克，百合130克，枸杞子50克，葱花、盐各适量

|制作| ①兔肉洗净斩块；百合、枸杞子泡发。②锅中加入清水，再加入兔肉、盐，烧开后倒入百合、枸杞子，煮5分钟，撒上葱花即成。

功效 枸杞子、百合药食两用，能养肝明目、清心安神，常食兔肉可预防心脑血管疾病

党参枸杞子猪肝汤

|配方| 党参、枸杞子各15克，猪肝200克，盐适量

|制作| ①将猪肝洗净切片，氽水后备用。②将党参、枸杞子用温水洗净。③净锅上火倒入水，将猪肝、党参、枸杞子一同放进锅里煲至熟，加盐调味即可。

功效 本汤有滋补肝肾、补中益气、明目养血等功效，适合春季食用

夏季养生首选材料及药膳

夏属火，其气热，通于心，即夏季心气最为旺盛。心气包括心阳和心阴，心阳即心的阳气，若心阳虚，可出现心悸气短、脉率微弱、精神萎靡甚至大汗淋漓、四肢厥冷等症状，心阴虚与心阳虚相对而言，表现为五心烦热、心慌心跳、咽干失眠、脉细数等。夏季心阳最为旺盛，而夏热却会耗伤心阴，故夏季应注意滋养心阴。夏季药膳滋养心阴，常用的原料有：麦冬、金银花、绿豆、薏米、鲫鱼等。

麦冬

苦瓜

绿豆

西瓜

鲫鱼

麦冬杨桃甜汤

|配 方| 麦冬15克，天门冬10克，杨桃1个，紫苏梅4个，紫苏梅汁1大匙，冰糖1大匙

|制 作| ①麦冬、天门冬洗净；杨桃表皮以少量的盐搓洗，切成片状。②将全部材料放入锅中，以小火煮沸，加入冰糖搅拌溶化。③加入紫苏梅汁拌匀即可。

功效 润肺养阴，可清除粉刺，改善咽干口燥

解暑西瓜汤

|配 方| 葛根粉10克，西瓜250克，苹果100克，白糖50克

|制 作| ①将西瓜、苹果洗净去皮切小丁备用。②净锅上火倒入水，调入白糖烧沸。③加入西瓜、苹果，用葛根粉勾芡即可。

功效 清热解暑、生津止渴、泻火除烦

绿豆炖鲫鱼

|配 方| 绿豆50克，鲫鱼1条，西洋菜150克，胡萝卜100克，姜片、高汤、盐各适量

|制 作| ①胡萝卜去皮切片，鲫鱼洗净，西洋菜洗净。②砂煲上火，将绿豆、鲫鱼、姜片、胡萝卜全放入煲内，倒入高汤，炖约40分钟，放入西洋菜稍煮，调盐即可。

功效 清热解毒、利尿通淋

秋季养生首选材料及药膳

秋季的主气是"燥"，燥邪为病的主要病理特点是：一是燥易伤肺，因肺喜清肃濡润，主呼吸而与大气相通，外合毛皮，故外界燥邪极易伤肺和肺所主之地。二是燥胜则干，在人体，燥邪耗伤津液，也会出现一派干涸之象，如鼻干、喉干、咽干、口干、舌干、皮肤干燥皲裂，大便干燥、艰涩等。故无论外燥、内燥，一旦发病，均可出现上述津枯液干之象。秋季药膳清肺润燥，常用的药材、食材有：天冬、桔梗、银耳、菊花、梨等。

天冬

桔梗

银耳

菊花

梨

桔梗苦瓜

|配 方| 玉竹10克，桔梗6克，苦瓜200克，花生粉1茶匙，盐少许

|制 作| ①苦瓜洗净，对切，去子，切薄片，泡冰水，冷藏10分钟。②将玉竹、桔梗打成粉末。③将盐和所有粉末拌匀，淋在苦瓜上即可。

功效 本品清肺润燥、止咳化痰、生津止渴，还能防治糖尿病

雪梨银耳瘦肉汤

|配 方| 雪梨500克，银耳20克，猪瘦肉500克，大枣11个，盐5克

|制 作| ①雪梨洗净切块，猪瘦肉洗净。②银耳洗净，撕成小朵；大枣洗净。③瓦煲内注入清水，煮沸后加入全部原料，用文火煲2小时，加盐调味即可。

功效 养阴润肺、生津润肠、降火清心

天冬米粥

|配 方| 天冬25克，大米100克，白糖3克，葱5克

|制 作| ①大米泡发洗净；天门冬洗净；葱洗净，切花。②锅置火上，倒入清水，放入大米，以大火煮开。③加入天冬煮至粥呈浓稠状，撒上葱花，调入白糖拌匀即可。

功效 此粥养阴清热、生津止渴、润肺滋肾

冬季养生首选材料及药膳

冬季是自然界万物休养生息的季节，同时也是寒邪肆虐的时节。中医认为，"肾元蛰藏"，即肾为封藏之本。而肾主藏精，肾精秘藏，则使人健康，如若肾精外泄，则容易被邪气侵入而致病。且古语云："冬不藏精，春必病温"，冬季没有做好"藏精养生"，到春天会因肾虚而影响机体的免疫力，使人容易生病。冬季药膳养肾藏精，常用的药材、食材有：熟地黄、神曲、黑豆、香菜、白萝卜等。

熟地黄

神曲

黑豆

香菜

白萝卜

肾气乌鸡汤

| 配 方 | 熟地黄、山药各15克，山茱萸、丹皮、茯苓、泽泻、牛膝各10克，乌鸡腿1只，盐适量

| 制 作 | ①鸡腿洗净剁块，入沸水中氽去血水。②鸡腿及所有的药材盛入煮锅中，加适量水至盖过所有的材料。③以武火煮沸，然后转文火续煮40分钟左右即可取汤汁饮用。

功效 本品滋阴补肾、温中健脾

大米神曲粥

| 配 方 | 神曲适量，大米100克，白糖5克

| 制 作 | ①大米洗净，泡发后，捞出沥水备用；神曲洗净。②锅置火上，倒入清水，放入大米，以大火煮至米粒开花。③加入神曲同煮片刻，再以小火煮至浓稠状，调入白糖即可。

功效 此粥可健脾消食、理气化湿、解表的功效，适合冬季食用

牡蛎白萝卜蛋汤

| 配 方 | 牡蛎肉500克，白萝卜100克，鸡蛋1个，精盐5克，葱花适量

| 制 作 | ①将牡蛎肉洗净，白萝卜洗净切丝，鸡蛋打入容器搅匀。②汤锅上火倒入水，下入牡蛎肉、白萝卜烧开，调入精盐，淋入鸡蛋液煮熟，撒上葱花即可。

功效 本品暖胃散寒、消食化积、补虚损，尤其适合冬季食用

第六章

五脏六腑，调养有方！

　　脏腑是人体内脏的总称，古人把内脏分为五脏和六腑两大类：五脏是心、肝、脾、肺、肾；六腑是胆、胃、大肠、小肠、膀胱和三焦。生命活动的进行，即是脏腑活动功能的体现。而五脏六腑的正常运作，除了与平时良好的生活作息习惯有关外，还离不开健康的饮食。各个脏腑所需要的营养物质不一样，只有在吃对各脏腑所需的各种营养的前提下，才能更好的保养我们的五脏六腑，使其各司其职，才能维持人体正常的生理功能，达到调养身心的目的。

五脏调养秘诀

五脏即心、肝、脾、肺、肾，生命活动的进行，即是脏腑功能活动的体现，只有保养好了五脏，使其各司其职，才能维持人体的正常的生理功能，达到养生的目的。

人体是一个有机的整体，脏与脏，脏与腑，腑与腑之间联系密切，它们不仅在生理功能上相互制约，相互依存，相互为用，而且以经络为联系通道，相互传递各种信息，在气血津液环周于全身的情况下，形成一个非常协调和统一的整体。要想身体好，让我们从调养五脏做起。

心为"君主之官"，心主血脉，心主神志。由此可看出，心脏对人体健康起着决定性的作用，因此我们平常要加强对心脏的养护，还要多注意自身的变化，以便有心脏疾病时及早发现，给予适当的养护与治疗。心的养生保健方法要以保证心脏主血脉和主神志的功能正常为主要原则。

肝为"将军之官"，总领健康全局。肝脏出了问题其他器官就会跟着"倒霉"，所以我们要加强对肝脏的养护。养肝最忌发怒，因此想要肝好，首先要保持良好的情绪。此外，养肝护肝对饮食也要重视，饮食应以清淡为主，多饮水、少饮酒。

脾是人体五脏六腑气机升降的枢纽，是人体气血生化之源和赖以生存的水谷之海，中医学认为，脾若伤百病由生。因此，我们一定要养好自己的脾。想要脾好，饮食习惯很重要，要多吃利脾、助消化的食物，但吃饭不宜太饱，吃七八分饱就不能再吃了，吃得过饱会加重脾的负担，是引发脾疾病的元凶。此外，可多做一些有利于脾健康的运动和按摩。

肺为"水上之源"，是"相傅之官"。中医提出"笑能清肺"，开怀大笑，可使肺吸入足量的大自然中的"清气"，呼出浊气，加快血液循环，从而达到心肺气血调和，保持人的情绪稳定。此外，养肺还需注意饮食，少抽烟，适量运动、注意作息，保持洁净的居室环境等。

中医学认为，肾是先天之本，也就是一个人生命的根本，人体肾中精气是构成人体的基本物质，与人体生命过程有着密切的关系。因此，要保持健康、延缓衰老，就应保护好肾脏。养护肾脏，首先要避免房事过度，房事过度会消耗人体元气，对肾脏的伤害是很大的。此外，在饮食方面要多加注意。还可经常按摩关元穴以增强人体免疫力，从而达到强肾固本的目的。

补益脾胃首选材料及药膳

中医认为："脾胃内伤，百病由生"。脾胃为后天之本，气血生化之源，关系到人体的健康，以及生命的存亡。因此，对于脾胃保养的饮食也不可忽视。常用的健脾益胃药材和食材有：山药、白术、党参、黄芪、黄豆、薏米等。

 山药　 白术　 党参　 黄芪　 薏米

山药鹿茸山楂粥

|配方| 山药30克，鹿茸10克，山楂片2片，大米100克，盐少许

|制作| ①山药去皮，洗净切块；大米洗净；山楂片切丝。②鹿茸入锅，倒入一碗水熬至半碗，去渣装碗待用，原锅注水，放入大米，煮至米粒绽开，放入山药、山楂丝同煮。③倒入鹿茸汁，改小火煮至粥稠时，加盐调味即成。

功效 此粥补精髓、助肾阳、健脾胃

山药排骨煲

|配方| 山药100克，排骨250克，胡萝卜1个，生姜片5克，油适量，盐5克，味精3克

|制作| ①排骨洗净，砍成段，胡萝卜、山药均去皮洗净切成小块。②锅中加油烧热，下入生姜片爆香后，加入排骨后炒干水分。③再将排骨、胡萝卜、山药一起放入煲内，以大火煲40分钟后，调入味即可。

功效 本品具有健脾益气、延缓衰老的功效

生姜猪肚粥

|配方| 猪肚120克，大米80克，生姜、盐、味精、料酒、葱花、香油各适量

|制作| ①生姜洗净，去皮切末；大米淘净，浸泡半小时；猪肚洗净切条，用盐、料酒腌制。②锅中注水，放入大米，旺火烧沸，下入腌好的猪肚、姜末，改小火熬至粥浓稠，加盐、味精调味，滴入香油，撒上葱花即可。

功效 本粥温暖脾胃，益气补虚

润肺益气首选材料及药膳

饮食养肺也非常重要，应多吃老鸭、杏仁、玉米、黄豆、黑豆、冬瓜、西红柿、藕、甘薯、猪皮、贝类、梨等养肺食物，常用的养肺药材有：冬虫夏草、沙参、鱼腥草、川贝等，但要按照个人体质、肠胃功能酌量选用。

冬虫夏草

沙参

鱼腥草

川贝

西红柿

虫草炖乳鸽

|配 方| 乳鸽1只，冬虫夏草20克，蜜枣10克，红枣10克，生姜20克，盐、味精、鸡精各适量

|制 作| ①乳鸽洗净；蜜枣、红枣泡发；生姜去皮，切片。②将所有原材料装入炖盅内。③加入适量清水，以中火炖1小时，最后调入调味料即可。

功效 此汤具有补肾益肺，强身抗衰之功效，适合肺气虚弱、容易咳嗽的老年人食用

川贝母炖豆腐

|配 方| 豆腐300克，川贝母25克，蒲公英20克，冰糖适量

|制 作| ①川贝母打碎或研成粗米状；冰糖亦打粉碎；蒲公英洗净，煎取药汁备用。②豆腐放炖盅内，上放川贝母、药汁冰糖，盖好，隔滚水文火炖约1小时。

功效 本品清热化痰、解毒排脓，对肺热咳嗽等热性疾病均有食疗效果

山药杏仁糊

|配 方| 山药粉2大匙，杏仁粉1小匙，鲜奶200毫升，细砂糖少许

|制 作| 将牛奶倒入锅中以小火煮，倒入山药粉与杏仁粉，并加细砂糖调味，边煮边搅拌，以免烧焦粘锅。煮至汤汁成糊状，即成。

功效 此品补中益气、温中润肺，适用于肺虚久咳、脾虚体弱、体虚便秘等症的患者食用

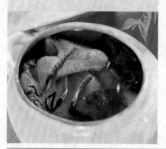

养护肝脏首选材料及药膳

养肝应先从调畅情绪开始，养肝最忌发怒，因此，平时应尽量保持稳定的情绪。其次，饮食保健很重要，应多食强肝养血、排毒护肝的食物，如枸杞子、猪肝、西红柿、天麻、柴胡、菊花、车前草等。

 枸杞子
 天麻
 菊花
 车前草
 柴胡

枸杞子炖甲鱼

配方 枸杞子30克，桂枝20克，甲鱼250克，红枣8个，盐、味精适量

制作 ①甲鱼宰杀后洗净。②枸杞子、桂枝、红枣洗净。③将盐、味精以外的材料一齐放入煲内，加开水适量，文火炖2小时，再加盐、味精调味即可。

功效 本品具有滋阴养血、活血化瘀、散结消肿，可辅助治疗肝硬化、肝癌等病症

菊花决明饮

配方 菊花10克，决明子15克，白糖适量

制作 ①将决明子洗净打碎。②将菊花和决明子一同放入锅中，加水600毫升，煎煮成400毫升即可。③过滤，取汁，加入适量白糖即可饮用。

功效 此饮具有清热解毒、清肝明目、利水通便之功效，常用来辅助治疗目赤肿痛、高血压、便秘等病症

柴胡莲子田鸡汤

配方 柴胡10克，莲子150克，甘草3克，田鸡3只，盐适量

制作 ①将柴胡、甘草略冲洗，装入棉布袋，扎紧。②莲子洗净，与药袋一同放入锅中，加水大火煮开，改小火煮30分钟。③田鸡宰杀，洗净剁块，放入汤内煮沸，捞弃棉布袋，加盐调味即可。

功效 本品疏肝除烦、行气宽胸，用于肝郁气滞引起的胸胁疼痛等

养护心脏首选材料及药膳

养护心脏，日常饮食在于"两多、三少"，多吃杂粮、粗粮；多食新鲜蔬菜、大豆制品。少吃高脂肪、高胆固醇食品；少饮酒；少吃盐。此外，多选择对心脏有益的药材和食物，如莲子、猪心、苦参、当归、五味子、龙眼、苦瓜等。

莲子

猪心

苦参

当归

五味子

莲子猪肚

|配 方| 猪肚1个，莲子50克，葱1颗，姜15克，蒜10克，盐、香油各适量

|制 作| ①莲子洗净泡发去莲子心，猪肚洗净，内装莲子，用线缝合，葱、姜切丝，蒜剁泥。②放入锅中，加清水炖至熟透，捞出凉凉后切成细丝，同莲子放入盘中。③调入葱丝、姜丝、蒜泥和调味料拌匀即可。

功效 本品补虚损、健脾胃、安胎、止泻

猪肝炖五味子

|配 方| 猪肝180克，五味子15克，红枣2个，姜适量，盐、鸡精各适量

|制 作| ①猪肝洗净切片；五味子、红枣洗净；姜去皮，洗净切片。②锅中注水烧沸，入猪肝汆去血沫。③炖盅装水，放入猪肝、五味子、红枣、姜片炖3小时，调入盐、鸡精后即可食用。

功效 五味子养心安神；与猪肝合而为汤，有养血安神的作用

龙眼当归猪腰汤

|配 方| 鲜猪腰300克，当归、龙眼肉各20克，红枣5个，盐、姜片适量

|制 作| ①将当归、龙眼肉、红枣略冲洗净，鲜猪腰片去腰臊，洗净切条备用。②净锅上火倒入清水，下入姜片、当归烧开，下入龙眼肉、鲜猪腰、红枣烧沸，打去浮沫，小火煲2小时，再调入盐即可。

功效 龙眼、当归都有很有的养护心脏的作用

温补肾脏首选材料及药膳

　　根据中医里"五色归五脏"的说法，黑色食物或药物对肾脏具有滋补作用，如黑芝麻、黑豆、黑米等。此外，熟地黄、杜仲、海参、核桃、羊肉、板栗、韭菜、西葫芦、马蹄也是良好的养肾食物。

熟地黄

杜仲

黑豆

韭菜

黑芝麻

熟地黄当归鸡

|配 方| 熟地黄25克，当归20克，白芍10克，鸡腿1只，盐适量

|制 作| ①鸡腿洗净剁块，放入沸水汆烫、捞起冲净；药材用清水快速冲净。②将鸡腿和所有药材放入炖锅中，加水6碗以大火煮开，转小火续炖30分钟。③起锅后，加盐调味即成。

功效 本品滋阴补肾、养血补虚，适合各种原因引起的贫血患者及肾虚患者食用

葱油韭菜豆腐干

|配 方| 韭菜400克，豆腐干200克，葱花10克，盐、鸡精、香油各少许

|制 作| ①将韭菜洗净，切段；豆腐干洗净，切成细条。②炒锅加油烧至七成热，下入豆腐干翻炒，再倒入韭菜同炒至微软。③加葱花、盐、鸡精和香油一起炒匀。

功效 温肾助阳，降低血压、血脂，扩张血管

杜仲艾叶鸡蛋汤

|配 方| 杜仲25克，艾叶20克，鸡蛋2个，精盐5克，生姜丝、油各适量

|制 作| ①杜仲、艾叶分别用清水洗净。②鸡蛋打入碗中，搅成蛋浆，再加入洗净的生姜丝，放入油锅内煎成蛋饼，切成块。③再将以上材料放入煲内，用适量水，猛火煲至滚，然后改用中火续煲2小时，精盐调味，即可。

功效 本品补肝肾、强腰膝、理气安胎

下篇

药材煲汤，受益全家！

所谓"药食相配、食借其力、药助食威"。利用药材煲汤做成药膳食用与服药治病不同，对于无病之人，根据自己的体质合理进食药膳可达到保健、强身的作用。对于身患疾病之人，可先辨证，然后根据病症选择合适的药材，并搭配相应的食材做成药膳，对身体加以调养，增强体质，辅助药物最大程度地发挥其药效，从而达到辅助治病的作用。药材煲汤还常被用于扶正固本方面，常用的扶正固本的药物和食物有人参、黄芪、枸杞子、山药、当归、阿胶、红枣、鸡、鸭、猪肉、羊肉等，这些药物、食物搭配煲汤既能滋补强身、补益气血，又能增强正气、治疗体虚。此外，汤膳中还含有人体代谢所必需的营养素，能有效地补充人体能量和营养物质，调节机体内物质代谢，从而达到滋补强身、防病、治病、延寿的作用。但是在用膳时，应本着"因人施膳，因时施膳"这一基本原则，才能使药膳更有效、更充分地发挥作用。本篇的撰写参考了李时珍著的《本草纲目》以及唐代医学家孙思邈著的《千金要方》和《千金翼方》等医学专著，将常用的中药材分为若干类，共为12章，对每种药材的性味归经、功效主治以及药用价值等均做了详细的介绍，还搭配了相应的药膳进行保健、食疗，让您全家受益、科学养生。

第一章

益气中药汤

　　凡能补虚扶弱，纠正人体气虚，包括脾气、肺气虚弱症状的药材，以治疗气虚为主要作用的药物，称为补气药。中医所说的"气"，一般指人体各系统器官的生理功能。"气虚"就是指人体各系统器官生理功能的不足，尤其是指消化系统和呼吸系统的不足，即中医所讲的脾气虚和肺气虚。脾气虚主要表现为倦怠、四肢无力、食欲不振、腹胀肠鸣、便溏腹泻、内脏下垂（如胃下垂）等。肺气虚主要有短气、活动时气喘、咳嗽、声音低微、面色淡白、自汗等。补气药大多味甘甜，配伍猪肚、乌鸡、土鸡、老鸭等滋补食物做成药膳，不但味美汤鲜，还能够扶助正气，对久病、大病之后体质虚弱，或年老体虚者大有补益作用。益气中药汤还能用于防治正虚邪实的病症，还能增强机体免疫功能、延缓衰老。此汤一般多腻滞，多服易导致腹胀，因此烹煮时宜加入少许理气药行气除胀；此外，感冒患者也不宜食用此汤。

人参

"百草药王"

人参为五加科植物人参的干燥根，主要分布于黑龙江、吉林、辽宁和河北北部。人参含有多种氨基酸、植物甾醇、人参酸、挥发油、胆碱、葡萄糖、麦芽糖、人参皂苷、人参二醇、烟酸、泛酸、维生素B_1、维生素B_2及钙、磷、钾、钠、铁等成分。其自古以来拥有"百草药王"的美誉，更被东方医学界誉为"滋阴补生，扶正固本"之极品。

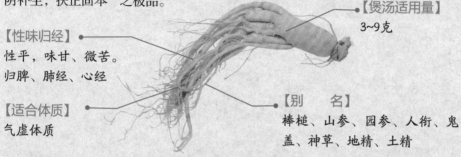

【煲汤适用量】
3~9克

【性味归经】
性平，味甘、微苦。
归脾、肺经、心经

【适合体质】
气虚体质

【别　　名】
棒槌、山参、园参、人衔、鬼盖、神草、地精、土精

【功效主治】

人参具有大补元气、复脉固脱、补脾益肺、生津安神的功效。用于体虚欲脱、肢冷脉微、脾虚食少、肺虚喘咳、津伤口渴、内热消渴、久病虚赢、惊悸失眠、阳痿宫冷、心力衰竭、心源性休克等。

【药用价值】

●提高心肌对缺氧的耐受能力。人参皂苷可促进磷酸合成，提高脂蛋白酶活性，加快脂质的代谢，显著提高心肌对缺氧的耐受能力，对高血压、动脉粥样硬化、冠心病等常见的老年性疾病有一定防治作用。

●抑制血糖升高。人参可增进糖的利用、代谢，抗脂肪分解活性，恢复糖尿病患者耐糖能力，在一定程度上可抑制血糖升高。

●防癌抗癌：临床证明，人参皂苷和人参多糖能改善胃癌、肺癌患者的自觉症状，且能延长患者的生命，还能减少化疗和放疗的不良反应。口服人参可促进骨髓造血功能，对治疗再生障碍性贫血及粒细胞减少症有显著效果。

●增强记忆力、助产。现代药理学研究证实，人参对高级神经系统兴奋与抑制均有增强作用，能提高脑力，调节大脑皮质功能紊乱使其恢复正常，提高大脑的功能，增强记忆力。临床上在孕妇临产前以"人参泡水服"可以增强孕妇在生产前的体力，缩短产程。

●延缓衰老。人参皂苷可明显抑制脑和肝中过氧化脂质形成，减少大脑皮质、肝和心肌中脂褐素及血清过氧化脂质的含量，增加超氧化物歧化酶和过氧化酶在血液中的含量，促进细胞形成，提高免疫球蛋白的含量，增强网状内皮系统吞噬功能，清除体内导致衰老的自由基，减缓衰老。

【食用宜忌及用法】

　　人参是体虚乏力者的滋补圣品，适宜于气血不足、慢性腹泻、喘促气短、身体瘦弱、劳伤虚损、脾胃气虚、食少倦怠、惊悸、健忘、头昏、贫血、阳痿、神经衰弱者服用。服用人参还需注意季节的变化，一般来说，秋冬季天气凉爽，进食比较好；而夏季天气炎热，则不宜食用。精神病、狂躁症、严重失眠者、肾功能衰竭伴有尿少者或准备换肾者、高血压未受控制的患者、肝炎出现明显黄疸（即小便深黄、眼黄、皮肤黄）者、患有伤风感冒等实证、失眠烦躁、化脓性炎症、流鼻血、肾功能不全、身热便秘者不宜服用人参。人参忌与萝卜、藜芦同食。

【选购与保存】

　　红参类中以体长、色棕红或棕黄半透明、皮纹细密有光泽、无黄皮、无破疤者为佳。边条红参优于普通红参。山参是各种人参中品质最佳的一类，当中又以纯野山参为上品。对已干透的人参，可用塑料袋密封以隔绝空气，置于阴凉处或冰箱冷冻室内保存即可。

【食用搭配宜忌】

宜

人参+山药 ▶ 预防高血压、降低胆固醇、利尿、润滑关节。

人参+鸡肉 ▶ 能益气填精、养血调经。

人参+乳鸽 ▶ 能补虚扶弱。

人参+莲子 ▶ 有补气健脾之功。

人参+黄鳝 ▶ 治疗气血不足、体倦乏力、心悸气短、头晕眼花。

人参+粳米 ▶ 可辅助治疗五脏虚衰、性功能减退等症。

忌

人参+菠菜 ▶ 影响吸收，降低药效。

人参+葡萄 ▶ 导致腹泻。

人参+橘子 ▶ 影响吸收，降低药效。

人参+兔肉 ▶ 导致上火。

人参+猪血 ▶ 影响吸收，降低药效。

人参+胡萝卜 ▶ 两者作用相反，不宜同用。

人参+山楂 ▶ 影响吸收，降低药效。

人参+藜芦 ▶ 损害、抵消人参的补气效果。

人参+浓茶 ▶ 影响吸收，降低药效。

滋补药膳 人参猪蹄汤

·补气养血+助产通乳·

主料 〉

猪蹄300克　　人参9克　　枸杞子10克

红枣5个

辅料 〉 姜4片，盐适量

制作 〉

①将猪蹄洗净、切块，氽去血水；人参、枸杞子、红枣洗净备用。②净锅上火倒入水，大火烧开，水沸后放入生姜片，下入猪蹄、人参、红枣转小火煲2小时，再下入枸杞子，调入盐，同煲至熟烂即可。

适宜人群 体质虚弱者、产后缺乳者、气虚难产者、慢性消耗性疾病患者、贫血者、低血压患者、气血亏虚者。

不宜人群 阴虚火旺者、内火旺盛者、伤风感冒等病的实证患者、高血压患者、高血脂患者等。

滋补药膳 滋补人参鸡汤

·大补元气+延年益寿·

主料 〉

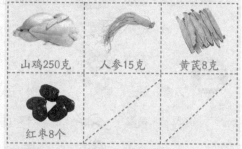

山鸡250克　　人参15克　　黄芪8克

红枣8个

辅料 〉 姜片5克，盐4克

制作 〉

①将山鸡处理干净，斩块氽水；人参切片；黄芪、红枣均洗净备用。②汤锅上火倒入水，下入山鸡块、人参片、姜片、黄芪、红枣，大火煲沸后转小火煲至熟烂，加盐调味即可。

适宜人群 大病后体虚欲脱、脾虚食少、肺虚喘咳、久病虚弱、贫血等患者。

不宜人群 阴虚火旺者、内火旺盛（如化脓性炎症、流鼻血、肠燥便秘等）患者、伤风感冒患者、高血压患者、高血脂患者、儿童。

滋补药膳 鲜人参煲乳鸽

·益气补虚+补肾壮阳·

主料〉

乳鸽1只	鲜人参8克	红枣10个
生姜5克		

辅料〉 盐3克

制作〉

①乳鸽处理干净；鲜人参、红枣洗净；生姜洗净切片。②乳鸽入沸水中汆去血水后捞出洗净。③将乳鸽、人参、红枣、姜片一起装入煲中，再加适量清水，以大火炖煮2小时，加盐调味即可。

适宜人群 宫寒不孕者、肾虚阳痿遗精者、大病后体虚欲脱者、脾虚食少者、肺虚喘咳者、贫血者、营养不良者等。

不宜人群 阴虚火旺者、内火旺盛患者、伤风感冒患者、失眠者、高血压患者、高血脂患者、糖尿病患者、儿童。

滋补药膳 人参糯米鸡汤

·温经散寒+回阳救逆·

主料〉

人参5克	肉桂5克	糯米50克
鸡腿1只	红枣10克	

辅料〉 盐2小匙

制作〉

①将肉桂用水清洗一下，放入锅中，加水煎取药汁。②鸡腿洗净斩块，与淘洗好的糯米、人参、红枣一起放入锅中，煮成稀粥，待熟后，调入盐即可。

适宜人群 心阳亏虚引起的心悸怔忡、心胸憋闷或心痛、气短、冷汗、畏寒肢冷、面唇青紫的患者；肾阳虚引起的阳痿遗精、夜尿频多、手足冰冷、腰膝冷痛、精冷不育、少气乏力者。

不宜人群 阴虚火旺者、身体强壮者、内热便秘者、感冒者、高血压者、糖尿病者、慢性胃炎或胃溃疡患者。

滋补药膳 枣参茯苓粥

·补气健脾+增强食欲·

主料 >

人参6克 　白茯苓6克 　红枣5个

大米80克

辅料 > 白糖适量

制作 >

①大米泡发洗净；人参洗净，切小块；白茯苓洗净；红枣去核洗净，切开。②锅置火上，注入清水后，放入大米，用大火煮至米粒开花，放入人参、白茯苓、红枣同煮。③改用小火煮至米粒开花，再放入白糖，煮至粥浓稠时即可食用。

适宜人群 脾胃气虚所致的神疲乏力、食少腹胀、倦怠、心神不宁、便稀腹泻、面色萎黄或苍白的患者。

不宜人群 里热实证患者、肠燥便秘者、感冒患者。

滋补药膳 人参鹌鹑蛋

·补气养血+滋阴补肾·

主料 >

人参8克 　鹌鹑蛋10个 　黄精10克

陈皮3克

辅料 > 盐、白糖、香油、味精、高汤各适量

制作 >

①将人参煨软，收取滤液，再将黄精煎2遍，取其浓缩液与人参液调匀。②鹌鹑蛋煮熟去壳，一半用陈皮、盐、味精腌渍10分钟，一半用香油炸成金黄色。③把高汤、白糖、味精等兑成汁。再将鹌鹑蛋同兑好的汁一起下锅煮熟即可。

适宜人群 肝肾亏虚所致的失眠多梦、腰膝酸软、倦怠乏力、阳痿遗精、自汗盗汗、面色无华、血虚头晕的患者。

不宜人群 内热炽盛者、实证者、气不虚者、感冒患者。

党参

"补益上品"

党参为桔梗科植物党参的干燥根，据产地分西党参、东党参、潞党参三种。西党参主产陕西、甘肃；东党参主产东北等地；潞党主产山西。党参含有葡萄糖、果糖、菊糖、蔗糖、磷酸盐和17种氨基酸以及皂苷、生物碱、蛋白质、维生素B_1、维生素B_2和钾、钠、镁、锌、铜、铁等14种矿物质。党参为中国常用的传统补益药，是补气血不足者之上品。

【性味归经】
性平，味甘。归脾、肺经

【适合体质】
气虚、血虚体质

【煲汤适用量】
9~30克

【别　名】
黄参、狮头参、中灵草、东党参、汶元参

【功效主治】

党参具有补中益气、健脾益肺的功效。适用于脾肺虚弱、气短心悸、食少便溏、虚喘咳嗽、内热消渴等症。

【药用价值】

●提高机体抗病能力。有报导：用党参或四君子汤给小鼠灌服5天。由于其能增强网状内皮系统的吞噬功能，故能提高机体的抗病能力。

● 补血作用。党参醇，水浸液口服或皮下注射时，可使家兔的红细胞增加。此外，将党参液灌注入小白鼠的胃，亦能使小白鼠红细胞增加，血红蛋白显著增加。皮下注射可使白细胞、网织细胞显著增加，对环磷酰胺等化疗药物及放射疗法所致白细胞下降亦有治疗作用。

●抗疲劳作用。党参提取物给小白鼠灌胃，实验证明能明显提高其游泳能力，减缓疲劳。其机制可能与党参提取物能提高小白鼠中枢神经系统的兴奋性，提高机体活动能力有关，故而能减轻其疲乏感。

●对心血管系统的影响。党参碱具有明显的降压作用，其提取物能提高心排血量而不增加心率，并能增加脑、下肢和内脏的血液量。另有报道，本品浸膏对肾上腺素的升压反应有明显的对抗作用。

●对胃肠道的调节作用。党参皂苷对肠道功能具有调节作用，并能不同程度的对抗乙酰胆碱、5-羟色胺、组安、氯化钡对肠道的影响。因而，党参在临床上有补脾胃的作用。

●升高血糖作用。实验证明党参有升高血糖作用，其升高血糖作用可能与其所含多量糖分有关。本品并且有促进白蛋白合成、增强子宫的收缩能力等作用。

【食用宜忌及用法】

党参适宜于体质虚弱、气血不足、面色萎黄、病后产后体虚者，脾胃气虚、神疲倦怠、四肢乏力、食少便溏、慢性腹泻、肺气不足、咳嗽气促、气虚体弱、易于感冒者，气虚血亏、慢性肾炎蛋白尿者，慢性贫血、白血病、血小板减少性紫癜以及佝偻病患者食用。党参可煎汤服用，有时为防其导致气滞，可酌加陈皮或砂仁同用。阴虚内热、内火过盛者不宜多服，反令内热更加严重。气滞、肝火盛者更是禁用。结膜炎、猩红热、流行性腮腺炎、传染性肝炎、肺气肿的感染期均是感外邪所致，不宜服用党参，因为邪不去只扶正气，反而闭门留寇，"气能生火"、"补能留邪"，或抑制身体正常祛痰能力。此外，党参虽有补气安胎的作用，但对于实热体质的孕妇，或怀孕后期体质偏热的孕妇来说，不宜服用，否则会助火动胎，加重怀孕的不适。因此，孕妇必须在中医师指导下服用党参。

【选购与保存】

各种党参中以野生党参为最优。西党以根条肥大、粗实、皮紧、横纹多、味甜者为佳；东党以根条肥大、外皮黄色、皮紧肉实、皱纹多者为佳；潞党以独支不分叉、色白、肥壮粗长者为佳。党参含糖分及黏液质较多，在高温和高湿的环境下极易变软发黏，霉变和被虫蛀。贮藏前要充分晾晒党参，然后用纸包好装入干净的密封袋内，置于通风干燥处或冰箱内保存。

【食用搭配宜忌】

党参+蛏肉 ▶ 能健脾益气、补虚催乳。

党参+大米 ▶ 两者煮粥食，可作为放疗或化疗后白细胞减少症的食疗方。

党参+黄鳝 ▶ 能补益气血。

党参+藜芦 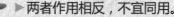 ▶ 损害、抵消人参的补气效果。

党参+胡萝卜 ▶ 两者作用相反，不宜同用。

党参+浓茶 ▶ 影响吸收，降低药效。

滋补药膳 党参山药猪肚汤

·益气补虚+升托内脏·

主料 〉

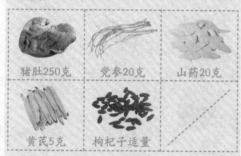

猪肚250克	党参20克	山药20克
黄芪5克	枸杞子适量	

辅料 〉 姜片10克，盐6克

制作 〉

①猪肚洗净，党参、山药、黄芪、枸杞子洗净，锅中注入水烧开，放入猪肚汆烫。②所有材料和姜片放入砂煲内，加清水没过材料，用大火煲沸，改小火煲3个小时，调入盐即可。

适宜人群 气虚所见的内脏下垂（如胃下垂、子宫脱垂、脱肛、肾下垂等）患者；面色无华、神疲乏力、气虚自汗、食欲不振、便稀腹泻的患者以及营养不良、贫血、低血压等患者。

不宜人群 感冒患者、内火过盛者、热毒化脓性疾病患者。

滋补药膳 北杏党参老鸭汤

·补益肺气+止咳定喘·

主料 〉

老鸭300克	北杏仁20克	党参15克

辅料 〉 盐、鸡精各适量

制作 〉

①老鸭处理干净，切块，汆水；北杏仁洗净，浸泡；党参洗净，切段，浸泡。②锅中放入老鸭肉、北杏仁、党参，加入适量清水，大火烧沸后转小火慢炖2小时。③调入盐和鸡精，稍炖，关火出锅即可。

适宜人群 肺气虚所见的咳嗽、气喘、乏力者，如老年性慢性支气管炎、慢性肺炎、肺气肿、百日咳、肺结核、肺癌等患者。

不宜人群 感冒未愈者。

滋补药膳 山药党参鹌鹑汤

·益气养血+补肾固精·

主料 〉

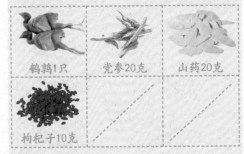

鹌鹑1只	党参20克	山药20克
枸杞子10克		

辅料 〉 盐适量

制作 〉

①鹌鹑去内脏，洗净；党参、山药、枸杞子均洗净备用。②锅中注入水烧开，放入鹌鹑氽去血水，捞出洗净。③炖盅注水，放入鹌鹑、党参、山药、枸杞子，大火烧沸后改用小火煲3小时，加盐调味即可。

适宜人群 脾肾气虚引起的神疲乏力、食欲不振、面色无华、腰膝酸软、肾虚阳痿、遗精早泄、贫血、内脏下垂、慢性腹泻等患者。

不宜人群 阴虚燥热者、感冒患者。

滋补药膳 党参豆芽尾骨汤

·补气健脾+益肺润肠·

主料 〉

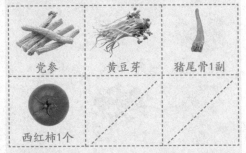

党参	黄豆芽	猪尾骨1副
西红柿1个		

辅料 〉 盐8克

制作 〉

①猪尾骨切段，氽烫后捞出，再冲洗。②黄豆芽冲洗干净；西红柿洗净，切块。③将猪尾骨、黄豆芽、西红柿和党参放入锅中，加适量水以大火煮开，改小火炖30分钟，加盐调味即可。

适宜人群 脾肺虚弱者、胃中积热者、气短心悸者、食少便溏者、虚喘咳嗽者；肥胖、便秘、痔疮患者。

不宜人群 脾胃虚寒者、肝火旺盛者、气滞者、有实邪者、慢性腹泻者。

滋补药膳 党参蛤蜊汤

·益气养阴+降低血压·

主料

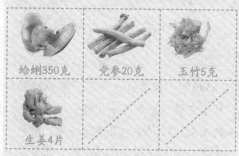

蛤蜊350克 　党参20克 　玉竹5克

生姜4片

辅料 盐、黄酒各适量

制作

①党参洗净，切段，生姜洗净切片；蛤蜊洗净后，放入沸水中氽烫至开壳。②将蛤蜊、党参、玉竹、生姜片放入煲内，加入适量清水，武火煮开，改文火煲1小时，加入黄酒，再煲10分钟，调入盐即可。

适宜人群 气阴两虚所见的高血压、高血脂，久咳咯血者（如肺结核、慢性肺炎、肺癌等患者），慢性咽炎者，皮肤干燥者，老年性气虚便秘者，病后体虚者。

不宜人群 感冒未清者、痰湿内蕴者、实证患者。

滋补药膳 枸杞子党参鱼头汤

·益智补脑+防衰抗老·

主料

鱼头1个 　山药片20克 　党参20克

红枣15克 　枸杞子15克

辅料 盐、胡椒粉、油各少许

制作

①鱼头洗净，剖成两半，下入热油锅稍煎；山药片、党参、红枣均洗净备用；枸杞子泡发洗净。②汤锅加入适量清水，用大火烧沸，放入鱼头煲至汤汁呈乳白色。③再加入山药片、党参、红枣、枸杞子，用中火继续炖1小时，加入盐、胡椒粉调味即可。

适宜人群 老年人、神经衰弱患者、记忆力衰退者、脑力劳动者、体质虚弱者。

不宜人群 感冒患者、内火旺盛者。

西洋参 "凉补佳品"

西洋参是五加科植物西洋参的干燥根。其主产于美国、加拿大及法国，现在我国也有栽培。由于加工不同，西洋参一般分为粉光西洋参及原皮西洋参二类。西洋参含人参皂苷类、氨基酸、微量元素、果胶、人参三糖、胡萝卜苷及甾醇等。西洋参是补气的保健首选药材，是气虚燥热者的凉补佳品。

【性味归经】
性凉，味甘、微苦。
入心、肺、肾三经

【适合体质】
气虚、阴虚体质

【煲汤适用量】
3~10克

【别　名】
西洋人参、洋参、西参、花旗参、广东人参

【功效主治】

西洋参具有益肺阴、清虚火、生津止渴的功效。因其性凉而补，属养阴药材，故凡想用人参而受不了人参的温补之人可用它替代。西洋参含有多种人参皂苷，和人参一样具有显著地抗疲劳、抗缺氧的功效，对大脑也有镇静作用，对心脏更有中度兴奋的作用。其主治肺虚久嗽、失血、咽干口渴、虚热烦倦。还可以治疗肺结核、伤寒、慢性肝炎、慢性肾炎、红斑性狼疮、再生障碍贫血、白血病、肠热便血，年老体弱者适量服用也能增强体质、延年益寿。

【食用宜忌及用法】

体质虚寒、胃有寒湿、风寒咳嗽，消化不良的人不宜服用西洋参。流行性感冒、发热未退者也不宜用西洋参，否则内火无法发透，反而会产生寒热现象。此外，服用时不宜饮茶、吃白萝卜，因茶中的鞣酸及白萝卜的消气作用会降低其药效。其不宜与藜芦同用。西洋参以内服居多，可煮成药汤服用，也可直接咀嚼服用，或将其制成丸、胶囊。

【选购与保存】

粉光西洋参以形较小，色白而光，外表横纹细密；体轻、气香而浓，味微甜带苦者为佳。而原皮西洋参则以形粗如大拇指或略小，外表土黄色，横纹色黑而细密；内部黄白色，体轻质松，气香味浓者为佳。置于阴凉干燥处，密封、防蛀保存。

滋补药膳 西洋参银耳鳢鱼汤

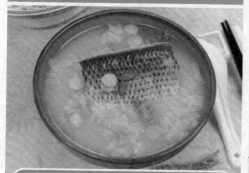

·滋阴益胃+美容润肤·

主料〉

鳢鱼300克　　银耳20克　　西洋参片10克

枸杞子10克

辅料〉 盐少许

制作〉

①鳢鱼宰杀收拾干净，切长段；西洋参片洗净；银耳、枸杞子泡发洗净。②将鳢鱼、西洋参片、银耳、枸杞子放入汤煲中，加水至盖过材料，用大火煮沸。③改用小火炖50分钟，加入盐调味即可。

适宜人群〉 胃阴亏虚引起的胃痛、烧心（如慢性萎缩性胃炎）；咽喉干燥者（如慢性咽炎）；干咳咯血者；糖尿病患者；皮肤干燥、暗黄者；肠热便血者；体质虚弱者。

不宜人群〉 体质虚寒者、胃有寒湿者、风寒感冒未愈者、消化不良者。

滋补药膳 西洋参无花果甲鱼汤

·润肺止咳+防癌抗癌·

主料〉

甲鱼1只　　无花果20克　　西洋参10克

红枣5个

辅料〉 生姜3片，盐适量

制作〉

①将甲鱼处理干净，放入锅中，加热至水沸；西洋参、无花果、红枣、生姜洗净。②将甲鱼捞出，剔去表皮，去内脏，洗净。③将2升水放入瓦煲内，煮沸后加入所有材料，煲沸后改小火煲3小时，加盐调味即可。

适宜人群〉 久咳肺虚者（如肺结核、慢性肺炎、慢性支气管炎、肺气肿患者），贫血患者，癌症患者（如胃癌、肝癌、宫颈癌、直肠癌等患者），病后体虚者。

不宜人群〉 胃有寒湿者、风寒感冒未愈者。

滋补药膳 西洋参冬瓜野鸭汤

·滋阴补虚+清热利尿·

主料 〉

野鸭500克　　冬瓜（连皮）300克　　西洋参10克

鲜荷叶梗60克　　红枣5个

辅料 〉 盐适量

制作 〉

①将野鸭（养殖）宰杀后，将其内脏祛除，然后切成块备用；西洋参略洗，切成薄片。②将冬瓜、鲜荷叶梗、红枣分别洗净，把全部材料放入锅内，用武火煮沸后，再用文火煲2小时左右，最后加盐调味即可。

适宜人群 〉 夏季暑热伤津气，口渴心烦、体虚乏力、汗出较多、小便黄赤者；阴虚火旺者；阴虚干咳者；尿路感染者；痤疮、痱子等热性病症患者。

不宜人群 〉 脾胃虚寒腹泻者、风寒感冒未愈者、消化不良者。

滋补药膳 西洋参川贝瘦肉汤

·滋阴益气+止咳化痰·

主料 〉

海底椰15克　　西洋参10克　　川贝母10克

猪瘦肉400克　　蜜枣2个

辅料 〉 盐5克

制作 〉

①海底椰洗净；西洋参洗净；川贝母洗净，打碎；猪瘦肉洗净，切块；蜜枣洗净。②将海底椰、西洋参、川贝母、瘦肉、蜜枣一起放入炖盅内，注入沸水，加盖，隔水炖4小时，加盐调味即可。

适宜人群 〉 阴虚体质者、慢性咽炎患者、心胸郁结者、肺虚久嗽者、干咳咯血者、咽干口渴者、虚热烦倦者、失眠患者、五心烦热、肠燥便秘者、癌症患者。

不宜人群 〉 体质虚寒者、胃有寒湿者、风寒感冒未愈者、消化不良者、脾胃虚寒及有湿痰者。

黄芪

"补气之最"

黄芪为为豆科植物膜荚黄芪或蒙古黄芪的干燥根。主产内蒙古、山西、河北、吉林、黑龙江等地，现广为栽培。黄芪富含多种氨基酸、胆碱、甜菜碱、苦味素、黏液质、钾、钙、钠、镁、铜、硒、蔗糖、葡萄糖醛酸、叶酸等成分。黄芪是最佳的补中益气之药。

【性味归经】

性温，味甘。归肺、脾、肝、肾经

【适合体质】

气虚体质

【煲汤适用量】

9~30克

【别 名】

北芪、绵芪、口芪、西黄芪

【功效主治】

黄芪具有补气固表、利尿消肿、托毒排脓、敛疮生肌的功效。药理实验也证明，黄芪有轻微的利尿作用，可保护肝脏、调节内分泌系统。其主治气虚乏力、食少便溏、中气下陷、久泻脱肛、便血崩漏、表虚自汗、痈疽难溃、痈疽久溃不敛、血虚萎黄、内热消渴。其适用于慢性衰弱，尤其表现有中气虚弱的病人，用于中气下陷所致的脱肛、子宫脱垂、内脏下垂、崩漏带下等病症。

【食用宜忌及用法】

黄芪适宜气血不足、气短乏力、慢性肝炎、慢性溃疡者服用；高血压、面部感染等患者应慎用；消化不良、上腹胀满和有实证、阳证等情况的患者不宜用黄芪。黄芪一般煎煮内服，久服黄芪嫌太热时，可酌加知母、玄参清解之。妊娠期妇女慎用，临床实例证明，孕妇过量服用黄芪易出现过期妊娠、产程时间延长、胎儿过大等不良情况。黄芪宜与猪肝同食，可补气、养肝、通乳；宜与银耳同食，可作为白细胞减少症者的食疗方；宜与鸡肉同食，可补中益气、养精血；宜与鲤鱼同食，能补气固表。

【选购与保存】

黄芪以根条粗长、皱纹少、质坚而常、粉性足、味甜者为佳；根条细小、质较松、粉性小及顶端空心大者次之。黄芪应放在通风干燥处保存，以防潮湿、防虫蛀。

滋补药膳 黄芪枸杞子猪肝汤

·补气养血+养肝明目·

主料 〉

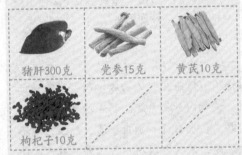

| 猪肝300克 | 党参15克 | 黄芪10克 |
| 枸杞子10克 | | |

辅料 〉盐适量

制作 〉

①猪肝洗净，切片；党参、黄芪洗净，放入煮锅，加6碗水以大火煮开，转小火熬高汤。②熬汤20分钟，转中火，放入枸杞子煮约3分钟，放入猪肝片，待水沸后，加盐调味即成。

适宜人群 气血亏虚者，病后、产后体虚者，产后缺乳者，肝肾不足两目昏花者，白内障患者，血虚头晕者，内脏下垂者，食欲不振者、乏力困倦者、表虚盗汗者。

不宜人群 感冒未愈者、内火旺盛者；高血压、高血脂患者。

滋补药膳 黄芪牛肉汤

·益气补虚+强身健体·

主料 〉

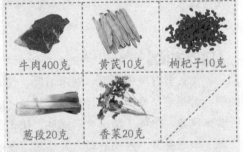

| 牛肉400克 | 黄芪10克 | 枸杞子10克 |
| 葱段20克 | 香菜20克 | |

辅料 〉盐适量

制作 〉

①将牛肉洗净，切块，汆水；香菜择洗干净，切段；黄芪用温水洗净备用。②净锅上火倒入水，下入牛肉、黄芪煲至成熟，撒入葱段、香菜、盐调味即可。

适宜人群 产后、病后体虚者；脾胃气虚引起的神疲乏力、面色无华、食少便溏、自汗者；低血压患者，贫血者，营养不良者。

不宜人群 感冒未愈者、内火旺盛者、高血压患者、面部感染者。

滋补药膳 猪肚黄芪枸杞子汤

·健脾益胃+升举内脏·

主料〉

猪肚300克	黄芪10克	枸杞子10克
生姜10克		

辅料〉 盐、生粉、鸡精各适量

制作〉

①猪肚用盐、生粉搓洗干净，切小块；黄芪、枸杞子用清水冲洗干净；生姜洗净，去皮切片。②锅中注入烧开，放入猪肚，余至收缩后取出，用冷水浸洗。③将所有食材放入同一砂煲内，注入适量清水，大火煮开后转小火煲煮，2小时后调入盐、鸡精即可。

适宜人群 脾胃气虚引起的神疲乏力、面色无华、食少便溏、表虚自汗者；内脏下垂者；产后、病后体虚者。

不宜人群 感冒未愈者、内火旺盛者、高血压患者、高血脂患者。

滋补药膳 黄芪飘香骨头汤

·益气补虚+养心安神·

主料〉

腔骨250克	黄芪10克	酸枣仁10克
枸杞子10克		

辅料〉 盐、色拉油、味精、葱段、姜片各适量

制作〉

①将腔骨洗净、余水，黄芪、酸枣仁、枸杞子均用温水洗净备用。②净锅上火倒入色拉油，葱段、姜片爆出香味，下入腔骨煸炒几下，随后倒入水，下入黄芪、酸枣仁、枸杞子，调入盐、味精煲至熟即可。

适宜人群 气血亏虚引起的心悸失眠、记忆衰退者，心肌缺血者，冠心病患者，营养不良者，贫血者，低血压患者，脾虚腹泻者。

不宜人群 食滞胸闷者、急性肠道感染者、热毒疮疡者、感冒未愈者。

山药

"补脾良药"

山药是薯蓣科植物薯蓣的干燥根茎。其主产于河南、山西、河北、陕西等地。山药含有甘露聚糖、3，4－二羟乙胺、植酸、尿囊素、胆碱、多巴胺、山药碱等成分。山药是补脾良药。

【性味归经】
性平，味甘。归脾、肺、肾经

【适合体质】
除痰湿体质外，其他体质基本都可食用，气虚者食之尤佳

【煲汤适用量】
10~20克（干）

【别　　名】
怀山药、山药药、山芋、山薯、山蓣

【功效主治】

山药具有滋养润肺、益气、调节呼吸系统的功效。还能够防止脂肪积聚在心血管上。山药也有健脾补胃的功效，能促进肠胃蠕动，帮助消化以及治疗食欲不振、便秘等。山药祛风解毒，可减少皮下脂肪积聚，对美容、养颜、纤体有一定功效。山药还有清虚热、止渴止泻、消炎抑菌、调节细胞免疫力的功效。其适用于脾虚食少、久泻不止、肺虚喘咳、肾虚遗精、带下、尿频、虚热消渴等病症。

【食用宜忌及用法】

山药生用的滋阴作用较好，尤其适合脾虚、肺阴不足、肾阴不足者；而炒山药性偏微温，适合健脾止泻，肾虚者可食用。山药虽然属补益食品，但有收涩作用，所以湿热外感或便秘的人不宜单用。此外，凡是患有感冒、温热、实邪和肠胃积滞的人，也不宜食用山药。不可与碱性药物一起服用。

【选购与保存】

山药以条粗、质坚实、粉性足、色洁白、煮之不散、口嚼不黏牙者为最佳。经烘干的山药要存放在通风干燥处，防潮、防蛀。新鲜山药接触铁或金属时容易形成褐化现象，所以最好用竹刀、塑料刀或陶瓷刀切山药。另外，山药切口容易与空气中的氧气产生氧化作用，所以可先放在米酒或盐水中浸泡，再风干，然后用餐巾纸包好。如需存放数天，可再在外围包几层报纸，放置在阴凉处。

滋补药膳 银耳山药莲子煲鸡汤

·益气补虚+滋阴润燥·

主料

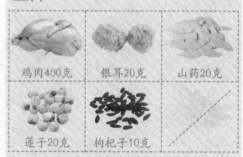

鸡肉400克　银耳20克　山药20克

莲子20克　枸杞子10克

辅料 盐、鸡精各适量

制作

①鸡肉收拾干净，切块，氽水；银耳泡发洗净，撕小块；山药洗净，切片；莲子洗净，对半切开，去莲子心；枸杞子洗净。②炖锅中注水，放入鸡肉、银耳、山药、莲子、枸杞子，大火炖至莲子变软。③加入盐和鸡精调味即可。

适宜人群 体质虚弱者、头晕耳鸣者、胸闷心燥者、食欲不振者、营养不良者、面色萎黄者、胃阴亏虚所致的胃痛者、白带清稀过多者。

不宜人群 感冒患者、便秘患者。

滋补药膳 羊排红枣山药滋补煲

·温胃散寒+益气补血·

主料

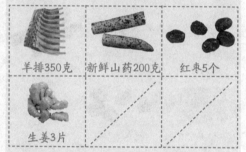

羊排350克　新鲜山药200克　红枣5个

生姜3片

辅料 高汤、盐适量

制作

①将新鲜羊排洗净，切块，氽水；山药去皮，洗净，切块；红枣洗净备用。②净锅上火倒入高汤，大火煮开，下入生姜片、羊排、山药、红枣，以大火煲15分钟后转小火煲至羊肉熟烂，再加盐调味即可。

适宜人群 脾胃虚寒所致的胃脘冷痛、便稀腹泻者，阳虚怕冷者，冻疮患者，消化性溃疡患者，贫血患者。

不宜人群 阴虚火旺者、内热便秘者、疔疮疖肿者、皮肤瘙痒者。

滋补药膳 山药排骨汤

·补脾益气+和胃止痛·

主料〉

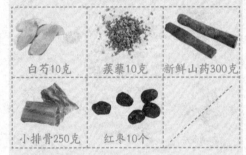

白芍10克	蒺藜10克	新鲜山药300克
小排骨250克	红枣10个	

辅料〉 盐5克

制作〉

①白芍、蒺藜装入纱布袋系紧，红枣以清水泡软。②小排骨氽烫后捞起。③将纱布袋、新鲜山药、红枣、小排骨放进煮锅，加1600克水，大火烧开后转小火炖约30分钟，加盐调味即可。

适宜人群〉 脾气虚所见的食欲不振、消化不良、神疲乏力、面色微黄、便稀腹泻者；胃痛患者（如消化性溃疡、慢性萎缩性胃炎等）；贫血者。

不宜人群〉 实邪者、肠胃积滞者、便秘者、感冒患者、急性肠道炎感染者。

滋补药膳 山药龙眼鳢鱼汤

·益气养血+养心安神·

主料〉

鳢鱼300克	山药适量	龙眼肉适量
枸杞子15克		

辅料〉 盐适量

制作〉

①鳢鱼处理干净，切块，入沸水中氽去血水；山药、龙眼肉均洗净；枸杞子洗净泡发。②将所有材料放入汤锅中，加适量水，以大火煮沸后改小火慢炖1小时。③起锅前，加入盐调味即可。

适宜人群〉 心悸失眠者、术后伤口未愈者、产后病后体虚患者、脾胃气虚者、营养不良者、食欲不振者、贫血者、神经衰弱者、记忆力衰退者。

不宜人群〉 感冒未清者、阴虚燥热者。

红枣

"天然维生素丸"

红枣为鼠李科植物枣的成熟果实。其主产于河北、河南、山东、四川、贵州等地。其含光千金藤碱、大枣皂苷、胡萝卜素、维生素C等成分。红枣是中药里的综合维生素，素有"天然维生素丸"之称。

【性味归经】
性温，味甘。归脾、胃经

【适合体质】
气虚体质

【煲汤适用量】
10~20克（干）

【别　　名】
干枣、美枣、良枣、红枣

【功效主治】

红枣具有补脾和胃、益气生津、养血安神、缓和药性的功效。其能促进人体细胞的新陈代谢，增强肌力，消除疲劳，也可以扩张血管，增加心肌的收缩力，改善心肌营养。此外，红枣对抗癌、预防高血压和高血脂也由一定效用。其主治胃虚食少、脾弱便溏、气血津液不足、营卫不和、心悸怔忡等病症。

【食用宜忌及用法】

红枣虽为物美价廉的养生佳品，但并不是什么人都适用。红枣含有丰富的糖分，腹部胀满、痰浊偏盛、齿病疼痛者、肥胖症以及糖尿病患者不宜多食；红枣味甘、性温，易助湿生热，急性肝炎湿热内盛者忌食；红枣味甜，性壅滞，脾胃功能较弱的儿童不宜多食。此外，月经期间出现水肿的妇女忌食，因为红枣味甘甜，多吃易助湿，湿积于体内，水肿会更严重。红枣可煎汤服用，亦可直接食用。

【选购与保存】

红枣以颗粒饱满，表皮不裂、不烂，皱纹少，痕迹浅；皮色深红，略带光泽；肉质厚细紧实，捏下去时滑糯不松，身干爽，核小；松脆香甜者为佳。红枣在夏天时容易出现虫子，因此购买红枣后，可以放在干燥处保存，以防虫蛀，也可放进冰箱冷藏，口味更佳。

滋补药膳 粉葛红枣猪骨汤

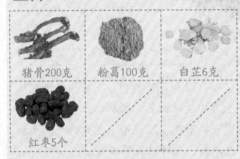

·养颜润肤+滋阴润燥·

主料 >

猪骨200克	粉葛100克	白芷6克
红枣5个		

辅料 > 盐3克，姜片少许

制作 >

①粉葛洗净，切成块；白芷、红枣洗净；猪骨洗净斩块。②净锅上水烧开，下入猪骨煮尽血水，捞出洗净。③将粉葛、红枣、猪骨、白芷、姜片放入炖盅，注入清水，大火烧沸后改小火炖煮2.5小时，加盐调味即可。

适宜人群 > 皮肤干燥暗黄者、贫血者、体虚容易感冒者、骨质疏松者、胃虚食少者、咽干口燥者。

不宜人群 > 食积腹胀、消化不良者。

滋补药膳 红枣莲藕炖排骨

·养血滋阴+益气健脾·

主料 >

莲藕2节	排骨250克	红枣10个
黑枣10个		

辅料 > 盐6克

制作 >

①排骨剁块，入沸水余烫、撇去浮沫，捞出再冲净。②莲藕削皮，洗净，切成块；红枣、黑枣洗净。③将以上所有材料盛入锅内，加水1800克，煮沸后转小火炖煮约40分钟，加盐调味即可。

适宜人群 > 老年人、更年期女性、阴虚内热者、体虚容易感冒者、骨质疏松者、胃虚食少者、气血不足者、高血压患者、营养不良者、癌症患者。

不宜人群 > 腹部胀满者、痰浊偏盛者、急性肝炎湿热内盛者、糖尿病患者、大便溏泄者。

滋补药膳 红枣白萝卜猪蹄汤

·健脾益气+养血下乳·

主料 >

猪蹄300克	白萝卜300克	红枣20克
生姜3片		

辅料 > 盐适量

制作 >

①猪蹄洗净，斩件；白萝卜洗净，切成片；红枣洗净，浸水片刻。②锅入水烧沸，将猪蹄放入，滚尽血水，捞出洗净备用。③将猪蹄、生姜片、红枣放入炖盅，注入水用大火烧开，放入白萝卜，改用小火煲2小时，加盐调味即可。

适宜人群 > 产后乳汁不下者、皮肤粗糙萎黄者、贫血者、低血压者、脾虚食欲不振者。

不宜人群 > 高血脂患者、腹胀消化不良者、肥胖者。

滋补药膳 红枣猪肝冬菇汤

·养肝明目、健脾益胃·

主料 >

猪肝250克	冬菇30克	红枣6个
枸杞子适量		

辅料 > 生姜、盐、鸡精各适量

制作 >

①猪肝洗净切片；冬菇洗净，用温水泡发；红枣、枸杞子分别洗净；生姜洗净去皮切片。②锅中注水烧沸，放入在猪肝汆去血沫。③炖盅装水，放入所有食材，上蒸笼炖3小时，调入盐、鸡精后即可食用。

适宜人群 > 肝肾亏虚引起的两目昏花者、贫血者、脾胃虚弱者，胃溃疡患者、癌症患者、久病体虚者。

不宜人群 > 高血脂患者、高胆固醇患者。

灵芝

"药中仙草"

灵芝为多孔菌科真菌灵芝（赤芝）或紫芝的干燥子实体。其主产于河北、山西、江西、广西、广东、浙江、湖南、广西、福建等地。其含有麦角甾醇、真菌溶酶、酸性蛋白酶、多糖等成分。灵芝自古以来就被认为是吉祥、富贵、美好、长寿的象征，有"仙草"、"瑞草"之称，被视为滋补强壮、固本扶正的珍贵中草药。

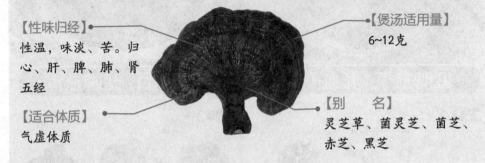

【性味归经】
性温，味淡、苦。归心、肝、脾、肺、肾五经

【适合体质】
气虚体质

【煲汤适用量】
6~12克

【别　名】
灵芝草、菌灵芝、菌芝、赤芝、黑芝

【功效主治】

灵芝具有补气安神、止咳平喘的功效。其主治虚劳短气、肺虚咳喘、失眠心悸、消化不良、不思饮食、心神不宁等病症。灵芝能扶正固本，提高身体免疫力，调节人体整体的功能平衡，调动身体内部活力，调节人体新陈代谢；还能抗肿瘤，预防癌细胞生成，抑制癌细胞生长。最新研究表明灵芝还具有抗疲劳、美容养颜、延缓衰老、防治艾滋病等功效。灵芝也被应用于化妆品。

【食用宜忌及用法】

灵芝在临床应用不良反应少，有少数病人在食用的时候出现头晕、口鼻及咽部干燥、便秘等副作用，在这种情况下要咨询医师或者停用一段时间，无不良反应再服用。使用灵芝实体时，最好削成薄片后再煎煮，如太硬削不动，可以先煮得柔软些，再加以削薄。

【选购与保存】

选购灵芝时，应以菌盖半圆形、赤褐如漆、环棱纹、边缘内卷、侧生柄的特点来选购。灵芝购买回来后，应放在阴凉干燥处贮存，不得与有毒物品、异味物品混合存放，并注意防止害虫，鼠类危害。

滋补药膳 猪蹄灵芝汤

·丰胸下乳+益气补血·

主料 〉

| 猪蹄1只 | 丝瓜200克 | 灵芝10克 |
| 生姜3片 | | |

辅料 〉 盐适量

制作 〉

①将猪蹄洗净切块，汆水；丝瓜去皮、洗净，切滚刀块；灵芝洗净。②汤锅里加入适量水，下入猪蹄、生姜片、灵芝，煲至快熟时下入丝瓜，再煲10分钟，加盐调味即可。

适宜人群 青春期女孩乳房发育迟缓者、产后贫血缺乳者、虚劳短气者、失眠心悸者、不思饮食者、贫血者、体质虚弱者。

不宜人群 痰多者、肥胖者、腹胀消化不良者、高血脂者。

滋补药膳 灵芝核桃乳鸽汤

·益智补脑+补肾延年·

主料 〉

| 乳鸽1只 | 党参20克 | 核桃仁20克 |
| 灵芝10克 | 蜜枣5个 | |

辅料 〉 盐适量

制作 〉

①将核桃仁、党参、灵芝、蜜枣分别用水洗净。②将乳鸽去内脏，洗净斩件，汆去血水。③锅中加水，大火烧开，放入乳鸽、党参、核桃仁、灵芝、蜜枣，改用小火煲3小时，加盐调味即可。

适宜人群 体质虚弱者，记忆力衰退者，心悸失眠患者，肾虚阳痿者，神疲乏力者，肺虚咳喘者，病后产后贫血者。

不宜人群 阴虚内热者、感冒未愈者。

滋补药膳 灵芝茯苓炖乌龟

·益气补虚+养心安神·

主料

乌龟1只	灵芝6克	茯苓25克
山药8克		

辅料 生姜10克，盐、味精各适量

制作

①乌龟置于冷水锅内，慢火加热至沸，将龟破开，去头和内脏，斩成大件。②灵芝切块，同茯苓、山药、生姜洗净。③将以上用料放入瓦煲内，加适量水，以大火烧开，转小火煲2小时，最后用盐和味精调味即可。

适宜人群 更年期女性，失眠患者，心律失常患者，体质虚弱者，自汗、盗汗者，神疲乏力者，肺虚咳喘者，脾虚食欲不振者，病后产后贫血者，癌症患者。

不宜人群 感冒未愈者。

滋补药膳 灵芝红枣瘦肉汤

·补气安神+养血补虚·

主料

猪瘦肉300克	灵芝10克	玉竹8克
红枣4个		

辅料 盐6克

制作

①将猪瘦肉洗净、切片，灵芝、玉竹、红枣洗净备用。②净锅上火倒入水，调入盐，下入猪瘦肉烧开，撇去浮沫，下入灵芝、玉竹、红枣煲至熟即可。

适宜人群 虚劳短气者、神疲乏力者、肺虚咳喘者、肾虚阳痿者、失眠心悸者、消化不良者、体虚容易感冒者、气血津液不足者。

不宜人群 食积腹胀、急性肝炎湿热内盛者。

太子参

"清补佳品"

太子参为石竹科孩儿参的干燥块根。其主产江苏、山东、安徽等地。其含有皂苷、果糖、淀粉、多种维生素、棕榈酸、亚油酸，同时还含有磷脂、16种氨基酸、挥发油以及锰、铁、铜、锌等微量元素。太子参是阴虚血热者的补气良药。

【性味归经】
性平，味甘、微苦。
归脾、肺经

【适合体质】
气血两虚体质

【煲汤适用量】
15~30克

【别 名】
孩儿参、童参、双批七、米参

【功效主治】

太子参具有补肺、健脾的功效。实验证实，太子参有抗衰老的作用，还对淋巴细胞有明显的刺激作用。其主治肺虚咳嗽、脾虚食少、心悸自汗、精神疲乏，能益气健脾、生津润肺。其多用于脾虚体弱、病后虚弱、气阴不足、自汗口渴、肺燥干咳等症。现代药理研究太子参有抗疲劳、抗应激作用，并有促进免疫及延长寿命的作用。太子参皂苷A有抗病毒作用，正是由于太子参有此功效，在"非典"时期，太子参曾一度供不应求。

【食用宜忌及用法】

与人参、党参、西洋参相比，太子参的滋补药力虽差很远，但亦因为这样，其药性十分平稳，且副作用也比以上参种小得多，适合慢性病人长期大量服用。太子参一般煎服，因其效力较低，故用量宜稍大，煮时不需要另炖。太子参与山药、石斛同食会产生不良反应；太子参也不宜与藜芦同服，同服会降低药效。此外，痰阻湿滞者不宜用。

【选购与保存】

太子参以表面黄白色，半透明，有细皱纹，无须根者为佳。太子参含糖分及黏液质较多，在高温和高湿度的环境下极易变软发黏，霉变和被虫蛀。因此太子参宜置通风干燥处保存，防潮、防蛀。

滋补药膳 太子参无花果炖瘦肉

·益气健脾+润肺止咳·

主料〉

猪瘦肉200克	无花果20克	太子参15克

辅料〉盐、味精各适量

制作〉

①太子参略洗；无花果洗净。②猪瘦肉洗净切片。③把全部用料放入炖盅内，加滚水适量，盖好，隔滚水炖约2小时，调味供用。

适宜人群 肺虚久咳气喘者、神疲乏力者、面色萎黄者、食欲减退者、脾虚腹泻者、口干咽燥者、癌症患者、慢性消耗性疾病患者、贫血患者、自汗盗汗患者、产后病后体虚者。

不宜人群 感冒未愈者。

滋补药膳 太子参龙眼猪心汤

·益气补血+养心安神·

主料〉

龙眼肉20克	太子参10克	大枣6个
猪心半个		

辅料〉盐1小匙

制作〉

①猪心挤去血水，切片，放入沸水余烫，捞起，冲净，切片；太子参洗净切段。②龙眼肉、太子参、大枣盛入锅中，加3碗水以大火煮开，转小火续煮20分钟。③再转中火让汤汁滚沸，放入猪心，待水沸腾，加盐调味即成。

适宜人群 心律失常者、失眠多梦者、神经衰弱患者、更年期综合征患者、自汗盗汗者、脾虚食少者、精神疲乏者、贫血者。

不宜人群 感冒未愈者、高胆固醇患者、高血脂患者、食积腹胀者。

滋补药膳 太子参百合甜枣汤

·益气养阴+生津润燥·

主料〉

| 新鲜百合30克 | 太子参5克 | 红枣5个 |

辅料〉冰糖适量

制作〉

①新鲜百合剥瓣，洗净；太子参、红枣分别洗净，红枣泡发1小时。②太子参、红枣盛入煮锅，加3碗水，煮约20分钟，至汤汁变稠，加入剥瓣的百合续煮5分钟，汤味醇香时，加冰糖煮至溶化即可。

适宜人群 暑热咽干口燥、汗出较多、乏力体虚者；心悸失眠患者；阴虚干咳咯血者（如肺结核、肺炎等）；口干咽燥喜饮者；体虚易感冒者；阴虚胃痛烧心者。

不宜人群 湿浊中阻者、食后腹胀者。

滋补药膳 太子参瘦肉汤

·益气健脾+生津润肺·

主料〉

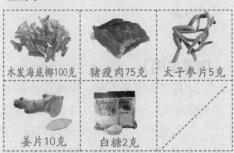

| 水发海底椰100克 | 猪瘦肉75克 | 太子参片5克 |
| 姜片10克 | 白糖2克 | |

辅料〉高汤适量，盐6克

制作〉

①将水发海底椰洗净切片，猪瘦肉洗净、切片，太子参片洗净备用。②净锅上火倒入高汤，调入盐、白糖、姜片，下入水发海底椰、肉片、太子参片烧开，撇去浮沫，煲至熟即可。

适宜人群 脾气虚弱者、食少倦怠者、胃阴不足者、气阴不足者、病后虚弱者、自汗口渴者、肺燥干咳者。

不宜人群 体胖、舌苔厚腻者、风邪偏盛者。

绞股蓝 "神奇的不老长寿药草"

绞股蓝为葫芦科植物绞股蓝的全草。其产于安徽、浙江、江西、福建、广东、贵州。其含绞股蓝皂苷，另含有黄酮、糖类等成分。绞股蓝被称为"神奇的不老长寿药草"。

【性味归经】
味苦、微甘，性凉。
归肺、脾、肾经

【适合体质】
气虚体质

【煲汤适用量】
5~30克

【别　名】
七叶胆、小苦药、公罗锅底、落地生、遍地生根

【功效主治】

绞股蓝具有降血脂、调血压、促眠、消炎解毒、止咳祛痰等作用，现多用作滋补强壮药。本品味甘入脾，能益气健脾，治疗脾胃气虚，体倦乏力，纳食不佳者，可与白术、茯苓等健脾药同用。本品能益肺气，清肺热，又有化痰止咳之效。其常用于气阴两虚、肺中燥热、咳嗽痰黏，可与川贝母、百合等养阴润肺，化痰止咳药同用。临床上常用本品治疗老年性慢性支气管炎、冠心病、慢性肠炎等病症。本品还略有清热解毒作用，可用于患肿瘤而有热毒之证者。此外，绞股蓝还具降血糖、增强免疫力、增加冠脉流量、抗心肌缺血、增加脑血流量、抑制血栓形成、延缓衰老、防癌抗癌等药理作用。

【食用宜忌及用法】

绞股蓝适宜高血压、糖尿病、高血脂、肝胆炎症、慢性萎缩性胃炎、血小板减少症等患者，慢性头痛者、睡眠不好者、肥胖者、心脑血管疾病患者、内分泌失调者、长期处于疲劳状态以及亚健康者服用。绞股蓝一般煎汤服用，但因绞股蓝性寒，所以脾胃虚寒，经常腹泻的患者应少食。

【选购与保存】

绞股蓝以全株完整、色绿、气微、味苦的为佳，保存宜放置在干燥通风处，防潮、防霉。

滋补药膳 绞股蓝墨鱼瘦肉汤

·养血益气+滋阴补肾·

主料 〉

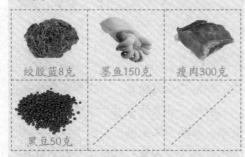

绞股蓝8克　墨鱼150克　瘦肉300克

黑豆50克

辅料 〉 盐、鸡精各适量

制作 〉

①瘦肉洗净，切件，汆水；墨鱼洗净，切段；黑豆洗净，用水浸泡；绞股蓝洗净，煎水备用。②锅中放入瘦肉、墨鱼、黑豆，加入清水，炖2小时。③再放入绞股蓝汁续煮5分钟，再加入盐、鸡精调味即可饮用。

适宜人群 肾阴亏虚引起的头晕耳鸣、两目干涩昏花、须发早白、脱发、腰膝酸软、遗精盗汗、五心烦热等症的患者。贫血者、高血压患者。

不宜人群 食积腹胀者、痰湿中阻者、感冒未愈者、糖尿病患者。

滋补药膳 绞股蓝鸡肉菜胆汤

·保肝护胆+养血补虚·

主料 〉

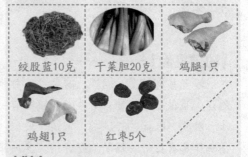

绞股蓝10克　干菜胆20克　鸡腿1只

鸡翅1只　红枣5个

辅料 〉 盐适量

制作 〉

① 绞股蓝、干菜胆、红枣分别洗净备用；鸡腿、鸡翅洗净，汆去血水。②锅中加水适量，大火煮开，将鸡腿、鸡翅、红枣一起放入锅中，转中火煮30分钟，再放入干菜胆、绞股蓝续煮15分钟，加盐调味即可关火。

适宜人群 一般人群皆可食用，尤其适合肝炎患者；贫血头晕患者；两目干涩者；体虚营养不良者；消瘦者。

不宜人群 感冒患者、高血脂患者。

蜂蜜

"滋补佳品"

蜂蜜含有维生素B_1、维生素B_2、维生素B_6、维生素D、维生素E、盐酸、泛酸以及钙、铁、铜、锰、磷、钾等矿物质。蜂蜜中还含有氧化酶、还原酶、过氧化酶、淀粉酶、酯酶以及转化酶等，是一种营养丰富的天然滋养食品，也是最常用的滋补品之一。

【性味归经】
性平，味甘。归肺、脾、大肠经

【适合体质】
气虚体质

【煲汤适用量】
10~50克

【别　　名】
生蜂蜜、炼蜜、白蜜

【功效主治】

蜂蜜具有补虚、润燥、解毒、美白养颜、润肠通便之功效，对少年儿童咳嗽治疗效果很好。蜂蜜对某些慢性病还有一定的疗效，常服蜂蜜对于心脏病、高血压、肺病、眼病、肝脏病、痢疾、便秘、贫血、神经系统疾病、胃和十二指肠溃疡病等都有良好的辅助治疗作用。其内服可治疗乌头中毒症，外用还可以治疗烫伤、滋润皮肤和防治冻伤。

【食用宜忌及用法】

蜂蜜适宜年老体虚者、营养不良者、气血不足者、食欲不振者、便秘者、阴虚干咳者、胃痛者食用；糖尿病患者、过敏体质者以及小儿不宜食用。其用法用量为：每天饭前1~1.5小时或饭后2~3小时食用比较适宜。每次口服一茶勺，40℃温水冲食。

【选购与保存】

蜂蜜宜放在低温避光处保存。由于蜂蜜是属于弱酸性的液体，能与金属起化学反应，在贮存过程中接触到铅、锌、铁等金属后，会发生化学反应。因此，应采用非金属容器如陶瓷、玻璃瓶、无毒塑料桶等容器来贮存蜂蜜。蜂蜜在贮存过程中还应防止串味、吸湿、发酵、污染等。为了避免串味和污染，不得与有异味物品、腐蚀性的物品或不卫生的物品共存。

滋补药膳 蜂蜜南瓜羹

·滋阴益胃+润肠通便·

主料〉

| 蜂蜜适量 | 南瓜200克 | 粳米100克 |
| 葵花子50克 | | |

辅料〉 盐适量

制作〉

①南瓜去皮，洗净切块；粳米洗净，泡发备用；葵花子去壳，留仁。②置锅于火上，放入粳米、南瓜、葵花子，加水适量，大火煮至米粒开花，转小火煮成稠粥，再加入适量盐调味即可关火。③待粥稍温后，加入蜂蜜搅拌均匀即可。

适宜人群〉胃阴亏虚引起的胃痛患者、肠燥便秘者、脾虚食欲不振者、高血压患者。

不宜人群〉腹泻者。

滋补药膳 蜜制燕窝银耳汤

·养颜润肤+排毒通便·

主料〉

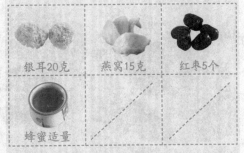

| 银耳20克 | 燕窝15克 | 红枣5个 |
| 蜂蜜适量 | | |

辅料〉 凉开水少量

制作〉

①银耳洗净，泡发；燕窝去杂质，洗净；红枣洗净，去核。②将银耳、燕窝、红枣放入锅中，加水适量，大火煮开后，转小火慢炖30分钟即可关火。③待温度适宜后加入蜂蜜，搅拌均匀即可食用。

适宜人群〉爱美女士、更年期女性、皮肤干燥粗糙者、便秘者、肛裂患者、癌症患者、慢性咽炎患者、口干口渴者、维生素缺乏者。

不宜人群〉腹泻患者。

第二章

补血中药汤

　　补血中药汤主要用于治疗血虚症状。血虚的主要表现为：面色萎黄、口唇色淡、头晕眼花、视力减退、神疲气短、心悸失眠、皮肤干燥、舌淡脉细，或有闭经。血虚不仅可由贫血引起，也可由某些慢性消耗性疾病引起。因此补血药的作用不一定在于"补血"，多数补血药是通过滋养强壮作用，或改善全身营养状况，或改善神经系统功能，而起到护肝、镇静的作用，从而减轻或消除血虚的症状。

　　补血中药常配伍养阴药、补气药同用，单纯用补血药疗效不佳者，如气血两虚，在补血的同时要加以补气，"有形之血生于无形之气"，因此，气旺则血生。此外，补血药搭配乌鸡、土鸡、甲鱼、猪肝等食物，可增强疗效。补血药大多滋腻，因此脾湿中阻、食积腹胀者要慎用，且有风寒表邪未去者，也不宜服用，以免助邪，加重病情。

当归

"妇科主药"

当归为伞形科植物当归的根。它含有多种氨基酸、挥发油、亚油酸、水溶性生物碱、蔗糖、维生素E、脂肪、β-谷固醇、烟酸、棕榈酸、硬脂酸、维生素B_{12}等成分，是治疗妇科疾病的主药。

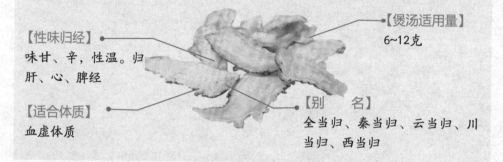

【性味归经】
味甘、辛，性温。归肝、心、脾经

【适合体质】
血虚体质

【煲汤适用量】
6~12克

【别　名】
全当归、秦当归、云当归、川当归、西当归

【功效主治】

当归具有补血和血、调经止痛、润燥滑肠的功效，为调经止痛的理血圣药。多用于治疗月经不调、经闭腹痛、症瘕积聚、崩漏、血虚头痛、眩晕、痿痹、赤痢后重、痈疽疮疡、跌打损伤等病症。若气血两虚，常配黄芪、人参补气生血，如当归补血汤。若血瘀经闭不通，可配桃仁、红花；若血虚寒滞月经不调者，可配阿胶、艾叶等。本品还有润肠通便的作用，可治血虚肠燥型便秘。

【食用宜忌及用法】

当归适宜腹胀疼痛、月经不调、气血不足者食用；湿盛中满、脘腹胀满、大便溏泄者不宜食用当归。此外，崩漏经多的妇女慎用当归。现代研究指出，当归在子宫腔内压高时会增加子宫收缩，而在宫腔内压不高时则无此作用，故孕妇忌用。当归的疗效会随使用部位的不同、煎煮时间的长短而有所差异，归身比归尾的药效强。当归可煎汤服用；或入丸、散；或浸酒用；或做敷膏用。

【选购与保存】

选购当归时，以主根粗长、皮细、油润，外皮呈棕黄色、断面呈黄白色，质实体重，粉性足，香气浓郁的为质优；主根短小，支根多，皮粗，味苦或辣味过重，断面呈红棕色的为质次。当归除了含有挥发油外，还含有丰富的糖分，较易走油和吸潮，所以当归必须密封后，贮藏在干燥和凉爽的地方。

滋补药膳 当归三七炖鸡

·活血化瘀+调经止痛·

主料

| 乌鸡150克 | 当归10克 | 三七8克 |

| 生姜10克 | | |

辅料 盐适量

制作

①当归、三七洗净；乌鸡洗净，斩件；生姜洗净切片。②再将乌鸡块放入滚水中煮5分钟，取出过冷水。③把全部材料放入煲内，加滚水适量，盖好，文火炖2小时，加盐调味供用。

适宜人群 月经不调（如痛经、月经量少、月经色暗、月经推迟、闭经）患者，贫血患者；血虚头晕者；产后病后体虚者；产后腹痛者；心绞痛患者；动脉硬化者。

不宜人群 感冒患者、脘腹胀满者、大便溏泄者。

滋补药膳 当归猪皮汤

·益气补血+滋阴补虚·

主料

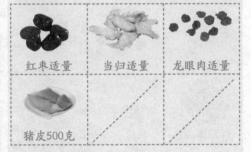

| 红枣适量 | 当归适量 | 龙眼肉适量 |

| 猪皮500克 | | |

辅料 盐5克

制作

①红枣去核，洗净；当归、龙眼肉洗净。②将猪皮切块，洗净，入沸水中汆烫。③将清水放入砂锅内，水沸后加入上述全部材料，大火煲开后改用小火煲3小时，加入盐调味即可。

适宜人群 气血不足者、月经不调者、经闭痛经者、虚寒腹痛者、阴虚心烦者、血虚萎黄者、肠燥便秘者、风湿痹痛患者。

不宜人群 慢性腹泻者、大便溏薄者、热盛出血者、肝病患者、动脉硬化患者、高血压病患者。

滋补药膳 当归美颜汤

·补血活血+美白养颜·

主料 〉

| 当归10克 | 山楂10克 | 白鲜皮10克 |
| 白蒺藜10克 | 乳鸽1只 | |

辅料 〉 盐、味精各适量

制作 〉

①乳鸽处理干净，斩成小块。②将药材洗净，加水放入锅中，以大火煮开后转小火煮至约剩2碗水量备用。③再将乳鸽加入药汁内，以中火炖煮约1小时，加盐、味精调味即可。

适宜人群 爱美女士、产后妇女、皮肤粗糙暗黄者、皮肤瘙痒者、贫血患者、盆腔炎症患者、肾虚腰痛者、血瘀腹痛者、肝郁血虚者。

不宜人群 感冒未愈者，腹泻者。

滋补药膳 龙眼当归猪腰汤

·养血安神+强腰补肾·

主料 〉

| 鲜猪腰300克 | 当归10克 | 龙眼肉20克 |
| 红枣5个 | | |

辅料 〉 清汤适量，精盐6克，姜片3克

制作 〉

①将当归、龙眼肉、红枣略冲洗净，鲜猪腰片去腰臊，洗净切条备用。②净锅上火倒入清汤，下入姜片、当归烧开，下入龙眼、鲜猪腰、红枣烧沸，打去浮沫，小火煲2小时，再调入精盐即可。

适宜人群 气血亏虚引起的心悸失眠者；贫血头晕者；产后病后血虚者，低血压患者，月经不调、痛经、腰膝酸痛者，心律失常者，神经衰弱者。

不宜人群 阴虚火旺者。

滋补药膳 当归生姜羊肉汤

·温经散寒+祛瘀止痛·

主料〉

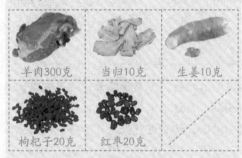

羊肉300克	当归10克	生姜10克
枸杞子20克	红枣20克	

辅料〉 盐6克，鸡精2克

制作〉

①羊肉洗净，切件，氽水；当归洗净，切块；生姜洗净，切片；红枣、枸杞子洗净，浸泡。②将羊肉、当归、生姜、枸杞子、红枣放入锅中，加入清水小火炖2小时。③调入盐、鸡精，稍炖后出锅即可食用。

适宜人群 产后寒凝血瘀腹痛者；阳虚怕冷、四肢冰凉、腰膝冷痛、长冻疮的患者；血瘀小腹冷痛、月经色暗、闭经者；宫寒不孕者；早泄阳痿、精冷不育者。

不宜人群 阴虚火旺者，皮肤病患者，热性病症患者。

滋补药膳 当归桂枝黄鳝汤

·祛风除湿+活血通络·

主料〉

川芎6克	当归15克	桂枝10克
红枣5个	黄鳝200克	

辅料〉 盐适量

制作〉

①将当归、川芎、桂枝洗净；红枣洗净，浸软，去核。②将黄鳝剖开，去除内脏，洗净，入开水锅内稍煮，捞起过冷水，刮去黏液，切长段。③将全部材料放入砂煲内，加清水适量，武火煮沸后，改文火煲2小时，加盐调味即可。

适宜人群 风湿性关节炎、肩周炎、坐骨神经痛、冻疮、风湿性心脏病、冠心病、动脉硬化、产后瘀血腹痛、痛经、闭经、月经色暗稀少等患者。

不宜人群 孕妇忌服。

阿胶

"补血佳品"

阿胶含有多种氨基酸，如赖氨酸、精氨酸、组氨酸、色氨酸及明胶原、骨质原、灰分、铁、锌、钙、硫等物质。阿胶是女人的补血佳品。

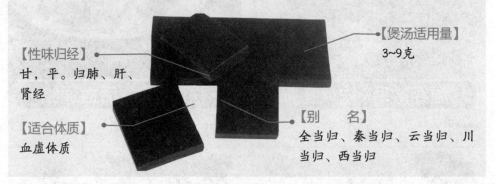

【性味归经】
甘，平。归肺、肝、肾经

【适合体质】
血虚体质

【煲汤适用量】
3~9克

【别　名】
全当归、秦当归、云当归、川当归、西当归

【功效主治】

阿胶具有滋阴润肺、补血止血、定痛安胎的功效。可用于眩晕、心悸失眠、久咳、咯血、衄血、吐血、尿血、便血、崩漏、月经不调等。阿胶可促进细胞再生，升高失血性休克者之血压，改善体内钙平衡，防止进行性营养障碍，提高免疫功能。阿胶还能迅速增加人体红细胞和血红蛋白。

【食用宜忌及用法】

阿胶适宜血虚萎黄、眩晕心悸者食用；阿胶质地黏腻，消化能力弱的人不宜服用，素体内热较重，有口干舌燥、潮热盗汗时也不适宜服用阿胶。阿胶宜饭前服用，具体用量要根据个体体质情况来定。注意服用阿胶时，感冒时不要服用，不要同时喝茶水和吃萝卜。还可取阿胶、黄酒、芝麻、核桃、枸杞子等制作成固元膏，每天食用1小片。

【选购与保存】

优质阿胶胶片大小、厚薄均一，块形方正、平整，胶块表面平整光亮、色泽均匀，呈棕褐色，砸碎后加热水搅拌，易全部溶化，无肉眼可见颗粒状异物。将阿胶溶化后，再放冷，便成凝冻状。将阿胶砸碎后放入杯中，加沸水适量立即盖上杯盖，放置1~2分钟，轻轻打开，胶香气浓，嗅闻有轻微豆油和阿胶香味，味甘咸，气清香。阿胶应置于干燥处保存，防潮湿、防虫蛀。

滋补药膳 阿胶牛肉汤

·补虚安胎+养血安神·

主料 〉

阿胶9克　　牛肉100克　　米酒20毫升

辅料 〉 生姜10克，红糖适量

制作 〉

①将牛肉洗净，去筋切片；阿胶研粉。
②牛肉片与生姜、米酒一起放入砂锅，加适量水，用文火煮30分钟。③再加入阿胶粉，并不停地搅拌，至阿胶溶化后加入红糖，搅拌均匀即可过火。

适宜人群 气血亏虚引起的胎动不安、胎漏下血者；贫血头晕者；体质虚弱者、产后病后血虚者、低血压患者、月经不调者、崩漏出血者、失眠多梦者、心律失常者、神经衰弱者。

不宜人群 消化不良者，口干舌燥、潮热盗汗者。

滋补药膳 黄连阿胶鸡蛋黄汤

·清热泻火+育阴生津·

主料 〉

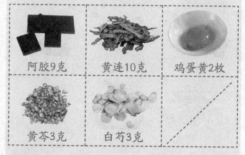

阿胶9克　　黄连10克　　鸡蛋黄2枚

黄芩3克　　白芍3克

辅料 〉 白糖适量

制作 〉

①将黄连、黄芩、阿胶、白芍分别洗净，除阿胶外，其余材料先放入煮锅内，先煮黄连、黄芩、白芍，加水8杯浓煎至3杯。②去渣后，加阿胶烊化，再加入鸡蛋黄、白糖，搅拌均匀，煮熟即可，分3次食用。

适宜人群 热邪耗伤营血心液，症见发热不已，心烦失眠不得卧，口干但不欲饮水，舌红绛而干燥，大便燥结的患者。

不宜人群 脾胃虚寒腹泻者、无热证的患者。

滋补药膳 补肺阿胶粥

·益气养血+补肺止咳·

主料〉

阿胶9克	杏仁10克	秘制马兜铃5克
西洋参3克	大米50克	

辅料〉白糖适量

制作〉

①西洋参研成粉末。阿胶烊化为汁,将杏仁、马兜铃入锅先煎,去渣,取上清汁。②加入大米,用温水煮成稀粥,熟时调入西洋参末,阿胶汁、白糖即可。趁热服用,每日1~2次。

适宜人群〉肺虚火盛、咳嗽气喘者(慢性肺炎、肺结核、肺气肿、慢性支气管炎、百日咳的患者),体虚便秘者,免疫力低下者。

不宜人群〉脾胃有湿、大便溏稀及对马兜铃过敏者不宜食用。

滋补药膳 阿胶乌鸡汤

·养血补虚+美容养颜·

主料〉

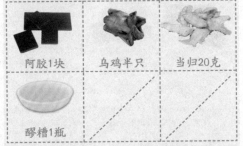

阿胶1块	乌鸡半只	当归20克
醪糟1瓶		

辅料〉生姜8克,甘草3克,盐适量

制作〉

①阿胶打碎,乌鸡洗净,剁块;当归、甘草洗净备用;生姜洗净,切片。②锅中加水,下入乌鸡、生姜、当归、甘草,大火煮开,转小火炖2小时,再下入醪糟、阿胶,续煮5分钟;加盐调味即可。

适宜人群〉爱美女性,体质瘦弱者,产后、病后贫血者,气血亏虚所见的面色萎黄或苍白、神疲乏力、头晕、困倦的患者。

不宜人群〉感冒患者,脾胃有湿、消化不良、大便溏稀者。

熟地黄 "补血益精圣品"

熟地黄为生地黄加上黄酒拌蒸或直接蒸至黑润而成。它含有梓醇、地黄素、甘露醇、维生素A类物质、醣类及胺基酸等成分。熟地黄是补血益精的圣品。

【性味归经】
味甘，性微温。归肝、肾经

【适合体质】
血虚、阴虚体质

【煲汤适用量】
10~30克

【别　　名】
熟地黄、伏地

【功效主治】

熟地黄具有补血滋润、益精填髓的功效。其主治血虚萎黄、眩晕心悸、月经不调、血崩不止、肝肾阴亏、潮热盗汗、遗精阳痿、不育不孕、腰膝酸软、耳鸣耳聋、头目昏花、须发早白、消渴、便秘、肾虚喘促等。古人谓之能"大补五脏真阴"，"大补真水"。其常与山药、山茱萸等同用，治疗肝肾阴虚之腰膝酸软、遗精、盗汗、耳鸣、耳聋及消渴病等，可补肝肾、益精髓，如六味地黄丸；也可与知母、黄柏、龟甲等同用治疗阴虚骨蒸潮热，如大补阴丸。熟地黄炭烧后能止血，可用于崩漏等血虚出血证。此外，现代临床还常用其治疗糖尿病、高血压、慢性肾炎及神经衰弱，均颇有疗效。

【食用宜忌及用法】

熟地黄适宜血虚阴亏、肝肾不足者食用；凡外感未清、气滞痰多、消化不良、脾胃虚寒、大便泄泻者不宜食用熟地黄。熟地黄久服可能有腹胀、腹泻、胃胀等反应，与陈皮、砂仁同用可减少这些副作用。

【选购与保存】

选购熟地黄时，以体重肥大、质地柔软、断面乌黑油亮、味甜、黏性大者为佳。熟地黄味甜，性黏，易招虫蛀，因此应晒干，置于干燥处密封保存，并防潮、防霉、防蛀。

滋补药膳 蝉花熟地黄猪肝汤

·滋补肝肾+聪耳明目·

主料〉

蝉花10克 | 熟地黄12克 | 猪肝180克

红枣6个

辅料〉盐6克，姜、淀粉、胡椒粉、香油各适量

制作〉

①蝉花、熟地黄、红枣洗净；猪肝洗净，切薄片，加淀粉、胡椒粉、香油腌渍片刻；姜洗净去皮，切片。②将蝉花、熟地黄、红枣、姜片放入瓦煲内，注入适量清水，大火煲沸后改为中火煲约2小时，放入猪肝滚熟，放入盐调味即可。

适宜人群〉肝肾不足引起的两目昏花、头晕耳鸣者；贫血患者；青光眼患者；白内障患者；阴虚潮热盗汗者。

不宜人群〉高胆固醇者、气滞痰多者、消化不良者、感冒未愈者。

滋补药膳 五指毛桃根熟地黄炖甲鱼

·滋补肝肾+软坚散结·

主料〉

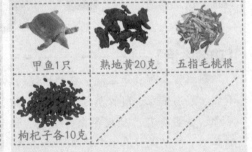

甲鱼1只 | 熟地黄20克 | 五指毛桃根

枸杞子各10克

辅料〉盐适量

制作〉

①五指毛桃根、熟地黄、枸杞子均洗净，浸水10分钟。②甲鱼收拾干净，斩块，余水。③将五指毛桃根、熟地黄、枸杞子放入砂锅，注水烧开，下入甲鱼，用小火煲煮4小时，加盐调味即可。

适宜人群〉肝肾阴虚引起的遗精、盗汗、五心烦热、腰膝酸软等患者；更年期综合征患者；肿瘤、癌症患者。

不宜人群〉脾湿中阻、食积腹胀者；风寒感冒表邪未去者。

滋补药膳 六味地黄鸡汤

·滋阴补肾+固精填髓·

主料

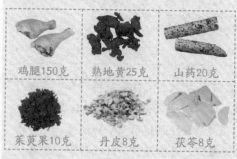

鸡腿150克　熟地黄25克　山药20克

茱萸果10克　丹皮8克　茯苓8克

辅料 泽泻5克，红枣5个，盐3克

制作

①鸡腿剁块，放入沸水中氽烫、捞起、冲净。②将鸡腿、盐和所有药材一道盛入炖锅，加6碗水以大火煮开。③转小火慢炖30分钟即成。

适宜人群 肾阴亏虚引起的潮热、盗汗、烦躁易怒、腰膝酸软、头晕耳鸣、性欲减退、阳痿早泄、遗精、不孕不育等症的患者，更年期综合征患者。

不宜人群 脾胃虚寒腹泻者，阳虚怕冷者。

滋补药膳 熟地黄鸭肉汤

·滋阴助阳+清肺润燥·

主料

鸭肉300克　枸杞子10克　熟地黄5克

葱段3克　姜片3克

辅料 盐5克

制作

①将鸭肉洗净、斩块、氽水，枸杞子、熟地黄洗净备用。②净锅上火倒入水，调入盐、葱段、姜片，下入鸭肉、枸杞子、熟地黄，煲至熟即可。

适宜人群 血虚阴亏者、肝肾不足者、骨蒸潮热者、内热消渴者、遗精阳痿者、咽干口燥者、慢性咽炎患者、糖尿病患者、高血压患者。

不宜人群 外感未清者、气滞痰多者、消化不良者、脾胃虚寒者、大便泄泻者。

白芍

"常见的补血良药"

白芍为毛莨科植物芍药的根，含有芍药苷、牡丹酚、芍药花苷、苯甲酸、挥发油、脂肪油、树脂、鞣质、淀粉、糖类、黏液质、蛋白质等成分，是一种常见的补血良药。白芍用时润透切片，一般生用或酒炒或清炒用。

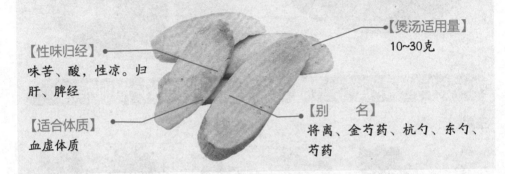

【性味归经】
味苦、酸，性凉。归肝、脾经

【适合体质】
血虚体质

【煲汤适用量】
10~30克

【别　　名】
将离、金芍药、杭勺、东勺、芍药

【功效主治】

白芍具有养血柔肝、缓中止痛、敛阴收汗的功效，生白芍平抑肝阳，炒白芍养血敛阴，酒白芍可用于和中缓急、止痛，具有较强的镇痛效果，本品酸敛肝阴，养血柔肝而止痛，常配柴胡、当归、白芍等，治疗血虚肝郁，胁肋疼痛，如逍遥散多用于治疗胸腹疼痛、泻痢腹痛、自汗盗汗、阴虚发热、月经不调、崩漏、带下等常见病症。白芍中所含的白芍总苷具有抗炎和调节免疫功能等药理作用，临床上用于类风湿性关节炎及老年病的治疗，效果较好。此外，白芍还有抗氧化、镇痛、抗惊厥等药理作用。临床研究白芍治疗肌肉性痉挛综合征：治疗上肢肌痛，白芍加桂枝、伸筋草；下肢肌痛，白芍加续断、牛膝；肩背颈项肌痛，白芍加葛根、川芎；胸胁肌痛，白芍加柴胡、桔梗；腹部肌痛，白芍加佛手、白术。

【食用宜忌及用法】

白芍适宜泻痢腹痛、自汗、盗汗者服用；小儿麻疹及虚寒性腹痛泄泻者不宜服用。白芍多为内服，煎煮成药汤服用，但阳衰虚寒、腹痛、泄泻者慎服。白芍不能与藜芦同用，会产生不良反应。

【选购与保存】

白芍以根粗长、匀直、质坚实、粉性足、表面洁净者为佳。在各地产品中，杭白芍因生长期长、加工细致而为白芍中的上品。白芍宜置干燥处保存，防虫蛀。

滋补药膳 佛手瓜白芍瘦肉汤

·疏肝和胃+理气止痛·

主料

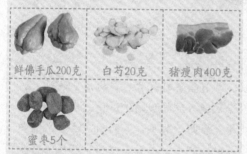

鲜佛手瓜200克	白芍20克	猪瘦肉400克
蜜枣5个		

辅料 盐3克

制作

①鲜佛手瓜洗净，切片，焯水。②白芍、蜜枣洗净；瘦猪肉洗净，切片，飞水。③将清水800克放入瓦煲内，煮沸后加入以上用料，大火开滚后，改用小火煲2小时，加盐调味。

适宜人群 胁肋疼痛者、肝炎者、抑郁症患者、胃痛患者、消化性溃疡患者、月经不调者、产后血虚血瘀腹痛者。

不宜人群 孕妇、虚寒性腹痛泄泻者。

滋补药膳 白芍山药鸡汤

·补气养血+健脾补虚·

主料

鸡肉300克	莲子25克	山药适量
白芍15克	枸杞子5克	

辅料 盐适量

制作

①山药去皮，洗净切块；莲子、白芍及枸杞子洗净，备用。②鸡肉洗净，入沸水中汆去血水。③锅中加入适量水，将山药、白芍、莲子、鸡肉放入；水沸腾后，转中火煮至鸡肉熟烂，加枸杞子，加盐调味即可食用。

适宜人群 气血亏虚、神疲乏力者；产后病后体虚者；妇女脾虚引起的白带清稀量多者；胃痛患者；遗精盗汗者。

不宜人群 感冒未清者、消化不良者。

何首乌 "抗老护发滋补佳品"

何首乌为蓼科何首乌的块根，于秋冬两季时采挖。它主要含有大黄酚、大黄素、大黄酸、大黄素甲醚等，此外，尚含有卵磷脂等成分。何首乌是抗老护发的滋补佳品。

【性味归经】
味甘、苦涩，性温。
归肝、心、肾经

【适合体质】
血虚体质

【煲汤适用量】
10~20克

【别　名】
生首乌、制首乌、首乌、赤首乌、地精、山首乌

【功效主治】

何首乌有补肝益肾、养血祛风的功效，制首乌善补肝肾、益精血、乌须发，主治肝肾阴亏、发须早白、血虚头晕、腰膝软弱、筋骨酸痛、遗精、崩带等。治血虚萎黄，失眠健忘，常用何首乌与熟地黄、当归、酸枣仁等同用；生首乌有截疟、解毒、润肠通便之效，主治久疟久痢、慢性肝炎、痈肿、瘰疬、肠风、痔疾等病症。若疟疾日久，气血虚弱，可用生首乌与人参、当归、陈皮、煨姜同用。治疗瘰疬痈疮、皮肤瘙痒，可配伍夏枯草、土贝母、当归等药。晒干制成的何首乌润肠通便的效果显著，常用于老年人身上；鲜何首乌的消肿作用更佳；而经黑豆、黄酒拌蒸熟制成的何首乌长于补血，最能滋补强壮。

【食用宜忌及用法】

何首乌适宜血虚头晕、神经衰弱、慢性肝炎者服用；大便溏泄及有湿痰者不宜食用。何首乌忌猪肉、羊肉，亦不宜与萝卜、葱、蒜一同食用。忌用铁器煎煮。何首乌一般煎汤服用；亦可熬膏、浸酒或入丸、散；外用：可取适量煎水洗、研末撒或调涂。

【选购与保存】

选购何首乌时，应以表面棕红或红褐色，质地坚实，显粉性，味微甘而带苦涩者为佳。应置于阴凉通风干燥处保存。

滋补药膳 何首乌黑豆煲鸡爪

·补肾乌发+滋阴养血·

主料〉

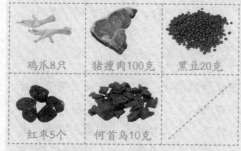

鸡爪8只　猪瘦肉100克　黑豆20克

红枣5个　何首乌10克

辅料〉 盐3克

制作〉

①鸡爪斩去趾甲洗净，备用。②红枣、首乌洗净泡发，备用。③猪瘦肉洗净，余烫去腥，沥水备用。④黑豆洗净放锅中炒至豆壳裂开。⑤全部用料放入煲内加适量清水煲3小时，下盐调味即可。

适宜人群〉 肾虚头发早白、脱发者；头晕耳鸣、腰膝酸软、阴虚盗汗、烦热失眠者；贫血者；高血压患者。

不宜人群〉 脾湿中阻、食积腹胀者；风寒感冒未愈者。

滋补药膳 淡菜何首乌鸡汤

·养肝补血+明目乌发·

主料〉

淡菜150克　何首乌15克　鸡腿1只

陈皮3克

辅料〉 盐适量

制作〉

①鸡腿剁块，余烫洗净；淡菜、何首乌、陈皮均洗净。②将鸡腿、淡菜、何首乌、陈皮一起盛入煮锅，加水没过所有材料后用大火煮开，再转小火炖煮1小时，加盐调味即可。

适宜人群〉 肝肾亏虚引起的头晕耳鸣、腰膝酸软、阴虚盗汗、烦热失眠者；肾虚头发早白、脱发者；贫血者；产后病后体虚者；高血压患者。

不宜人群〉 大便溏稀者；感冒患者；高胆固醇患者。

龙眼肉   "滋养强化品"

龙眼为无患子科植物龙眼果实的干燥假种皮。它含有葡萄糖、蔗糖、酒石酸、腺嘌呤、胆碱及蛋白质、脂肪等成分。龙眼肉是人们日常补身的滋养强化品。

【煲汤适用量】
15~30克

【性味归经】
味甜，性温。归心、脾经

【别　名】
益智、蜜脾、龙眼干、龙眼肉、元肉、圆眼、龙眼

【适合体质】
血虚体质

【功效主治】

龙眼肉具有补虚益智、补益心脾、养血安神的功效。龙眼肉一般应用于治疗思虑过度，劳伤心脾，而致惊悸怔忡、失眠健忘、食少体倦、脾虚气弱、便血崩漏，以及体虚乏力、营养不良、神经衰弱、健忘、记忆力衰退、头晕失眠等，常与人参、当归、酸枣仁等同用，如归脾汤对体虚人士及产后妇女，有补血、复原体力等功效。

【食用宜忌及用法】

龙眼肉适宜于头晕失眠者、健忘者、贫血患者、肿瘤病人及更年期女性食用；但由于龙眼肉含糖分高，糖尿病患者不宜多食。另外，龙眼属温热食物，阴虚火旺、有内热或痰火、腹胀、咳嗽、口腔黏膜溃疡、月经过多、尿道发炎及盆腔炎患者不宜食用。孕妇，尤其是妊娠早期，亦不宜食用龙眼肉，以防胎动或早产。龙眼肉可煎汤食用，亦可直接食用。

【选购与保存】

龙眼肉以颗粒圆整、大而均匀、肉质厚为佳；甜味足的龙眼肉较甜味差的重。龙眼肉是用新鲜龙眼去核烘制而成，本来是黑色的，但现在很多商家都将龙眼肉染成黄色，使之看起来更美观润泽。所以，选购的时候，需留意其颜色，偏黑色的为佳品。龙眼肉在气温高或湿度高的情况下，易发霉或被虫蛀，因此应放置于通风凉爽的地方，必要时可放入冰箱冷藏保存。

滋补药膳 龙眼山药红枣汤

·补益心脾+养血安神·

主料〉

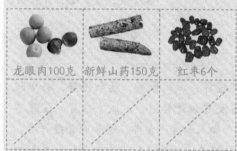

龙眼肉100克　新鲜山药150克　红枣6个

辅料〉冰糖适量

制作〉

①新鲜山药削皮、洗净，切小块；红枣洗净。②锅中加水煮开，加入山药煮沸，再下红枣。③待山药熟透、红枣松软，将龙眼肉剥散加入，待龙眼的香甜味渗入汤中即可熄火，可酌加冰糖提味。

适宜人群 胃虚食少者、气血不足者、神经衰弱者、健忘者、失眠者、惊悸、心悸怔忡者、营卫不和者、食欲不振者。

不宜人群 痰多火盛者、腹胀者、舌苔厚腻者、大便滑泻者、感冒患者、慢性胃炎患者。

滋补药膳 板栗龙眼炖猪蹄

·补血美容+补肾下乳·

主料〉

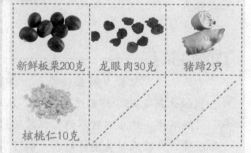

新鲜板栗200克　龙眼肉30克　猪蹄2只

核桃仁10克

辅料〉盐2小匙

制作〉

①新鲜板栗入开水中煮5分钟，捞起剥膜，洗净沥干。②猪蹄斩块后入沸水中余烫捞起，冲洗干净。③将准备好的板栗、猪蹄、核桃仁放入炖锅中，加水淹过材料，以大火煮开，改用小火炖70分钟。④龙眼剥散，入锅中续炖5分钟，加盐调味即可。

适宜人群 爱美女士、产后乳汁不下者、青春期乳房发育不良者、失眠者、皮肤干燥粗糙暗黄者、肾虚者、贫血者、营养不良者、便秘者。

不宜人群 食积腹胀者、痰湿中阻者。

红糖

"补身佳品"

红糖是甘蔗经榨汁，通过简易处理，经浓缩形成的带蜜糖。它含钙质比白糖多2倍，含铁质比白糖多1倍，同时含有胡萝卜素、维生素B2、烟酸以及锰、锌等微量元素。红糖是人们日常补身的佳品。

【性味归经】
性温，味甘。入肝、脾经

【适合体质】
血虚体质

【煲汤适用量】
15~30克

【别　名】
赤砂糖、紫砂糖、片黄糖

【功效主治】

中医认为，红糖具有益气养血，健脾暖胃，驱风散寒，活血化瘀，补中疏肝、调经止痛之效，特别适于产妇、儿童及贫血者食用，对风寒感冒、脘腹冷痛、月经不调、产后恶露不绝、喘嗽烦热、妇人血虚、食即吐逆等有食疗作用。受寒腹痛、月经来时易感冒的人，也可用红糖姜汤祛寒。红糖中含有较为丰富的铁质，有良好的补血作用。老人适量吃些红糖还能散瘀活血、利肠通便、缓肝明目。

【食用宜忌及用法】

红糖适宜低血糖患者，妇女体虚、月经不调、痛经、腰酸、红色暗红有血块者以及孕产妇食用；平素痰湿偏盛者、消化不良者、肥胖症患者、糖尿病患者不宜食用红糖。红糖的吃法多种多样，糖水鸡蛋、姜糖水、厨房作料等。阴虚火旺者以及糖尿病患者不宜食用红糖。

【选购与保存】

优质的红糖呈晶粒状或粉末状，干燥而松散，不结块，不成团，无杂质，其水溶液清晰，无沉淀，无悬浮物。红糖要存放在干燥通风处，也可用保鲜袋包好，放冰箱保存。

糖饯红枣花生

·益气止痛+健脾和胃·

主料〉

红枣50克　花生米100克

辅料〉 红糖50克

制作〉

①花生米略煮一下放冷，去皮，与泡发的红枣一同放入煮花生米的水中。②再加适量冷水，用小火煮半小时左右。③加入红糖，待糖溶化后，收汁即可。

适宜人群〉 脾胃失调者、乳汁缺乏者、风寒感冒者、脘腹冷痛者、月经不调者、产后恶露不绝者、喘嗽烦热者、高血压患者。

不宜人群〉 平素痰湿偏盛者、消化不良者、肥胖症患者、糖尿病患者、胆囊炎患者。

红糖美颜汤

·美颜通络+滋阴润肤·

主料〉

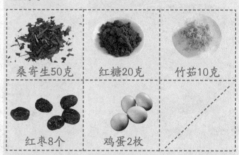

桑寄生50克　红糖20克　竹茹10克

红枣8个　鸡蛋2枚

辅料〉 冰糖适量

制作〉

①桑寄生、竹茹洗净；红枣洗净去核备用。②将鸡蛋用水煮熟，去壳备用。③桑寄生、竹茹、红枣加水以小火煲约90分钟，加入鸡蛋，再加入红糖煮沸即可。

适宜人群〉 阴虚体质者；皮肤干燥、粗糙、暗黄者；贫血患者；胃阴亏虚干呕者；胃痛者；体质虚弱抵抗力差者；风湿病患者；肺热咳痰者；孕妇胎动不安者。

不宜人群〉 痰湿体质者。

第三章

滋阴中药汤

滋阴中药又称为养阴药，主要用来补养肺阴、胃阴、肝阴、肾阴，适宜于肺胃阴虚和肝肾阴虚之证。其主要有以下症状：

肺阴虚：轻者表现为干咳音哑、口渴咽干、皮肤干燥；重者表现为肺痿，有潮热、盗汗、咯血、皮肤枯槁、身体消瘦等症状。常用的补肺阴药有：北沙参、麦冬、玉竹、百合等。

胃阴虚：即胃的津液不足，表现为食欲减退、心热烦渴、口干舌燥、胃脘隐痛、大便秘结等。常用的补胃阴药有：石斛、银耳、百合等。

肝阴虚：有些患者仅表现为视力减退，头晕耳鸣等。还有些患者可表现为肝阳上亢，有眩晕耳鸣、咽干口干、头痛失眠、烦躁易怒、两目赤痛、舌质红等症状。

肾阴虚：主要表现为头晕耳鸣、腰膝酸软、手心烦热、午后低热、小便短赤、舌红少津、脉细无力。常用的滋补肝、肾阴药有：桑葚、枸杞子、黄精、女贞子等。

补阴药大多性质甘润、黏腻，因此痰湿较重者，不宜服用。

北沙参　　　　"滋阴常用良药"

北沙参为伞形科植物珊瑚菜的根。其主产于山东、河北、辽宁、江苏等地。它含有挥发油、香豆素、淀粉、生物碱、三萜酸、豆甾醇、β-各甾醇，沙参素等成分。北沙参是人们日常滋阴的常用良药。

【性味归经】

性凉，味甘、苦。

入胃、肺经

【适合体质】

阴虚体质

【煲汤适用量】

5~10克

【别　　名】

海沙参、银条参、莱阳参、辽沙参、野香菜根

【功效主治】

北沙参有养阴清肺、祛痰止咳、益脾健胃的功效，主要用来治疗肺热、阴虚引起的肺热咳嗽、痨嗽咯血，及热病伤津引起的食欲不振、口渴舌干、大便秘结，秋季引起的干咳少痰、咽干音哑、皮肤干燥瘙痒也很适合。本品甘润而偏于苦寒，能补肺阴，兼能清肺热，适用于阴虚肺燥有热之干咳少痰、咳血或咽干音哑等，常与麦冬、南沙参、杏仁、桑叶、玄参等药同用。本品能补胃阴，而生津止渴，兼能清胃热，适用于胃阴虚有热之口干多饮、饥不欲食、大便干结、舌苔光剥或舌红少津及胃痛、胃胀、干呕等，本品常与石斛、玉竹、乌梅等养阴生津之品同用。对于胃阴脾气俱虚者，本品宜与山药、太子参、黄精等养阴、益气健脾之品同用。近代临床也用北沙参与其他药材配伍，治疗糖尿病、慢性咽炎、肺癌、鼻咽癌、肝癌等癌症。

【食用宜忌及用法】

北沙参适宜热病津伤者食用；风寒作咳及肺胃虚寒者不宜食用北沙参。北沙参多为煎煮成药汤内服。北沙参不宜与藜芦同用，会降低其药效。

【选购与保存】

北沙参以根条细长、均匀、质地坚实不空、无外皮、色黄白者为佳，以山东产的较为出名。其应置于通风干燥处保存，防蛀，并注意不要重压。

滋补药膳 沙参猪肚汤

·养心润肺+健脾止泻·

主料〉

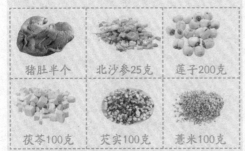

| 猪肚半个 | 北沙参25克 | 莲子200克 |
| 茯苓100克 | 芡实100克 | 薏米100克 |

辅料〉 盐10克

制作〉

①猪肚氽烫，洗净、切块。②芡实、薏米淘净，泡发沥干；莲子、北沙参、茯苓洗净。③将除莲子外的其他材料盛入煮锅，加水煮沸转小火慢炖约30分钟，再加入莲子，待猪肚熟烂，加盐调味。

适宜人群〉 体质虚弱者、肺虚咳嗽气喘者、阴虚咳嗽咯血者、糖尿病患者、脾胃虚弱腹泻者、自汗盗汗者、慢性咽炎者、癌症患者。

不宜人群〉 痰湿中阻、食积腹胀者；风寒感冒者。

滋补药膳 沙参养颜汤

·滋阴润燥+美容养颜·

主料〉

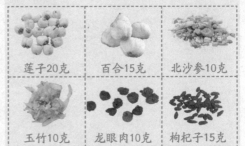

| 莲子20克 | 百合15克 | 北沙参10克 |
| 玉竹10克 | 龙眼肉10克 | 枸杞子15克 |

辅料〉 蜂蜜适量

制作〉

①将北沙参、玉竹、枸杞子、百合、龙眼肉均洗净备用；莲子洗净去莲子心备用。②将所有材料放入煲中加适量水，大火煮开，转小火煲约90分钟即可关火，稍温后加入蜂蜜搅拌均匀即可饮用。

适宜人群〉 阴虚体质者；爱美女士；皮肤干燥、粗糙暗黄者；心悸失眠者；神经衰弱者；贫血者；阴虚干咳者；咽干口燥者；慢性咽炎患者；肠燥便秘者。

不宜人群〉 痰湿中阻者。

滋补药膳 沙参百合莲子汤

·养阴润肺+生津化痰·

主料〉

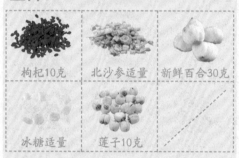

| 枸杞10克 | 北沙参适量 | 新鲜百合30克 |
| 冰糖适量 | 莲子10克 | |

辅料〉水适量

制作〉

①百合剥瓣，洗净；北沙参、枸杞、莲子分别洗净。②北沙参、枸杞、莲子盛入煮锅，加3碗水，煮约40分钟，至汤汁变稠，加入剥瓣的百合续煮5分钟，汤味醇香时，加冰糖煮至溶化即可。

适宜人群 阴虚干咳咯血、咽干口燥者；贫血者；心悸失眠者；神经衰弱者；皮肤干燥、粗糙暗黄者；肠燥便秘者。

不宜人群 感冒患者、痰湿中阻者、脾胃虚寒腹泻者。

滋补药膳 玉竹沙参炖鹌鹑

·滋阴益胃+益气补虚·

主料〉

| 鹌鹑1只 | 猪瘦肉50克 | 玉竹8克 |
| 北沙参6克 | 百合6克 | |

辅料〉姜片、绍酒、盐、味精各适量

制作〉

①玉竹、百合、北沙参用温水浸透，洗净。②鹌鹑洗干净，去其头、爪、内脏，斩件；猪瘦肉洗净，切成块。③将鹌鹑、瘦肉、玉竹、北沙参、百合、姜片、绍酒置于煲内，加入1碗半沸水，先用大火炖30分钟，后用小火炖1小时，用盐、味精调味即可。

适宜人群 肺虚咳嗽气喘者（如肺气肿、慢性肺炎、肺癌）；阴虚干咳咯血者（如肺结核、慢性咽炎）；体质虚弱、抵抗力差者。

不宜人群 感冒未愈者。

枸杞子

"高级滋补品"

枸杞子为茄科植物枸杞子或宁夏枸杞子的成熟果实，其浆果为红色。它富含维生素B₁、维生素B₂、维生素C、甜菜碱、胡萝卜素、玉蜀黄素、烟酸钙、磷、铁、β～谷甾醇、亚油酸、酸浆果红素以及14种氨基酸等成分。枸杞子是一味功效显著的传统中药材。

【性味归经】
味甘，性平。归肝、肾、肺经

【适合体质】
阴虚、血虚体质

【煲汤适用量】
10~30克

【别　　名】
苟起子、枸杞子红实、甜菜子、西枸杞子、狗奶子、枸杞子果

【功效主治】

枸杞子能滋肝肾之阴，为平补肾精肝血之品，可治疗精血不足所致的视力减退、内障目昏、头晕目眩、腰膝酸软、遗精滑泄、耳聋、牙齿松动、须发早白、失眠多梦以及肝肾阴虚，潮热盗汗、消渴等，常配伍熟地黄、首乌、菊花同用。枸杞子能促进调节免疫系统功能，可提高睾酮水平，促进造血功能，提高人体白细胞的作用，还有抗衰老、抗肿瘤、抗血脂、抗突变，保肝及降脂、降血糖、降血压的作用。

【食用宜忌及用法】

枸杞子适宜肝肾阴虚、血虚、慢性肝炎者食用；枸杞子虽性平，且具有很好的滋补和治疗作用，但食用过多也会有助火恋邪之弊，所以患有高血压、性情太过急躁者，或平日大量摄取肉类导致面泛红光者以及正在感冒发热、身体有炎症者不宜食用。枸杞子可煲汤食用，亦可直接食用。

【选购与保存】

选购枸杞子时，一要看色泽：品质好的枸杞子，表面鲜红色至暗红色，有不规则皱纹，略具光泽。二闻气味：没有异味和刺激的味道。三尝味道：口感甜润，无苦味、涩味，则为优质品。用碱水处理过的枸杞子有苦涩感。枸杞子应置于阴凉干燥处保存，防闷热、防潮、防蛀。

滋补药膳 猪肠莲子枸杞子汤

·益气补虚+涩肠止泻·

主料〉

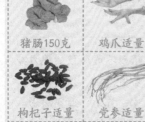

| 猪肠150克 | 鸡爪适量 | 红枣适量 |
| 枸杞子适量 | 党参适量 | 莲子适量 |

辅料〉 盐适量，葱段5克

制作〉

①猪肠切段，洗净；鸡爪、红枣、枸杞子、党参均洗净；莲子去皮、去莲心，洗净。②锅注水烧开，下猪肠氽透，捞出。③将猪肠、鸡爪、红枣、枸杞子、党参、莲子放入瓦煲，注入适量清水，大火烧开后改为小火炖煮2小时，加盐调味，撒上葱段即可。

适宜人群〉 脾虚腹泻者、久泻脱肛者、体质虚弱者、直肠或结肠癌患者。

不宜人群〉 感冒患者、便秘患者。

滋补药膳 枸杞子牛肝汤

·滋阴补血+养肝明目·

主料〉

| 新鲜山药600克 | 牛肝500克 | 枸杞子10克 |
| 白芍5克 | | |

辅料〉 盐6克

制作〉

①牛肝洗净，氽水后捞起，再冲洗1次，待凉后切成薄片备用。②新鲜山药削皮，洗净切块；白芍洗净。③将牛肝、山药、白芍放入炖锅中，加适量水，以大火煮沸后转小火慢炖1小时。④加入枸杞子，续煮10分钟，加盐调味即可。

适宜人群〉 贫血者；肝肾亏虚所致的两目干涩、视物昏花者；白内障、青光眼、夜盲症等眼科疾病患者；肝病患者。

不宜人群〉 腹胀者、高胆固醇患者。

滋补药膳 山药薏米枸杞子汤

·益气健脾+止泻止带·

主料

山药25克	薏米50克	枸杞子10克
生姜3片		

辅料 冰糖适量

制作

①山药洗净；薏米洗净，泡发；枸杞子洗净。②锅中加水适量，将以上备好的材料放入锅中，加入生姜，大火煮开，再转小火煲约1.5小时。③再加入冰糖调味即可。

适宜人群 脾胃虚弱、食积腹胀、便溏腹泻者；面色暗黄、面生痤疮者；慢性萎缩性胃炎患者；脾虚水肿者；妇女带下过多者。

不宜人群 脾胃虚寒者。

滋补药膳 猪皮枸杞子红枣汤

·益气补血+美容养颜·

主料

猪皮80克	红枣15克	枸杞子适量
姜适量		

辅料 盐1克，高汤、鸡精各适量

制作

①将猪皮收拾干净，切块；姜洗净去皮切片；红枣、枸杞子分别用温水略泡，洗净。②净锅注水烧开后加入猪皮氽透后捞出。③往砂锅内注入高汤，加入猪皮、枸杞子、红枣、姜片，小火煲2小时，调入盐、鸡精即可。

适宜人群 爱美女性；皮肤粗糙、面色暗黄者；产后病后体虚者；乳汁不下者。

不宜人群 感冒患者；湿浊中阻、食积腹胀者。

玉竹

"补阴佳品"

玉竹为百合科植物玉竹的根茎。其主产于河南、江苏、辽宁、湖南、浙江。它含有玉竹黏多醣等多醣类，甾体皂苷及其他的生物碱、维生素A等成分。玉竹是功效可比拟人参的补阴佳品。

【性味归经】
性平，味甘。归肺、胃经

【适合体质】
阴虚体质

【煲汤适用量】
10～12克

【别　名】
委萎、女萎、萎莎、葳蕤、节地、虫蝉、乌萎、山姜、芦莉花、连竹、西竹

【功效主治】

玉竹具有养阴润燥、除烦止渴的功效，常用于治疗燥咳、劳嗽、热病阴液耗伤之咽干口渴、内热消渴、阴虚外感、头昏眩晕、筋脉挛痛等病症。玉竹可延缓衰老、延长寿命，还能双向调节血糖，使正常血糖升高，同时降低高血糖。玉竹有较好的强心作用，可加强心肌收缩力、提高心肌抗缺氧能力、抗心肌缺血、降血脂及减轻结核病变，临床上常用于风湿性心脏病、冠心病、心绞痛等病属气阴两虚证的治疗。

【食用宜忌及用法】

玉竹适宜体质虚弱、免疫力降低者，阴虚燥热、食欲不振、肥胖者食用；胃有痰湿气滞者、虚寒证及大便稀薄者、高血压症患者忌服。玉竹以内服居多，可煎煮成药汤服用。胃有痰湿气滞者忌服玉竹。玉竹可分为生用及制用两种，制玉竹是净玉竹经蒸焖至软，取出晒至半干、切片、干燥后制成，玉竹蒸制后能增强其补益作用。

【选购与保存】

玉竹以条长、肉肥、黄白色、光泽柔润、嚼之略黏者为佳。其应置于通风干燥处保存，防发霉与虫蛀。

滋补药膳 玉竹党参鲫鱼汤

·养阴生津+益气健脾·

主料 〉

鲫鱼350克　胡萝卜适量　玉竹适量

党参适量

辅料 〉 盐少许，姜2片，油适量

制作 〉

①鲫鱼收拾干净斩件，过油煎香；胡萝卜去皮洗净，切片；玉竹、党参均洗净浮尘。②将原材料放入汤锅中，加水煮沸后，转小火慢炖2小时。③撇去浮沫，加入姜片继续煲30分钟，出锅前调入盐即可。

适宜人群〉 脾胃虚弱者；胃阴亏虚者；糖尿病患者；高血脂、冠心病等心脑血管疾病患者；营养不良患者。

不宜人群〉 感冒患者、消化不良者。

滋补药膳 玉竹红枣煲鸡汤

·滋阴养血+益气补虚·

主料 〉

鸡肉350克　玉竹10克　红枣5个

枸杞子8克

辅料 〉 盐4克，鸡精3克

制作 〉

①鸡肉收拾干净，汆去血水；玉竹洗净，切段；红枣、枸杞子均洗净，浸泡。②锅中注水，烧沸，放入鸡肉、玉竹、红枣、枸杞子大火烧沸后转小火慢炖2小时。③关火，加入盐和鸡精调味，拌匀即可。

适宜人群〉 脾胃虚弱者；贫血者；营养不良者；冠心病、动脉硬化等心脑血管疾病患者；面色萎黄或苍白无华者。

不宜人群〉 感冒患者、湿浊中阻者。

滋补药膳 沙参玉竹煲猪肺

·滋阴润燥+润肺止咳·

主料 >

猪肺350克　沙参10克　玉竹10克

红枣8个

辅料 > 精盐少许，清汤适量，味精3克

制作 >

①将猪肺洗净切片，玉竹、沙参、红枣洗净。②炒锅上火倒入水，下入猪肺焯去血色冲净备用。③净锅上火倒入清汤，下入猪肺、玉竹、沙参、红枣，调入精盐、味精煲至熟即可。

适宜人群 阴虚咳嗽咯血者（如肺炎、肺结核、肺气肿、百日咳、慢性咽炎等患者）；糖尿病患者；冠心病患者；阴虚盗汗者；癌症患者；抵抗力差者。

不宜人群 > 痰湿中阻者。

滋补药膳 玉竹百合牛蛙汤

·除烦止渴+护心降糖·

主料 >

牛蛙200克　玉竹50克　百合100克

辅料 > 高汤、枸杞子、盐各适量

制作 >

①将牛蛙洗净、斩块，入沸水中氽一下；百合、枸杞子、玉竹洗净、浸泡备用。②净锅上火倒入高汤，下入牛蛙、玉竹、枸杞子、百合，调入盐，煲至熟即可。

适宜人群 阴虚体质者；糖尿病患病者；心烦失眠、咽干口渴、内热消渴者；肺热干咳者；冠心病患者；动脉硬化患者；风湿性心脏病患者；小便不利者。

不宜人群 > 脾胃虚寒者、便溏腹泻者。

百合 "止咳安神、药食两用"

百合鳞茎含秋水仙碱等多种生物碱及淀粉、蛋白质、脂肪等。麝香百合的花药含有多种类胡萝卜素。卷丹百合的花药含水分、灰分、蛋白质、脂肪、淀粉、泛酸、维生素C、并含β-胡萝卜素等成分。百合止咳安神，药食两用，既可作为食材，又能起到药用功效。

【性味归经】
味甘，性微寒。归肺、心经

【适合体质】
阴虚体质

【煲汤适用量】
10~30克

【别　名】
白百合、蒜脑薯

【功效主治】

百合具有养阴润肺、清心安神、补中益气、健脾和胃、清热解毒、利尿、凉血止血的功效。其适用于燥热咳嗽、阴虚久咳、劳嗽痰血、虚烦惊悸、失眠多梦、精神恍惚、心痛、喉痹、胃阴不足之胃痛，二便不利、浮肿、痈肿疮毒、脚气、产后出血、腹胀、身痛等。现代医学研究认为，百合有增加外围白细胞，提高淋巴细胞转化率和增强体液免疫功能的作用，抗癌效果明显，故临床常用于多种癌症的调治。

【食用宜忌及用法】

百合所含秋水仙碱对肠胃有刺激作用，用量过多可产生胃肠道症状如恶心、呕吐、食欲减退、腹泻等反应。百合作药用时多煎服，百合性微寒，凡风寒咳嗽、脾胃虚寒、大便溏薄者忌食。

【选购与保存】

百合以鳞片均匀，肉厚，色黄白，质硬、脆，筋少，无黑片、油片为佳。鲜百合的贮藏要掌握"干燥、通气、阴凉、遮光"的原则。干百合富含淀粉，易遭虫蛀、受潮生霉、变色。吸潮品表面颜色变为深黄棕色，质韧回软，手感滑润，敲之发声沉闷，有的呈现霉斑。贮藏期间，发现包百合的包装内温度过高或百合轻度霉变、虫蛀，应及时拆包摊晾、通风；虫患严重时，可用磷化铝等药物熏杀。有条件的可密封抽氧充氮法贮藏百合。

滋补药膳 百合乌鸡汤

·滋阴补血+养心安神·

主料 >

乌鸡1只	生百合30枚	白粳米适量
葱5克	姜4克	

辅料 > 盐6克

制作 >

①将乌鸡洗净斩件；百合洗净；姜洗净切片；葱洗净切段；白粳米淘洗干净。②将乌鸡放入锅中氽水，捞出洗净。③锅中加适量清水，下入乌鸡、百合、姜片、白粳米炖煮2小时，下入葱段，加盐调味即可。

适宜人群 > 心烦易怒、血虚心悸、失眠多梦者；更年期女性；神经衰弱者；贫血者；营养不良者；阴虚发热、五心潮热者；肺结核患者。

不宜人群 > 感冒患者；痰湿中阻、便稀者。

滋补药膳 百合猪蹄汤

·美容养颜+丰胸下乳·

主料 >

百合30克	猪蹄1只	葱段适量
姜片适量		

辅料 > 料酒、盐、味精各适量

制作 >

①猪蹄收拾干净，斩成件；百合洗净。②将猪蹄块下入沸水中氽去血水。③将猪蹄、百合入锅，加适量水，大火煮1小时后，加入葱段、姜片及调味料略煮即可。

适宜人群 > 产后缺乳者、乳房发育不良者、皮肤粗糙暗沉无华者、心悸失眠者、神经衰弱者、贫血者、营养不良患者、干燥综合征患者、胃阴亏虚者。

不宜人群 > 肥胖患者、高血脂患者、痰湿中阻者。

滋补药膳 莲子百合干贝煲瘦肉

·养心安神+滋阴润燥·

主料 〉

瘦肉300克	莲子少许	百合少许
干贝少许		

辅料 〉 盐、鸡精各5克

制作 〉

①瘦肉洗净，切块；莲子洗净，去莲子心；百合洗净；干贝洗净，切丁。
②瘦肉放入沸水中汆去血水后捞出洗净。③锅中注水，烧沸，放入瘦肉、莲子、百合、干贝慢炖2小时，加入盐和鸡精调味即可。

适宜人群 阴虚体质者、心悸失眠者、神经衰弱者、更年期女性、皮肤粗糙暗沉无华者、脾胃虚弱者、慢性萎缩性胃炎者、营养不良患者、癌症患者。

不宜人群 痰湿中阻、食积腹胀者。

滋补药膳 百合半夏薏米汤

·补肺养心+止咳化痰·

主料 〉

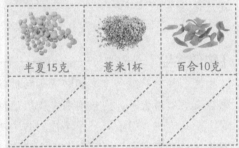

半夏15克	薏米1杯	百合10克

辅料 〉 冰糖适量

制作 〉

①将半夏、薏米、百合分别用水洗净。
②锅中注入清水，大火煮开，再加入半夏、薏米、百合煮至薏米开花熟烂。③最后加入冰糖调味即可。

适宜人群 痰湿体质者、肥胖者、咳嗽咳痰者、肠燥便秘者、失眠者、神经衰弱者、老年痴呆患者、咽炎患者、癌症患者。

不宜人群 阴虚精亏者。

麦冬

"滋阴润肺良药"

麦冬为百合科植物大麦冬的干燥块茎。其主产于四川、浙江、湖北、贵州、江苏、广西等地。其含麦冬皂苷A、麦冬皂苷B、麦冬皂苷C、麦冬皂苷D等多种皂苷，以及麦冬黄酮等成分。麦冬是滋阴润肺的良药。

【性味归经】
味甘，微苦，性微寒。
归心、肺、胃经

【适合体质】
阴虚体质

【煲汤适用量】
10~15克

【别　　名】
寸冬、川麦冬、浙麦冬、麦门冬

【功效主治】

麦冬具有养阴生津、润肺清心的功效，常用于治疗肺燥干咳、虚痨咳嗽、津伤口渴、心烦失眠、内热消渴、肠燥便秘、白喉、吐血、咯血、肺痿、肺痈、消渴、热病津伤、咽干口噪等病症。其广泛被用于治疗胃阴虚有热之舌干口渴、胃脘疼痛、饥不欲食、呕逆、大便干结等症。如治热伤胃阴、口干舌燥，常与生地黄、玉竹、沙参等品同用；治消渴，可与天花粉、乌梅等品同用。麦冬具有抗心肌缺血、抗血栓形成的作用，能有效地减少自由基，稳定细胞膜，显著降低血黏度，从而预防中风。此外，麦冬还有耐缺氧、降血糖、抗衰老、增强机体免疫力的作用。麦冬所含的麦冬皂苷对艾氏腹水癌有抑癌活性，具有抗肿瘤及抗辐射作用。

【食用宜忌及用法】

麦冬适宜阴虚内热者食用；脾胃虚寒泄泻、胃有痰饮湿浊及暴感风寒咳嗽者均忌服。麦冬配凉药宜生用，配补药宜酒制用，服用麦冬芯后易心烦，故配入养肺阴药中时宜去芯。麦冬不宜与鲤鱼、鲫鱼同食，两者功能不协；也不宜与黑木耳同食，易引起胸闷不适感。

【选购与保存】

麦冬以身干、体肥大、色黄白、半透明、质柔、有香气、嚼之发黏的为佳。本品易被虫蛀，可用硫磺熏后，密封储存。

滋补药膳 麦冬黑枣乌鸡汤

·益气补血+养心固肾·

主料 〉

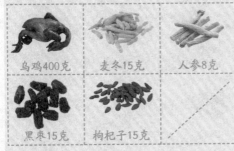

乌鸡400克	麦冬15克	人参8克
黑枣15克	枸杞子15克	

辅料 〉 盐、鸡精各适量

制作 〉

①乌鸡收拾干净，斩件，氽水；人参、麦冬洗净，切片；黑枣洗净，去核，浸泡；枸杞子洗净，浸泡。②锅中注入适量清水，放入乌鸡、人参、麦冬、黑枣、枸杞子、盖好盖。③大火烧沸后以小火慢炖2小时，调入盐和鸡精即可食用。

适宜人群 〉 更年期女性（如阴虚盗汗、神疲乏力、性欲冷淡、腰膝酸软、烦躁易怒者）；产后病后体虚者；卵巢早衰患者；贫血者；血虚失眠、头晕耳鸣者。

不宜人群 〉 感冒患者、阴虚火旺者、体质强健者。

滋补药膳 麦冬生地黄炖龙骨

·滋阴润燥+降低血糖·

主料 〉

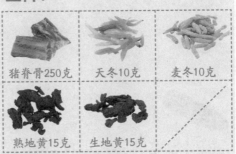

猪脊骨250克	天冬10克	麦冬10克
熟地黄15克	生地黄15克	

辅料 〉 盐、味精各适量

制作 〉

①天冬、麦冬、熟地黄、生地黄洗净。②猪脊骨下入沸水中氽去血水，捞出沥干备用。③把猪脊骨、天冬、麦冬、熟地黄、生地黄放入炖盅内，加适量开水，盖好，隔滚水用小火炖约3小时，调入盐和味精即可。

适宜人群 〉 糖尿病患者；阴虚干咳咯血者；慢性咽炎患者；热病津伤、潮热盗汗者；阴虚便秘患者；胃阴亏虚、胃热烧心者。

不宜人群 〉 痰湿中阻、大便稀薄、食积腹胀者。

滋补药膳 党参麦冬瘦肉汤

·滋阴益气+健脾和胃·

主料

瘦肉300克　　党参15克　　麦冬10克

山药适量

辅料 盐4克，鸡精3克，生姜适量

制作

①瘦肉洗净，切块；党参、麦冬分别洗净；山药、生姜洗净，去皮，切片。②瘦肉氽去血污，洗净后沥干水分。③锅中注水，烧沸，放入瘦肉、党参、麦冬、山药、生姜，用大火炖，待山药变软后改小火炖至熟烂，加入盐和鸡精调味即可。

适宜人群 脾胃虚弱、食欲不振、少气懒言者；糖尿病患者；体质虚弱者；贫血者；气虚或阴虚便秘者。

不宜人群 感冒患者；消化不良、便溏腹泻者。

滋补药膳 莲子百合麦冬汤

·滋阴润肺+养心安神·

主料

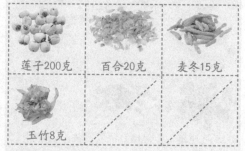

莲子200克　　百合20克　　麦冬15克

玉竹8克

辅料 冰糖80克

制作

①莲子、麦冬、玉竹一起洗净，沥干，盛入锅中，加水以大火煮开，转小火续煮20分钟。②百合洗净，用清水泡软，加入汤中，续煮4～5分钟后熄火。③加入冰糖煮化调味即可。

适宜人群 阴虚体质者；小便不利者；热病津伤口渴者；高血压患者；糖尿病患者（不加红枣）；胃热口臭、肠燥便秘者。

不宜人群 脾胃虚寒者。

银耳 "食用菌中极佳之补品"

银耳是生于枯木上的胶质药用真菌，分布于西南及陕西、江苏、安徽、浙江、江西、福建、台湾、湖北、湖南、广东、海南、广西等地。其除去杂质和蒂头后，可称为优良的滋补食品。

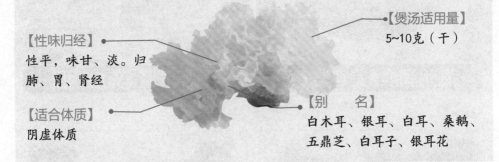

【性味归经】
性平，味甘、淡。归肺、胃、肾经

【适合体质】
阴虚体质

【煲汤适用量】
5~10克（干）

【别　　名】
白木耳、银耳、白耳、桑鹅、五鼎芝、白耳子、银耳花

【功效主治】

银耳具有润肺生津、滋阴养胃、益气安神、强心健脑等作用。其主治虚劳咳嗽、痰中带血、津亏口渴、病后体虚、气短乏力等。银耳能提高肝脏解毒能力，起保肝作用；银耳对老年慢性支气管炎、肺源性心脏病有一定疗效。银耳富含维生素D，能防止钙的流失，对生长发育十分有益；还富含硒等微量元素，可以增强机体抗肿瘤的免疫力。除此之外，常食银耳还能美容润肤、减肥。

【食用宜忌及用法】

银耳适宜阴虚火旺、老年慢性支气管炎、肺源性心脏病、免疫力低下、体质虚弱、内火旺盛、虚痨、癌症、肺热咳嗽、肺燥干咳、妇女月经不调、胃炎、大便秘结患者食用；患有风寒咳嗽、湿热惹痰而至咳、气虚出血、外感初起感冒者不宜食用银耳。银耳既可作为药用，亦可作为食材食用。

【选购与保存】

选购银耳时，应选择颜色白净带微黄、略带特殊药性味、基蒂部小、朵大肉厚者为佳。银耳本身无味道，选购时可取少许试尝，如对舌有刺激或有辣的感觉，证明这种银耳是用硫磺熏制过的，不宜购买。银耳含有丰富的蛋白质和多糖类，容易受潮，因此需要密封储存，并放置在阴凉干燥处。

滋补药膳 木瓜银耳猪骨汤

·滋阴润燥+美容养颜·

主料 〉

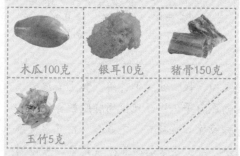

木瓜100克　　银耳10克　　猪骨150克

玉竹5克

辅料 〉 盐3克，生抽4克

制作 〉

①木瓜去皮，洗净切块；银耳洗净，泡发撕片；猪骨洗净，斩块；玉竹洗净。②热锅入水烧开，下入猪骨，煲尽血水，捞出洗净。③将猪骨、木瓜、玉竹放入瓦煲，注入水，大火烧开后下入银耳，改用小火炖煮2小时，加盐、生抽调味即可。

适宜人群 〉 阴虚体质者；皮肤干燥暗黄无光泽者；肺阴亏虚者；胃阴虚咽干口燥、胃脘灼痛者；阴虚干咳咯血者；慢性咽炎患者；大便秘结患者。

不宜人群 〉 风寒咳嗽者。

滋补药膳 银杞鸡肝汤

·滋补肝肾+养血明目·

主料 〉

鸡肝200克　　银耳10克　　枸杞子15克

百合5克

辅料 〉 盐3克，鸡精3克

制作 〉

①鸡肝洗净，切块；银耳泡发洗净，摘成小朵；枸杞子、百合洗净，浸泡。②锅中放水，烧沸，放入鸡肝过水，取出洗净。③将鸡肝、银耳、枸杞子、百合放入锅中，加入清水小火炖1小时，调入盐、鸡精即可。

适宜人群 〉 肝肾不足视物昏花者；贫血者；皮肤干燥者；青光眼、白内障、夜盲症等眼病患者；肝病患者；失眠者。

不宜人群 〉 脾虚湿盛者、胆固醇高者。

滋补药膳 椰子肉银耳煲乳鸽

·滋阴润肺+补血养颜·

主料 〉

乳鸽1只	银耳10克	椰子肉100克
红枣适量	枸杞子适量	

辅料 〉 盐少许

制作 〉

①乳鸽收拾干净；银耳泡发洗净；红枣、枸杞子均洗净，浸水10分钟。②热锅注水烧开，下入乳鸽滚尽血渍，捞起。③将乳鸽、红枣、枸杞子放入炖盅，注水后以大火煲沸，放入椰子肉、银耳，小火煲煮2小时，加盐调味即可。

适宜人群 〉 肺虚咳嗽气喘、痰中带血患者；产后病后体虚者；皮肤干燥、暗黄粗糙者；更年期综合征患者；高血压患者。

不宜人群 〉 感冒未清者。

滋补药膳 牛奶水果银耳汤

·补脾健胃+滋阴降压·

主料 〉

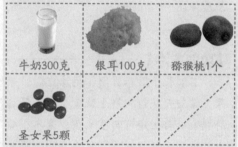

牛奶300克	银耳100克	猕猴桃1个
圣女果5颗		

辅料 〉 无

制作 〉

①银耳用清水泡软，去蒂，切成细丁，加入牛奶中，以中小火边煮边搅拌，煮至熟软，熄火待凉装碗。②圣女果洗净，对切成两半；猕猴桃削皮、切丁，一起加入碗中即可。

适宜人群 〉 一般人群皆可食用，尤其适合胃阴亏虚、食欲不振、少气懒言者；高血压患者；皮肤干燥暗黄者；咽干口燥者；前列腺炎患者。

不宜人群 〉 痰湿阻滞者、食积腹胀者。

石斛 "清热、凉血、护眼良药"

石斛是兰科植物环草石斛、马鞭石斛、黄草石斛、铁皮石斛或金钗石斛的新鲜或干燥茎。其主产于云南、四川、安徽、广东、广西等地。金钗石斛含石斛碱、石斛胺、石斛次碱、石斛星碱、石斛因碱、6-羟石斛星碱，尚含黏液质、淀粉；细茎石斛含石斛碱、石斛胺及N-甲基石斛碱(季铵盐)；罗河石斛含石斛宁碱等成分。石斛是清热、凉血、护眼的良药。

【性味归经】
性微寒，味甘。归胃、肾经

【适合体质】
阴虚体质

【煲汤适用量】
6~30克

【别　名】
川石斛、金石斛、鲜石斛、黄草

【功效主治】

石斛长于滋养胃阴、生津止渴，兼能清胃热，主治热病伤津，烦渴、舌干苔黑，常与天花粉、鲜生地黄、麦冬等品同用。其治疗胃热阴虚之胃脘疼痛、牙龈肿痛、口舌生疮可与生地黄、麦冬、黄芩等品同用。本品又能滋肾阴，兼能降虚火，适用于肾阴亏虚之目暗不明、筋骨痿软及阴虚火旺，骨蒸劳热等。其治疗肾阴亏虚，目暗不明者，常与枸杞子、熟地黄、菟丝子等品同用；治疗肾阴亏虚，筋骨痿软者，常与熟地黄、杜仲、山茱萸、牛膝等补肝肾、强筋骨之品同用；肾虚火旺，骨蒸劳热者，宜与生地黄、枸杞子、黄柏、胡黄连等滋肾阴、退虚热之品同用。

【食用宜忌及用法】

虚而无热者、湿热病尚未化燥者不宜使用，舌苔厚腻、便溏者也需小心使用。石斛以内服居多，煎煮成药汤的用量为6~12克。若使用鲜石斛则为15~30克。若着重清热、生津、解渴，鲜石斛药效较好。

【选购与保存】

石斛以圆柱形、色黄绿、味微苦而回甜、嚼之有黏性为佳品。其干品宜置通风干燥处，防潮；鲜品宜置阴凉潮湿处，防冻。

滋补药膳 灵芝石斛甲鱼汤

·滋阴补虚+散结抗癌·

主料〉

甲鱼1只　灵芝15克　石斛10克
枸杞子少许

辅料〉盐3克

制作〉

①甲鱼收拾干净，斩块；灵芝掰成小块；石斛、枸杞子均洗净，泡发。②净锅上火烧开，放入甲鱼，煮尽表皮血水，捞出洗净。③将甲鱼、灵芝、石斛、枸杞子放入瓦煲，加入适量水，大火煲沸后改为小火煲3小时，加盐调味即可。

适宜人群 癌症患者（如肺癌、胃癌、肝癌、肠癌等）；子宫肌瘤患者；肺结核患者；贫血者；更年期女性；阴虚发热、心烦易怒、失眠者；胃阴不足所见的口渴咽干、呕逆少食、胃脘隐痛者。

不宜人群 感冒患者、脾胃虚寒者、痰湿中阻者。

滋补药膳 灵芝石斛鱼胶猪肉汤

·益气滋阴+养心安神·

主料〉

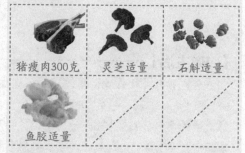

猪瘦肉300克　灵芝适量　石斛适量
鱼胶适量

辅料〉盐6克，鸡精5克

制作〉

①猪瘦肉洗净，切件，汆水；灵芝、鱼胶洗净，浸泡；石斛洗净，切片。②将猪瘦肉、灵芝、石斛、鱼胶放入锅中，加入清水慢炖。③炖至鱼胶变软散开后，调入盐和鸡精即可食用。

适宜人群 心律失常、失眠多梦者；肺结核患者；贫血者；更年期女性；阴虚发热、心烦易怒者；胃阴不足所见的舌红少苔、口渴咽干、呕逆少食、胃脘隐痛者；糖尿病患者；体质虚弱者。

不宜人群 感冒患者。

桑葚 "滋补强壮、养心益智佳果"

桑葚为桑科小乔木桑树的果穗，于4~6月果实变红时采收。它含糖、鞣酸、苹果酸及维生素A、维生素B₁、维生素B₂、维生素C及胡萝卜素等成分，而其含有的脂肪酸主要由亚油酸和少量的硬脂酸、油酸等组成。桑葚是滋补强壮、养心益智的佳果。

【性味归经】
味甘、微酸，性凉。
归肝、肾经

【适合体质】
阴虚体质

【煲汤适用量】
30~50克

【别　名】
桑果、桑葚子、乌椹、桑枣

【功效主治】

桑葚具有补肝益肾、生津润肠、乌发明目等功效，可治肝肾阴亏、消渴、便秘、目暗、耳鸣、关节不利等。其他像神经衰弱失眠、少年白发、产后血虚便秘、糖尿病、贫血、高血压、高血脂、冠心病等，服食桑葚病情也可获得改善。桑葚有改善皮肤血液供应，营养肌肤，使皮肤白嫩及乌发等作用，并能延缓衰老。桑葚是中老年人健体美颜、抗衰老的佳果与良药。常食桑葚可以明目，缓解眼睛疲劳干涩的症状。

【食用宜忌及用法】

桑葚一般成人均适宜食用，尤其适合肝肾阴血不足者、少年发白者、病后体虚、体弱、习惯性便秘者食用。但脾胃虚寒而大便稀薄、拉肚子的人、少年儿童、糖尿病患者不宜食用。桑葚熬膏时忌用铁制器皿，因为桑葚会分解酸性物质，跟铁会产生化学反应而导致食用者中毒。此外，桑葚中含有溶血性过敏物质及透明质酸，过量食用后容易发生溶血性肠炎。

【选购与保存】

桑葚以外型长圆、个大、肉厚、紫红色、糖分多者为佳。本品易发霉、易遭虫蛀，须贮存于干燥处。

滋补药膳 桑葚牛骨汤

·滋补肝肾+壮骨明目·

主料 〉

牛排骨350克	桑葚30克	枸杞子30克
姜丝5克		

辅料 〉 盐少许

制作 〉

①牛排骨洗净，斩块后余去血水；桑葚、枸杞子洗净泡软。②汤锅加入适量清水，放入牛排骨、姜丝，用大火烧沸后撇去浮沫。③加入桑葚、枸杞子，改用小火慢炖2小时，最后调入盐拌匀即可。

适宜人群 肝肾亏虚引起的两目干涩昏花、头晕耳鸣、骨质疏松等患者；胃阴亏虚、咽干口燥、烦渴喜饮者；头发早白者；贫血者。

不宜人群 痰湿中阻者、感冒患者。

滋补药膳 桑葚燕麦羹

·健脾益胃+滋阴益肾·

主料 〉

桑葚50克	燕麦100克	

辅料 〉 盐适量

制作 〉

①将桑葚洗净，用淡盐水浸泡5分钟；燕麦淘洗干净。②置锅于火上，加入适量水烧开，再加入燕麦用中火煮熟至粥稠。③下入洗净的桑葚烧煮3分钟，加盐调味即可

适宜人群 脾胃虚弱、食欲不振、食积腹胀者；产后、病后体虚者；肝肾亏虚两目干涩、疲劳者；老年性便秘者；冠心病、糖尿病、动脉硬化患者；更年期女性。

不宜人群 腹泻者。

黄精

"长寿草"

黄精为为百合科植物囊丝黄精、热河黄精、滇黄精、卷叶黄精等的根茎。其主产贵州、湖南、浙江、广西、河北、内蒙古、辽宁、山西等地。它含有黏液质、淀粉、糖分及多种氨基酸等成分。古代养生学家以及道家视黄精为补养强壮食品，更是一种常用的中草药。

【性味归经】
味甘、性平。归脾、肺、肾经

【适合体质】
阴虚、气虚体质

【煲汤适用量】
9~15克

【别　　名】
黄之、鸡头参、龙街、太阳草

【功效主治】

黄精具有养阴益气、健脾润肺、益肾养肝的功效，可用于治疗虚损寒热、脾胃虚弱、体倦乏力、口干食少、肺虚燥咳、精血不足、内热消渴以及病后体虚食少、筋骨软弱、风湿疼痛等病症。本品能补益肾精，对延缓衰老，改善头晕、腰膝酸软、须发早白等早衰症状，有一定疗效，常与枸杞子、何首乌等补益肾精之品同用。黄精对抗酸菌有抑制作用，且能改善健康状况，对疱疹病毒也有抑制作用，对董色毛癣菌、红色表皮癣菌、膏样毛癣菌及考夫曼－沃尔夫氏表皮癣菌均有抑制作用。黄精还有很好的降低血压的作用，对高血压以及动脉硬化等心脑血管疾病均有一定的防治作用。

【食用宜忌及用法】

黄精适宜病后虚损、肺痨咳血者食用，虚寒泄泻、痰湿、痞满、气滞者忌服，服用黄精最好"九蒸九晒"，经过加工后使用，以免产生不良的毒副作用。黄精不宜与梅肉同食，梅肉的药性与黄精相反。

【选购与保存】

黄精以块大、肥润、色黄、断面透明的为佳，味苦的不能药用。其应置通风干燥处，防霉、防蛀。

滋补药膳 黄精海参炖乳鸽

·补肾壮阳+抗衰防老·

主料〉

乳鸽1只	黄精适量	枸杞子少许
海参适量		

辅料〉盐3克

制作〉

①乳鸽收拾干净；海参均洗净泡发。②热锅注水烧开，下乳鸽汆透，捞出。③将乳鸽、黄精、海参、枸杞子放入瓦煲，注水，大火煲沸，改小火煲2.5小时，加盐调味即可。

适宜人群〉肾虚腰膝酸软、五心烦热、头晕耳鸣、阳痿早泄、遗精、夜尿频多者；糖尿病患者；贫血者；产后病后体虚者；慢性消耗性疾病患者；心脑血管疾病患者；肺痨咳血者。

不宜人群〉虚寒泄泻、痰湿、痞满、气滞者。

滋补药膳 黄精山药鸡汤

·滋阴补虚+益气健脾·

主料〉

黄精10克	山药200克	红枣8个
鸡腿1只		

辅料〉盐6克，味精适量

制作〉

①鸡腿洗净，剁块，放入沸水中汆烫，捞起冲净；黄精、红枣洗净；山药去皮洗净，切小块。②将鸡腿、黄精、红枣放入锅中，加7碗水，以大火煮开，转小火续煮20分钟。③加入山药续煮10分钟，加入盐、味精调味即成。

适宜人群〉脾胃虚弱、神疲乏力、食欲不振者；贫血者；产后病后体虚者；慢性消耗性疾病患者；心脑血管疾病患者；肺痨咳血者；营养不良者。

不宜人群〉痰湿、腹胀痞满、气滞者。

女贞子　"抗老回春圣品"

含女贞苷、10-羟基女贞苷、橄榄苦苷、10-羟基橄榄苷、洋丁香酚苷、新女贞子苷、8-表金银花苷、有旋-花旗松素、槲皮素、外消旋圣草素、齐墩果酸、乙酰齐墩果酸、熊果酸、乙酰熊果酸、女贞子酸、女贞苷酸、β-谷固醇等成分。女贞子是抗老回春的圣品。

【性味归经】
性平，味苦、甘。归肝、肾经

【适合体质】
阴虚体质

【煲汤适用量】
6~15克

【别　名】
女贞、女贞实、冬青子、白蜡树子

【功效主治】

本品性偏寒凉，能补益肝肾之阴，适用于肝肾阴虚所致的目暗不明、视力减退、须发早白、眩晕耳鸣、失眠多梦、腰膝酸软、遗精、消渴及阴虚内热之潮热、心烦等。其治疗阴虚有热，目微红羞明，眼珠作痛等，宜与生地黄、石决明、谷精草等滋阴、清肝、明目之品同用。其治疗肾阴亏虚消渴病，宜与生地黄、天冬、山药等滋阴补肾之品同用。阴虚内热之潮热心烦者，本品宜与生地黄、知母、地骨皮等养阴、清虚热之品同用。女贞子还可以增加冠状动脉血流量，有降脂、降血糖、降低血液黏度的作用，有抗血栓和防治动脉粥样硬化的作用，对放疗、化疗所引起的白细胞减少有升高白细胞的作用。女贞子还具有一定的抗衰老作用。

【食用宜忌及用法】

女贞子适宜肝肾阴虚、头昏目眩、遗精耳鸣、腰膝酸软、须发早白、老年便秘、冠心病、高脂血症、高血压、慢性肝炎患者食用。女贞子多为内服，可煎煮成药汤服用。因其主要成分"齐墩果酸"不易溶于水，故以丸剂为佳。本品以黄酒拌后蒸制，可增强滋补肝肾作用，并使苦寒之性减弱，避免滑肠。脾胃虚寒泄泻及阳虚者忌服本品。

【选购与保存】

女贞子以粒大、饱满、色蓝黑、质坚实者为佳，加工方法以晒干为佳，但煮后易于干燥，故生晒后所得佳品较为少见。其应置干燥处，防潮湿、防蛀、防霉。

滋补药膳 女贞子鸭汤

·滋补肝肾+养阴益气·

主料 〉

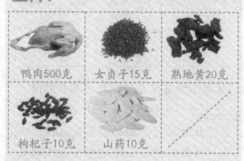

鸭肉500克	女贞子15克	熟地黄20克
枸杞子10克	山药10克	

辅料 〉 盐适量

制作 〉

①将鸭肉洗净，切块。②将熟地黄、枸杞子、山药、女贞子、鸭肉均洗净，同放入锅中，加适量清水，大火煮沸，转小火炖至白鸭肉熟烂，加入调味料即可。

适宜人群 肝肾阴虚引起的腰膝酸软、五心烦热、盗汗、头晕耳鸣、阳痿早泄、遗精、夜尿频多者；更年期妇女；糖尿病患者。

不宜人群 脾胃虚寒、脾湿中阻、便溏腹泻者。

滋补药膳 椰盅女贞子乌鸡汤

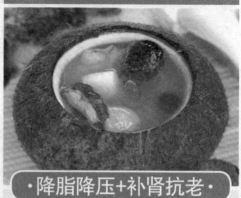

·降脂降压+补肾抗老·

主料 〉

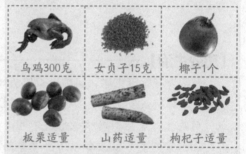

乌鸡300克	女贞子15克	椰子1个
板栗适量	山药适量	枸杞子适量

辅料 〉 盐、鸡精各适量

制作 〉

①乌鸡洗净，斩件，氽水；板栗去壳；山药洗净，去皮，切块；枸杞子、女贞子洗净。②椰子洗净，顶部切开，倒出椰汁，留壳备用。③乌鸡、板栗、山药、女贞子、枸杞子放入锅中，加椰汁慢炖2小时，调入盐和鸡精，盛入椰盅即可。

适宜人群 老年人；更年期妇女；肝肾不足、腰膝酸软、须发早白者；高血脂、高血压、冠心病、动脉硬化患者；阴虚盗汗者；卵巢早衰者。

不宜人群 脾胃虚寒泄泻及阳虚者。

天冬 "滋阴降火的止咳中药"

天冬为百合科植物天门冬的块根。其主产于我国中部、西北、长江流域及南方各地。它含多种螺旋甾苷类化合物天冬苷、天冬酰胺、瓜氨酸、丝氨酸等近20种氨基酸，以及低聚糖，并含有5-甲氧基-甲基糠醛等成分。天冬是滋阴降火的止咳中药。

【煲汤适用量】
10~20克

【性味归经】
性寒，味甘、苦。归肺、肾、胃经

【适合体质】
阴虚体质

【别　名】
天门冬、大当门根、多儿母

【功效主治】

天冬具有养阴生津、润肺清心的功效。本品甘润苦寒之性较强，其养肺阴，清肺热的作用强于麦冬、玉竹等同类药物，适用于阴虚肺燥有热之干咳痰少、咳血、咽痛音哑等症，对咳嗽咯痰不利者，兼能止咳祛痰，治肺阴不足，燥热内盛之证，常与麦冬、沙参、川贝母等药同用。此外，还适用于老年慢性气管炎和肺结核患者，尤其有黏痰难以咯出，久咳而偏于热者，可用天冬润燥化痰和滋补身体。取天冬凉润能解热，治疗阴虚发热，宜与滋阴降火之生地黄、麦冬、知母、黄柏等品同用；如贫血、结核病、病后体弱等之低热，配熟地黄补血，党参补气；如为热病后期之阴虚兼有肠燥便秘，则配生地黄、当归、火麻仁等。

【食用宜忌及用法】

天冬适宜咳嗽吐血、肺痿者食用；风寒咳嗽、腹泻、食少者不宜食用。天冬一般煎汤服用；亦可熬膏或入丸、散。但脾胃虚寒和便溏者不宜服用天冬。天冬不宜与鲤鱼、鲫鱼同食，会降低蛋白质的利用率。

【选购与保存】

天冬以切面黄白色至淡黄棕色，半透明，光滑或具深浅不等的纵皱纹，偶有残存的灰棕色外皮，质硬或柔润，有黏性，断面角质样，中柱黄白色，气微，味甜、微苦者为佳。其应置阴凉干燥处保存，防潮，防霉，防蛀。

滋补药膳 天冬川贝猪肺汤

·滋阴润肺+止咳化痰·

主料 〉

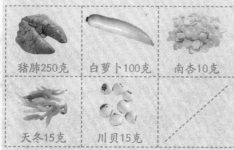

猪肺250克 | 白萝卜100克 | 南杏10克

天冬15克 | 川贝15克

辅料 〉 上汤适量，生姜2片，盐10克，味精5克

制作 〉

①猪肺反复冲洗干净，切成大件；南杏、天冬、川贝均洗净备用；白萝卜洗净，带皮切成中块。②将以上主料连同上汤倒进炖盅，加入生姜，盖上盅盖，隔水炖之，先用大火炖30分钟，再用中火炖50分钟，后用小火炖1小时即可。③炖好后，加盐、味精调味即可。

适宜人群 阴虚咳嗽咯血者或肺热咳吐黄痰者；抵抗力差易感冒者。

不宜人群 痰湿中阻者。

滋补药膳 天冬银耳滋阴汤

·养阴生津+降低血糖·

主料 〉

银耳20克 | 天冬15克 | 莲子15克

大枣2个 | 香菇2朵

辅料 〉 盐适量

制作 〉

①将银耳洗净，撕成小朵；莲子去莲子心、大枣去核，均洗净备用；香菇洗净，切薄片。②锅置火上，倒入清水，放入所有主料，大火煮开，转小火续煮30分钟，最后加盐调味即可。

适宜人群 皮肤干燥粗糙者、糖尿病患者、心烦失眠者、口腔溃疡者、肺燥干咳者、津伤口渴者、内热消渴者、阴虚发热者、小儿夏热者、肠燥便秘者。

不宜人群 脾胃虚寒、便稀腹泻者。

第四章

壮阳中药汤

壮阳中药主要用于阳虚证，包括肾阳虚、脾阳虚、心阳虚等。由于肾为先天之本，又为气之根，因此阳虚证主要是指肾阳虚，补阳多从补肾着手，补阳药也主要是用于补肾阳。肾阳虚主要表现为全身功能衰退，症如神疲乏力、畏寒肢冷、腰膝酸软、舌质淡白、脉沉而弱；如生殖泌尿系统功能受影响，则有阳痿、遗精、白带清稀、夜尿频多、遗尿，如有呼吸功能受影响则有喘嗽；如有消化功能受影响，则有泻泄。

中医讲究补肾阳要兼顾补肾阴，所以常配补阴药同用，如熟地黄、黄精、女贞子、何首乌等，此属于"阴中求阳"的治疗方法，正如张景岳所说："善补阳者，必于阴中求阳，则阳得阴助而生化无穷。"此外，壮阳药还可搭配乳鸽、鹌鹑、动物肾脏、动物鞭等补肾的血肉之品以增强其补阳效果。壮阳药性多温燥或燥热，因此，阴虚阳亢、内热炽盛以及外感热病者均不宜服用。

鹿茸

"滋补强壮剂"

鹿茸是指梅花鹿或马鹿的雄鹿未骨化而带茸毛的幼角。它含有大量的氨基酸、葡萄糖、半乳糖胺、骨胶质、酸性黏多糖及脂肪酸、核糖核酸、脱氧核糖核酸以及维生素A、蛋白质、钙、磷、镁等成分。鹿茸是一种贵重的中药，为常用的滋补强壮剂。

【性味归经】
味甘、咸，性温。归肾、肝经

【适合体质】
阳虚体质

【煲汤适用量】
2~3克

【别　　名】
斑龙珠、黄毛茸、马鹿茸、青毛茸

【功效主治】

　　鹿茸有补肾壮阳、益精生血、强筋壮骨的功效，适用于肾阳不足、精血虚亏、阳痿早泄、宫寒不孕、头晕耳鸣、腰膝酸软、四肢冷、神疲体倦、肝肾不足、筋骨痿软或小儿发育不良、囟门不合、行迟齿迟、虚寒性崩漏、带下、溃疡久不愈合等。鹿茸与人参、黄芪、当归同用治疗诸虚百损，五劳七伤，元气不足，畏寒肢冷、阳痿早泄、宫冷不孕、小便频数等，如参茸固本丸。

【食用宜忌及用法】

　　鹿茸尤其适宜体质较差的老年人、阳虚者、性功能衰退者、疲劳过度的中青年，患有子宫虚冷、崩漏等妇科疾病的中年妇女以及食欲不振者食用。服用本品宜从小量开始，缓缓增加，不宜骤用大量，以免阳升风动，头晕目赤，或助火动血，而致鼻衄。凡阴虚阳亢，血分有热，胃火盛或肺有痰热，以及外感热病者，均应忌服。鹿茸一般煲汤服用，亦可研末、浸酒等。鹿茸的有效成分会与水果、蔬菜中的鞣酸发生反应而被破坏，因而不宜同时食用。

【选购与保存】

　　鹿茸以梅花鹿茸较优。其以粗壮、主支圆、顶端丰满、"回头"明显、质嫩、毛细、皮色红棕，较少骨钉或棱线，有光泽者为佳；而细、瘦、底部起筋、毛粗糙、体重者为次货。其保存宜放入樟木箱内，置阴凉干燥处，密闭，防蛀、防潮。

滋补药膳 鹿茸煲鸡汤

·补肾壮阳+益气补虚·

主料 〉

土鸡500克	鹿茸3克	猪瘦肉200克
黄芪10克		

辅料 〉 生姜、盐、味精各适量

制作 〉

①土鸡收拾干净，切块，氽水备用；猪瘦肉洗净，切成大块；鹿茸洗净，切片备用；黄芪洗净备用。②另起锅，将备好的土鸡块、猪瘦肉、鹿茸、黄芪、生姜一起放入炖盅内，加水，隔水炖熟。③待熟后，加盐、味精调味即可。

适宜人群 肾阳不足、精血虚亏引起的阳痿早泄、宫寒不孕、头晕耳鸣、腰膝酸软、四肢冰冷、神疲体倦、肝肾不足、筋骨痿软或小儿发育不良、囟门不合、行迟齿迟等患者。

不宜人群 阴虚火旺者；感冒未愈者。

滋补药膳 鹿茸黄精蒸鸡

·补肾养巢+延年益寿·

主料 〉

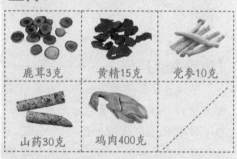

鹿茸3克	黄精15克	党参10克
山药30克	鸡肉400克	

辅料 〉 生姜、盐各适量

制作 〉

①将鹿茸、黄精、党参、山药均洗净备用；生姜洗净，切片。②将鸡肉洗净，洗净斩大件，氽去血水。③将所有材料一起放入炖盅内，加适量沸水，隔水以大火炖1小时，最后加盐调味即可。

适宜人群 卵巢早衰者、更年期综合征患者；虚寒性崩漏、宫寒不孕、性欲冷淡、带下过多的女性；肾虚阳痿遗精者；体质虚弱的老年人。

不宜人群 阴虚燥热者、体质强壮者、感冒未愈者。

冬虫夏草

"补虚佳品"

冬虫夏草由虫体与虫头部长处的真菌子座相连而成。它含有丰富的氨基酸，如天冬氨酸、苏氨酸、丝氨酸、谷氨酸、脯氨酸等。此外，冬虫夏草还含有多种微量元素，如铜、锌、锰、铬等。冬虫夏草是一种传统的名贵滋补中药材，是补虚的佳品。

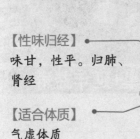

【性味归经】
味甘，性平。归肺、肾经

【适合体质】
气虚体质

【煲汤适用量】
3~10克

【别　　名】
虫草、夏草冬虫、中华虫草

【功效主治】

冬虫夏草具有益肾壮阳、补肺平喘、止血化痰的功效。其适用于肾虚腰痛、阳痿遗精、肺虚或肺肾两虚之久咳虚喘、劳嗽痰血、病后体虚不复、自汗畏寒等症。其现代临床还用于肾功能衰竭、性功能低下、冠心病、心律失常、高脂血症、高血压、鼻炎、乙型肝炎及更年期综合征等病的治疗。

【食用宜忌及用法】

冬虫夏草对于呼吸困难、肺纤维化、血管硬化、各类肝病、各类肾病、心衰、阳痿、性冷淡、肤干、脏躁、失眠、肿瘤、代谢综合征、红斑狼疮、脉管炎、前列腺炎、易感冒等免疫力低下、年老体弱多病者，产后体虚者和亚健康状态者是一种难得而有益的补品。但风湿性关节炎患者应减量服用本品，儿童、孕妇及哺乳期妇女、感冒发热、脑出血人群以及有实火或邪胜者不宜服用本品。冬虫夏草可煲汤服用，亦可用开水泡食。

【选购与保存】

冬虫夏草以虫体粗，形态丰满，外表黄亮，子座短小，闻起来有一股清香的草菇气味的为佳。冬虫夏草富含蛋白质与多糖类，在夏季特别容易霉变、遭虫蛀、变色。可将冬虫夏草与花椒一同放入密闭干燥的玻璃瓶，置冰箱中冷藏，随用随取。若发现冬虫夏草受潮后，应立即暴晒。冬虫夏草不宜过久保存。贮藏数量较多的冬虫夏草，多采用除氧保存技术，可保存长达2年。

滋补药膳 虫草红枣炖甲鱼

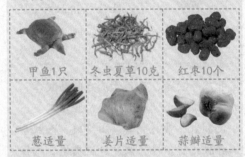

·滋阴补肾+养肺补心·

主料〉

甲鱼1只	冬虫夏草10克	红枣10个
葱适量	姜片适量	蒜瓣适量

辅料〉料酒、盐、味精、鸡汤各适量

制作〉

①甲鱼宰杀后切成4块；冬虫夏草洗净；红枣用开水浸泡。②将甲鱼入锅煮沸捞出，割开四肢，剥去腿油洗净。③甲鱼放入砂锅中，上放冬虫夏草、红枣，加料酒、葱、姜片、蒜瓣、鸡汤，炖2小时，调入盐、味精，拣去葱、姜，即成。

适宜人群 肾虚腰痛、阳痿遗精患者；肺虚或肺肾两虚之久咳虚喘、劳嗽痰血者；病后体虚不复、盗汗自汗患者；更年期综合征患者；高血压、冠心病、心律失常等心脑血管疾病患者。

不宜人群 感冒发热、脑出血人群以及有实火或邪胜者不宜服用。

滋补药膳 虫草香菇排骨汤

·补肺定喘+补虚抗癌·

主料〉

冬虫夏草5个	排骨300克	香菇50克
红枣适量		

辅料〉盐、鸡精各适量

制作〉

①排骨洗净，斩块；香菇泡发，洗净撕片；冬虫夏草、红枣均洗净备用。②热锅注水烧开，下排骨滚尽血渍，捞出洗净，将排骨、红枣、冬虫夏草放入瓦煲内，注入水，大火烧开后放入香菇，改为小火煲煮2小时，加盐、鸡精调味即可。

适宜人群 肺虚咳嗽气喘者；气虚神疲乏力者；癌症患者；更年期综合征患者；卵巢早衰患者。

不宜人群 感冒发热者以及有实火者不宜服用。

杜仲

"植物黄金"

杜仲为杜仲科落叶乔木植物杜仲的树皮，它富含木脂素、维生素C以及杜仲胶、杜仲醇、杜仲苷、松脂醇二葡萄糖苷等，其中松脂醇二葡萄糖苷为降低血压的主要成分。杜仲被称为"植物黄金"。

【性味归经】
味甘，性温。归肝、肾经

【适合体质】
气虚、阳虚体质

【煲汤适用量】
15~30克

【别　名】
制杜仲、北仲、厚杜仲、川杜仲、思仲、思仙

【功效主治】

杜仲具有降血压、补肝肾、强筋骨、安胎气等功效，可用于治疗腰脊酸疼，足膝痿弱，小便余沥，阴下湿痒，筋骨无力、妊娠漏血、胎漏欲堕、胎动不安、高血压等。其治疗肾虚阳痿，精冷不固，小便频数，常与鹿茸、山萸肉、菟丝子等同用，如十补丸。杜仲具有降血压、增加肝脏细胞活性、恢复肝脏功能、增强肠蠕动、防止老年记忆衰退、增强血液循环、促进新陈代谢、增强机体免疫力等药理作用，对高血压、高血脂、心血管病、肝病、腰及关节痛、肾虚、哮喘、便秘、老年综合征、脱发、肥胖均有显著疗效。

【食用宜忌及用法】

杜仲适宜高血压、高血脂、心脑血管疾病者；肾虚、体虚乏力者；失眠多梦，皮肤粗糙、暗淡者；体弱多病，腰膝酸软、免疫力低下者；习惯性流产妇女、小儿麻痹后遗症患者以及肾气不足者食用。但阴虚火旺者慎服杜仲，且不与蛇皮、玄参一起使用。杜仲可用来泡茶、泡酒，或在烹饪时作为辅料添加于菜品中。

【选购与保存】

杜仲以皮厚而大、糙皮刮净、外面黄棕色、里面黑褐色而光、折断时白丝多者为佳。皮薄、断面丝少或皮厚带粗皮者次之，保存须放置于干燥处，注意防潮、防霉变。

滋补药膳 杜仲巴戟天鹌鹑

·补肝肾+强筋骨·

主料〉

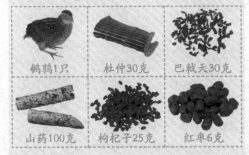

鹌鹑1只　　杜仲30克　　巴戟天30克

山药100克　枸杞子25克　红枣6克

辅料〉 生姜5片，盐8克，味精3克

制作〉

①鹌鹑去毛，洗净，去内脏，剁成块。②杜仲、巴戟天、枸杞子、山药、红枣洗净。③把全部用料放入锅内，加清水适量，大火煮沸后改小火煲3小时，加盐和味精调味即可。

适宜人群〉 肾阳亏虚引起的阳痿早泄、腰脊酸疼、精冷不育、小便余沥等患者，风寒湿痹、足膝痿弱、筋骨无力患者；妊娠漏血、胎漏欲堕、胎动不安患者；高血压患者。

不宜人群〉 阴虚火旺者。

滋补药膳 杜仲寄生鸡汤

·补肾安胎+强腰壮骨·

主料〉

炒杜仲30克　桑寄生25克　鸡腿150克

姜丝10克

辅料〉 盐5克

制作〉

①将鸡腿剁块，放入沸水中氽汤，捞出冲净；桑寄生洗净。②将鸡肉、炒杜仲、桑寄生、姜丝一道放入锅中，加水盖过材料。③以大火煮开，转小火续煮40分钟，加盐调味即可。

适宜人群〉 习惯性流产、先兆流产、胎动不安患者；肾阳亏虚引起的阳痿早泄、腰脊酸疼、精冷不育、小便冷清、遗尿等症患者，风寒湿痹、足膝痿弱、筋骨无力患者；老年综合征、脱发等患者。

不宜人群〉 阴虚火旺、少尿、尿黄者。

补骨脂 "补肾助阳的常用药"

补骨脂为豆科植物补骨脂的果实，广泛分布在地中海地区。它含挥发油、树脂、香豆精衍生物、黄酮类化合物（补骨脂甲素、补骨脂乙素等）等成分。补骨脂是常用的补肾助阳药。

【性味归经】
味辛、苦，性温。归肾、心包、脾、胃、肺经

【适合体质】
阳虚体质

【煲汤适用量】
6~15克

【别　　名】
骨脂、故子、故脂子、故之子

【功效主治】

补骨脂具有补肾助阳、纳气平喘、温脾止泻的功效。其主治肾阳不足、下元虚冷、腰膝冷痛、阳痿遗精、尿频、遗尿、肾不纳气、虚喘不止、脾肾两虚、大便久泻，外用可治白癜风、斑秃、银屑病等病症。其治肾虚阳痿，常与菟丝子、胡桃肉、沉香等同用，如补骨脂丸；治肾虚阳衰，风冷侵袭之腰膝冷痛等，与杜仲、胡桃肉同用；治疗肾虚滑精，可与补骨脂、青盐等份，同炒为末服用；治疗脾肾阳虚所致的五更泄泻，与肉豆蔻、生姜、大枣、五味子、山茱萸同用；治疗肾不纳气，虚寒喘咳，多配伍胡桃肉、蜂蜜同用。补骨脂可促进骨髓造血，增强免疫和内分泌功能，发挥抗衰老作用。

【食用宜忌及用法】

补骨脂适宜肾阳不足、下元虚冷、腰膝冷痛、银屑病等患者服用；阴虚火旺引起的眼红、遗精、尿血、大便干燥、小便短涩等症者不宜服用本品。单独食用补骨脂会刺激胃肠黏膜，引起腹痛、恶心、呕吐等症状。本品不可与寒凉性质的药材和食物共用。补骨脂一般煎汤内服，亦可或入丸、散。其外用：可用酒浸涂患处。

【选购与保存】

选购补骨脂时，以身干、颗粒饱满均匀、色黑褐、纯净无杂质者为佳，宜置于干燥处保存，防蛀、防霉。

滋补药膳 莲子补骨脂猪腰汤

·补肾固精+纳气平喘·

主料〉

补骨脂 15克	猪腰1个	莲子适量
芡实30克	姜适量	

辅料〉 盐2克

制作〉

①补骨脂、莲子、芡实分别洗净浸泡；猪腰剖开除去白色筋膜，加盐揉洗，以水冲净；姜洗净去皮切片。②将所有材料放入砂煲中，注入清水，大火煲沸后转小火煲煮2小时。③加入盐调味即可。

适宜人群 肾虚遗精早泄、腰膝冷痛、阳痿精冷、尿频、遗尿患者；肾不纳气、虚喘不止患者（如肺气肿、肺癌等肺虚患者）；脾肾两虚、大便久泻者。

不宜人群 阴虚火旺、肠燥便秘者。

滋补药膳 补骨脂肉豆蔻猪肚汤

·补肾助阳+健脾止泻·

主料〉

猪肚300克	补骨脂适量	肉豆蔻10克
莲子10克		

辅料〉胡椒、姜、葱、盐、味精各适量

制作〉

①猪肚洗净切片；葱择洗干净，切段；姜去皮，切片；莲子洗净、泡发，补骨脂、肉豆蔻洗净，煎汁备用。②锅中注水烧开，放入猪肚片煮至八成熟，捞出沥水。③锅中注入适量水，放入猪肚、莲子、胡椒、姜片，加入药汁煲至猪肚熟烂，调入盐、味精，撒上葱段即成。

适宜人群 肾阳不足、下元虚冷、腰膝冷痛、阳痿遗精、尿频、遗尿；肾阳亏虚型胎动不安；脾肾两虚、大便久泻者。

不宜人群 阴虚火旺、肠燥便秘者。

益智仁 "温脾暖肾、固气涩精"

益智仁为姜科植物益智的干燥成熟果实。其主产于海南岛山区，此外广东雷州半岛、广西等地亦产。它含挥发油、益智仁酮、维生素B₁、维生素B₂、维生素C、维生素E及多种氨基酸、脂肪酸等。益智仁是温脾暖肾、固气涩精的好帮手。

【性味归经】
味辛，性温。归脾、肾经

【适合体质】
阳虚体质

【煲汤适用量】
6~12克

【别　　名】
益智子、摘艼子

【功效主治】

益智仁具有温脾、暖肾、固气、涩精的功效。其主治脾肾虚寒、腹痛腹泻或肾气虚寒小便频数、遗尿、遗精、白浊或脾胃虚寒所致的慢性泄泻及口中唾液外流而不能控制者。其常与乌药、山药等同用，治疗梦遗，如三仙丸；以益智仁、乌药等分为末，山药糊丸，可治下焦虚寒，小便频数，如缩泉丸；治疗脾胃虚寒，腹痛吐泻及口涎自流，常配伍党参、黄芪、白术等健脾药同用；治疗脘腹冷痛，呕吐泄利等症，常配川乌、干姜、青皮等同用。益智仁含有挥发油、黄酮类、多糖等成分，有延缓衰老、健胃、减少唾液分泌的作用。

【食用宜忌及用法】

益智仁适宜脾虚多涎者，肾虚遗尿、尿频者，脾肾虚寒、五更泄泻者服用。益智仁伤阴助火，阴虚火旺者忌用，尿色黄赤且尿道疼痛、尿频者均不宜食用。脾胃湿热引起的口涎自流、唇赤、口苦、苔黄等症，不可用辛温的益智仁。益智仁一般煎汤服用，亦可入丸、散。

【选购与保存】

益智仁以颗粒大、均匀、饱满、色红棕、无杂质者为佳。其应置阴凉干燥处保存，防霉、防蛀。

滋补药膳 益智仁鸡汤

滋补药膳 益智仁山药鲫鱼汤

·益智补脑+固肾涩精·

·温脾暖肾+益气止涩·

主料 〉

鸡翅200克	益智仁10克	五味子10克
枸杞子15克	龙眼肉10克	竹荪5克

主料 〉

益智仁10克	山药30克	鲫鱼1条
米酒10克		

辅料 〉 盐适量

辅料 〉 姜、葱、盐各适量

制作 〉

①先将材料分别洗净，益智仁、五味子用纱布包起、扎紧备用。②鸡翅剁小块；竹荪泡软，挑除杂质，洗净后切段；锅置火上，注水烧沸，放入纱布袋、鸡翅、枸杞子、龙眼肉、竹荪，炖至鸡肉熟烂，放入竹荪，煮约10分钟，加盐调味即可。

适宜人群 脾肾虚寒、腹痛腹泻或肾气虚寒小便频数、遗尿、遗精患者；脾胃虚寒所致的慢性泄泻及口中唾液分泌过旺者；记忆力衰退者；失眠者；盗汗者；脾胃气虚、营养不良者。

不宜人群 感冒患者、阴虚火旺者。

制作 〉

①将鲫鱼去除鳞、内脏，清理干净，切块；姜洗净、切片，葱洗净，切丝。②把益智仁、山药、鲫鱼、姜片放入锅中，加水煮至沸腾，然后转为文火熬煮大约30分钟。③待鱼熟后再加入盐、米酒，并撒上葱丝即可。

适宜人群 脾胃虚弱腹泻、食欲不振者；小儿流涎、遗尿患者；老年人尿频、尿急者；老年痴呆患者。

不宜人群 阴虚火旺者；湿热内蕴者。

巴戟天

"不凋草"

巴戟天为中草药，为双子叶植物茜草科巴戟天的干燥根，有"不调草"之称。其主产于广东、广西等地。它含有苷类、单糖、多糖、氨基酸，及大量的钾、钙、镁等元素，有提高免疫力、增强抗应激能力，并能抗炎、升高白细胞。

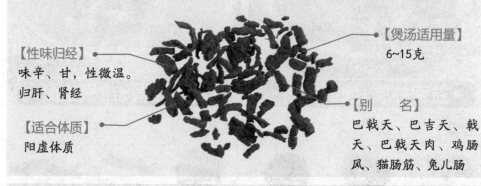

【性味归经】

味辛、甘，性微温。
归肝、肾经

【适合体质】

阳虚体质

【煲汤适用量】

6~15克

【别　　名】

巴戟天、巴吉天、戟天、巴戟天肉、鸡肠风、猫肠筋、兔儿肠

【功效主治】

巴戟天具有补肾助阳、祛风除湿、强筋壮骨的功效。其主治肾虚阳痿、遗精早泄、小腹冷痛、小便不禁、月经不调、宫冷不孕、风寒湿痹、腰膝酸软、风湿肢盆骨萎软等症。其常与肉苁蓉、杜仲、菟丝子等同用，治肾虚骨痿、腰膝酸软。巴戟天提取物及其单体化合物具有抗抑郁作用，而且毒副作用小，耐受性好。巴戟天素可明显改善衰老，增强记忆力，研究发现，本品还可延缓脑组织衰老，降低脑组织中的脂褐素水平，提高大脑对缺氧的耐受能力，对缺氧所致的损伤有显著的保护作用，对血管性痴呆症有很好的疗效。巴戟天具有类肾上腺皮质激素样作用，并可调节机体免疫能力。

【食用宜忌及用法】

巴戟天适宜身体虚弱、精力差、免疫力低下、易生病者食用。火旺泄精、阴虚水乏、小便不利、口舌干燥者不宜食用巴戟天。巴戟天一般煎汤服用，或入丸、散；亦可浸酒或熬膏。

【选购与保存】

巴戟天以条粗壮、连珠状、肉厚、色紫、质软、内芯细者为佳。其贮藏时要避免受潮发霉，如有发霉，不可用水洗，宜放阳光下晒后，用毛刷刷掉发霉部分。夏天应经常检查和翻晒本品。

滋补药膳 塘虱巴戟天汤

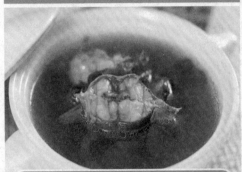

·补肾健脾+祛风除湿·

主料 >

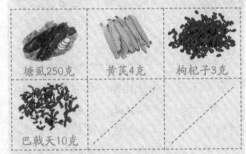

塘虱250克　黄芪4克　枸杞子3克

巴戟天10克

辅料 > 盐4克，味精2克

制作 >

①塘虱宰杀洗净；黄芪、枸杞子、巴戟天泡发洗净。②将所有材料装入煲内，加适量清水。③以大火煲半小时，待熟后，调入味即可。

适宜人群 肾虚阳痿遗精、腰膝酸软、宫寒不孕患者；食欲不振、风湿痹痛、筋骨痿软、畏寒肢冷等患者；阳虚水肿者；身体虚弱、免疫力低下、易生病者。

不宜人群 阴虚燥热者；小便不利、口舌干燥、肠燥便秘者。

滋补药膳 巴戟天黑豆汤

·补肾助阳+祛风除湿·

主料 >

巴戟天15克　胡椒15克　黑豆100克

鸡腿150克

辅料 > 盐5克

制作 >

①将鸡腿剁块，放入沸水中氽烫，捞起冲净；巴戟天、胡椒洗净。②将黑豆淘净，和鸡腿、巴戟天、胡椒一道盛入锅中，加水盖过材料。③以大火煮开，转小火续炖40分钟，加盐调味即可。

适宜人群 肾阳亏虚引起的阳痿早泄、遗精、性欲冷淡、腰膝酸软、畏寒肢冷的患者；风湿痹痛、筋骨挛急、半身不遂、四肢麻木的患者。

不宜人群 阴虚燥热者。

淫羊藿 "补肾壮阳、祛风除湿"

淫羊藿为小檗科多年生草本淫羊藿、心叶淫羊藿或箭叶淫羊藿的茎叶，主产于陕西、辽宁、山西、湖北、四川、广西等地。淫羊藿提取物主要成分为淫羊藿苷、去氧甲基淫羊藿苷、葡萄糖、果糖以及挥发油、生物碱、维生素E及微量元素锰等。

【煲汤适用量】

3~9克

【性味归经】

味辛、甘，性温。归肝、肾经

【别　名】

刚前、仙灵脾、仙灵毗、黄连祖、放杖草、弃杖草

【适合体质】

阳虚体质

【功效主治】

本品酸，微温，质润，其性温而不燥，补而不峻，补益肝肾，既能益精，又可助阳，为平补阴阳之要药。淫羊藿具有补肾壮阳、祛风除湿、强筋键骨的功效，主治阳痿、遗精早泄、精冷不育、尿频失禁、肾虚喘咳、腰膝酸软、筋骨挛急、风湿痹痛、半身不遂、四肢不仁等。淫羊藿治肝肾阴虚，头晕目眩、腰酸耳鸣者，常与熟地黄，山药等配伍，如六味地黄丸；治命门火衰，腰膝冷痛，小便不利者，常与肉桂、附子等同用，如肾气丸；治肾阳虚阳痿者，多与鹿茸、补骨脂、巴戟天等配伍，以补肾助阳。淫羊藿在临床上主要还可用于骨关节、呼吸系统疾病。

【食用宜忌及用法】

淫羊藿适宜阳痿、宫冷不孕、阳虚性高血压、更年期综合征人群食用。淫羊藿配伍咸灵仙、苍耳子、川芎，可治关节疼痛。淫羊藿煎汤漱口，可治牙痛。取淫羊藿加矮地茶煎汤服用，可治慢性支气管炎，其祛痰镇咳作用比较明显。取淫羊藿与黄芪、党参、附子、细辛、麻黄等煎煮同用，可治病态窦房结综合征和房室传导阻滞。有口干、手足心发热、潮热、盗汗等症状，属中医学阴虚相火易动者，不宜服用淫羊藿。

【选购与保存】

淫羊藿应置阴凉干燥处密封保存，防潮、防蛀。

滋补药膳 巴戟天淫羊藿鸡汤

·补肾壮阳+强筋壮骨·

主料〉

巴戟天9克	淫羊藿9克	红枣8个
鸡腿1只		

辅料〉 料酒5克，盐2小匙

制作〉

①鸡腿剁块，放入沸水中氽烫，捞起冲净；巴戟天、淫羊藿、红枣洗净备用。
②鸡肉、巴戟天、淫羊藿、红枣一起盛入煲中，加7碗水以大火煮开，加入料酒，转小火续炖30分钟。③最后加盐调味即可。

适宜人群 肾阳亏虚引起的早泄、阳痿、遗精、性欲冷淡、腰膝酸软、畏寒肢冷的患者；风湿痹痛、筋骨挛急、半身不遂、四肢麻木的患者；更年期者。

不宜人群 阴虚火旺者。

滋补药膳 淫羊藿松茸炖老鸽

·补虚壮阳+降低血压·

主料〉

淫羊藿8克	松茸10克	老鸽500克
枸杞子20克		

辅料〉 盐适量

制作〉

①松茸洗净，用水泡开；老鸽收拾干净，用盐稍腌一下；枸杞子洗净；淫羊藿洗净，装入纱布袋中抓紧袋口备用。
②置锅于火上，将所有材料放入砂锅中，加入适量清水，大火煮开，转小火炖煮2小时，最后捡去淫羊藿，加入盐调味即可。

适宜人群 阳虚型高血压患者；肾虚阳痿、遗精、早泄、尿频、遗尿、性欲冷淡、腰膝酸软、畏寒肢冷者。

不宜人群 阴虚火旺者、感冒患者、内火炽盛者。

桑寄生 "有补益作用的祛风湿药"

桑寄生为桑寄生科植物桑寄生、四川寄生、红花寄生等的干燥带叶茎枝。其主产于河北、辽宁、吉林、安徽、内蒙古、湖南、浙江、河南等地。

【性味归经】
性平、味苦。入肝经、肾经

【适合体质】
阳虚体质

【煲汤适用量】
10~15克

【别　　名】
广寄生、桑上寄生、寄生草、寄生树、冰粉树

【功效主治】

桑寄生具有补肝肾、强筋骨、除风湿、通经络、益血、安胎的功效。其主治腰膝酸痛、筋骨痿弱、偏枯、脚气、风寒湿痹、胎漏血崩、产后乳汁不下等症。其还可治疗风湿痹痛，适用于风湿性关节炎，风湿性心肌炎而有腰膝酸软、痛痹和其他血虚表现者，取其有舒筋活络、镇痛的作用。其治妊娠胎动不安，先兆性流产或腰背疼痛效果较好。其治疗小儿麻痹症，与淫羊藿配合效果较好。

【食用宜忌及用法】

桑寄生对风湿痹痛、肝肾不足、腰膝酸痛最为适宜，常与独活、牛膝等配伍应用。其对老人体虚、妇女经多带下而肝肾不足、腰膝疼痛、筋骨无力者亦可与杜仲、续断等配伍应用。其用于肝肾虚亏、冲任不固所致的胎漏下血、胎动不安，常与续断、菟丝子、阿胶等配伍。此外，该品又有降压作用，近年来临床上常用于治疗高血压。桑寄生一般煎汤服用，或入丸、散；浸酒或捣汁饮；亦可外用：取适量捣敷。加工时可将桑寄生与酒、水拌匀润透，再以小火微炒晾干即成，能增强祛风除湿、通经活络的作用。

【选购与保存】

桑寄生以外皮棕褐色、条匀、叶多、附有桑树干皮，嚼之发黏者为佳。其保存时置干燥通风处，防蛀。

滋补药膳 桑寄生鸡蛋美颜汤

·补肾通络+美容养颜·

主料〉

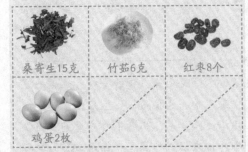

桑寄生15克	竹茹6克	红枣8个
鸡蛋2枚		

辅料〉冰糖适量

制作〉

①桑寄生、竹茹分别洗净；红枣洗净，去核备用。②将鸡蛋用水煮熟（约10分钟），去壳备用。③药材、红枣加水以小火煲约90分钟，加入鸡蛋，再加入冰糖煮沸即可。

适宜人群〉爱美女士、皮肤暗黄粗糙者、风湿痹痛患者、肾虚胎动不安者、产后乳汁不下者。

不宜人群〉脾胃虚寒者。

滋补药膳 桑寄生连翘鸡爪汤

·祛风通络+强筋壮骨·

主料〉

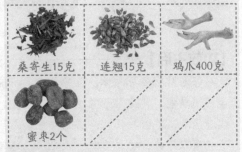

桑寄生15克	连翘15克	鸡爪400克
蜜枣2个		

辅料〉盐适量

制作〉

①桑寄生、连翘、蜜枣洗净。②鸡爪洗净，去爪甲，斩件，飞水。③将清水1600克放入瓦煲内，煮沸后加入桑寄生、连翘、鸡爪、蜜枣，大火煲沸后改用小火煲2小时，加盐调味即可。

适宜人群〉风湿性关节炎、肩周炎等风寒湿痹患者；小儿麻痹患者；肾虚腰膝酸痛、筋骨痿弱无力者；高血压患者。

不宜人群〉脾胃虚弱，气虚发热，痈疽已溃、脓稀色淡者忌服。

海马

"强身健体之佳品"

海马为海龙科动物线纹海马、刺海马、大海马、三斑海马或小海马的干燥体，产自广东、福建、台湾等地。它含氨基酸及蛋白质、脂肪酸、甾体和无机元素。三斑海马含硬脂酸、胆固醇、胆固二醇等成分。线纹海马和刺海马尚含乙酰胆碱脂酶、胆碱脂酶、蛋白酶。海马药用价值很高，为珍贵的中药材。

【性味归经】
味甘、咸，性温。
归肾、肝经

【适合体质】
阳虚体质

【煲汤适用量】
3～10克

【别　名】
马头鱼、水马、海蛆

【功效主治】

海马具有强身健体、补肾壮阳、舒筋活络、消炎止痛、镇静安神、止咳平喘等药用功能。其适用于肾虚阳痿、精少，宫寒不孕，腰膝酸软，尿频；肾气虚，喘息短气；跌打损伤，血瘀作痛等。本品用治肾阳亏虚，阳痿不举，肾关不固，遗精遗尿等症，常与鹿茸、人参、熟地黄等配伍应用，如海马保肾丸。海马具有兴奋强壮的作用，不仅能催性欲，治阳痿不举、女子宫冷不孕，而且对老年人及衰弱者的精神衰惫有转弱为强、振奋精神的功效。对于妇女临产阵缩微弱者，有增强阵缩而催生之效。其特别是治顽疽恶疮、死肌萎缩，收效最好。若治疗夜尿频繁，可与鱼鳔、枸杞子、红枣等同用，如海马汤。

【食用宜忌及用法】

海马适宜肾虚作喘、跌打损伤者服用。阴虚有热者不宜服用海马。海马可煎汤服用，亦可研末用温水送服，浸酒、入菜肴亦可。海马宜与虾仁配伍，能增强海马的补肾壮阳之功。

【选购与保存】

选购海马以体大、坚实、头尾齐全的海马为佳。放于密闭的容器内，置干燥处保存。

滋补药膳 海马党参枸杞子炖乳鸽

·补肾壮阳+强身健体·

主料

乳鸽1只　海马适量　党参适量

枸杞子适量

辅料 盐少许

制作

①乳鸽收拾干净；海马洗净；党参、枸杞子洗净，入水稍泡。②锅入水烧开，将乳鸽放入，滚尽血渍，捞起洗净。③将党参、枸杞子、海马、乳鸽放入炖盅，注水后大火烧沸，改小火煲煮3小时，加盐调味即可。

适宜人群 肾气亏虚阳痿不举、遗精早泄、精冷不育者；女子性欲低下、宫冷不孕患者；精神疲惫难产者；肺肾气虚咳喘者。

不宜人群 阴虚火旺者、感冒未清者。

滋补药膳 海马炖甲鱼

·祛风除湿+通经活络·

主料

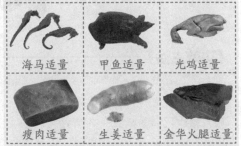

海马适量　甲鱼适量　光鸡适量

瘦肉适量　生姜适量　金华火腿适量

辅料 鲜土茯苓、龙眼肉、味精、盐、鸡精、浓缩鸡汁、花雕酒各适量

制作

①海马用瓦煲煽过；甲鱼剥洗干净；光鸡、瘦肉洗净斩件；金华火腿切成粒。②将所有材料氽水去净血污，加入其它原材料，然后装入炖盅炖4个小时。③将炖好的汤加入所有调味料即可。

适宜人群 肾虚阳痿、精少患者；宫寒不孕、腰膝酸软、尿频等患者；喘息短气者；风湿性关节炎患者；跌打损伤、血瘀作痛等患者。

不宜人群 阴虚火旺者、感冒未清者。

肉苁蓉

"沙漠人参"

肉苁蓉含有丰富的生物碱、结晶性的中性物质、氨基酸、微量元素、维生素等成分。肉苁蓉属列当科濒危种，是一种寄生在梭梭、红柳根部的寄生植物，对土壤、水分要求不高。其分布于内蒙古、宁夏、甘肃和新疆，素有"沙漠人参"之美誉，具有极高的药用价值，是我国传统的名贵中药材。

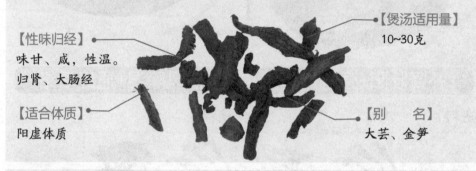

【性味归经】
味甘、咸，性温。
归肾、大肠经

【适合体质】
阳虚体质

【煲汤适用量】
10~30克

【别　　名】
大芸、金笋

【功效主治】

肉苁蓉具有补肾阳、益精血、润肠通便的功效。其主治肾阳虚衰、精血亏损、阳痿、遗精、腰膝冷痛、耳鸣目花、带浊、尿频、月经不调、崩漏、不孕不育、肠燥便秘等病症。其治疗肾阳亏虚，精血不足之阳痿早泄、宫冷不孕、腰膝酸痛、痿软无力、阳痿不起、小便余沥等，常配伍菟丝子、川断、杜仲同用，如肉苁蓉丸；治疗肠燥津枯便秘，常与沉香、麻子仁同用；治肾气虚弱，大便不通，小便清长，腰酸背冷，与当归、牛膝、泽泻等同用。此外，肉苁蓉有激活肾上腺释放皮质激素的作用，可增强下丘脑——垂体——卵巢的促黄体功能，提高垂体对促黄体生成素释放激素的反应性及卵巢对促黄体生成素的反应性，而不影响自然生殖周期的内分泌平衡。

【食用宜忌及用法】

肉苁蓉适宜月经不调者，不孕、四肢不温及高血压患者食用。阴虚火旺及大便泄泻者、相火偏旺、胃弱便溏、实热便结者禁服本品。肉苁蓉宜与羊肉同食，能补肾壮阳、益精；也宜与猪腰同食，能补肾益精、延年益寿。肉苁蓉可煎汤，煎膏，浸酒，煮粥等。

【选购与保存】

选购肉苁蓉以条粗壮、色棕褐、质柔润的为佳。放置通风干燥处保存，防霉、防蛀。

滋补药膳 肉苁蓉黄精骶骨汤

·补肾壮阳+强腰壮骨·

主料〉

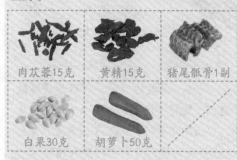

肉苁蓉15克	黄精15克	猪尾骶骨1副
白果30克	胡萝卜50克	

辅料〉 盐5克

制作〉

①将猪尾骶骨放入沸水中汆烫，捞起，冲净后盛入煮锅。②白果洗净；胡萝卜削皮，洗净，切块，和肉苁蓉、黄精一道放入煮锅，加水至盖过材料。③以大火煮开，转小火续煮30分钟，加入白果再煮5分钟，加盐调味即可。

适宜人群 肾虚遗精、阳痿、腰膝酸痛的患者；耳鸣目花、尿频遗尿、宫寒不孕、精冷不育、阳虚肠燥便秘等患者；高血压患者；骨质疏松者。

不宜人群 阴虚火旺者、腹泻者、消化不良患者。

滋补药膳 肉苁蓉莲子羊骨汤

·补肾固精+温经散寒·

主料〉

羊骨400克	肉苁蓉20克	莲子20克
芡实20克		

辅料〉 盐6克，鸡精4克

制作〉

①羊骨洗净，切件，汆水；肉苁蓉洗净，切块；莲子洗净，去莲子心；芡实洗净。②将羊骨、肉苁蓉、莲子、芡实放入炖盅。③锅中注水，烧沸后放入炖盅以小火炖2小时，调入盐、鸡精即可食用。

适宜人群 肾虚遗精早泄、腰膝酸痛、耳鸣目花、畏寒怕冷、痛经、宫寒不孕、精冷不育、阳虚肠燥便秘等患者；骨质疏松者。

不宜人群 阴虚火旺者、消化不良患者。

菟丝子 "滋补肝肾、固精缩尿"

中药菟丝子为双子叶植物药旋花科植物菟丝子、南方菟丝子、金灯藤等的种子，产于连云港、邱县、铜山、宝应、南京、吴江等地，它含生物碱、蒽醌、香豆素、黄酮、苷类、甾醇、鞣酸、糖类等成分。

【性味归经】
味辛、甘，性微温。
归肝、肾、脾经

【适合体质】
阳虚体质

【煲汤适用量】
5~10克

【别　名】
豆寄生、无根草、黄丝

【功效主治】

菟丝子具有滋补肝肾、固精缩尿、安胎、明目、止泻的功效，可用于腰膝酸软、目昏耳鸣、肾虚胎漏、胎动不安、脾肾虚泻、遗精、消渴、尿有余沥、目暗等症。菟丝子与枸杞子、覆盆子、车前子同用，可治阳痿遗精，如五子衍宗丸。菟丝子外用可治白癜风。菟丝子能明显增强红细胞免疫功能，可明显提高人精子体外活动功能，并能明显促进睾丸及附睾的发育，具有促性腺激素样作用，还可以有效调节卵巢内分泌的功能。菟丝子黄酮可有效增加冠脉血流量、减少冠脉阻力，改善心肌缺血，可防治冠心病。此外，菟丝子还有抗衰老、保肝明目的作用，对白内障具有延缓病情发展和治疗作用，并能抑制晶状体中的脂类过氧化。

【食用宜忌及用法】

菟丝子适宜阳痿、遗精者服用；脾虚火旺、阳强不萎及大便燥结者不宜服用。菟丝子可煎汤服用；或入丸、散；外用：可取适量炒研调敷。菟丝子适宜与红糖同食，可用于早泄、精液量不足、腰膝酸软等病症；也宜与粳米同食，可补虚损、益脾胃。

【选购与保存】

菟丝子以粒大、表面棕色、质硬、气微、味淡者为佳。其应置于通风干燥处保存，防蛀、防霉。

五子鸡杂汤
滋补药膳

·补肾固精+缩尿止遗·

主料〉

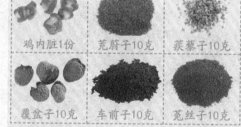

鸡内脏1份　　菟蔚子10克　　蕤藜子10克

覆盆子10克　　车前子10克　　菟丝子10克

辅料〉 棉布袋1只，姜1块，葱1根，盐6克

制作〉

①鸡内脏收拾干净，均切片。②姜洗净，切丝；葱去根须，洗净，切丝。③将所有药材洗净，放入棉布袋装妥扎紧，放入煮锅，加4碗水以大火煮沸，转小火续煮20分钟。④捞弃棉布袋，转至中小火，放入鸡内脏、姜丝、葱丝等，待汤一滚，加盐调味即成。

适宜人群〉 肾虚遗精早泄、阳痿；尿频遗尿；腰膝酸软、性欲冷淡的患者。

不宜人群〉 脾虚火旺、阳强不萎及大便燥结者不宜服用。

菟杞红枣炖鹌鹑
滋补药膳

·补肾安胎+益气养血·

主料〉

鹌鹑2只　　菟丝子　　枸杞子各10克

红枣7个

辅料〉 绍酒2茶匙，盐、味精各适量

制作〉

①鹌鹑洗净，斩件，汆水去其血污。②菟丝子、枸杞子、红枣用温水浸透。③将以上用料连同1碗半沸水倒进炖盅，加入绍酒，盖上盅盖，隔水先用大火炖30分钟，后用小火炖1小时，用盐、味精调味即可。

适宜人群〉 肾虚胎动不安者；阳痿、早泄患者；腰膝酸软者；贫血者；更年期综合征患者。

不宜人群〉 脾虚火旺、阳强不萎及大便燥结者不宜服用。

第五章

解表利湿汤

解表祛湿汤分为解表汤和利水渗湿汤。

解表药是指解表、发汗，用以发散表邪、解除表证的药物，主要治疗外感表证（感冒）。根据解表药的药性和主治差异，一般将其分为发散风寒药和发散风热药两类。发散风寒药如生姜、紫苏、细辛等适用于风寒感冒。发散风热药如桑叶、葛根、柴胡等适用于风热感冒。解表药多属辛散轻扬之品，不宜久煎，以免有效成份挥发而降低疗效，对解表药发汗力较强的药物应控制用量，中病即止，以免发汗太过。

凡能通利水道，渗湿利水，以治疗水湿内停为主要作用的药物，称为利水渗湿药。本类药味多甘淡，性寒凉或平，多入膀胱、脾及小肠经，具有利水消肿、利尿通淋、利胆退黄等作用，主要用于小便不利、水肿、泄泻、痰饮、淋证、黄疸、湿疮、带下等水湿所致的各种病症，临床上常用来治疗急、慢性肾炎，肾结石，尿路感染，膀胱炎，肝炎，肝硬化腹水，妊娠水肿等病。此外本类药物渗利，易耗伤津液，因此阴虚津亏者应慎用。

生姜 "温中祛寒之常备良药"

生姜为姜科植物姜的干燥根茎。其主产四川、广东、广西、湖北、贵州、福建等地。它含蛋白质、糖类、粗纤维、胡萝卜素、维生素、钙、磷、铁等成分，还有挥发油、姜辣素、天门冬素、谷氨酸、丝氨酸、甘氨酸等成分。生姜是祛除风寒的常备良药，也是止呕圣药。

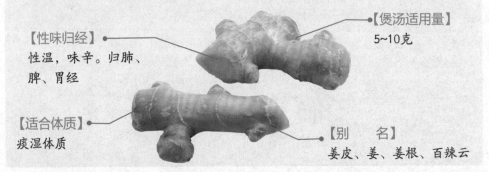

【性味归经】
性温，味辛。归肺、脾、胃经

【适合体质】
痰湿体质

【煲汤适用量】
5~10克

【别　名】
姜皮、姜、姜根、百辣云

【功效主治】

生姜为芳香性辛辣健胃药，有开胃止呕、化痰止咳、发汗解表等作用，特别对于鱼蟹毒，半夏、天南星等药物中毒有解毒作用。其适用于外感风寒、头痛、痰饮、咳嗽、胃寒呕吐；在遭受冰雪、水湿、寒冷侵袭后，急以姜汤饮之，可增进血行，驱散寒邪。

【食用宜忌及用法】

生姜适宜体质偏寒者、胃寒者、食欲不振者以及风寒感冒者食用；凡属阴虚火旺、目赤内热者，或患有痈肿疮疖、肺炎、肺脓肿、肺结核、胃溃疡、胆囊炎、肾盂肾炎、糖尿病、痔疮者，都不宜长期食用生姜。腐烂的生姜中含有毒物质黄樟素，其对肝脏有剧毒，所以腐烂的生姜决不能食用。生姜可煎汤服用或捣汁冲服。

【选购与保存】

生姜以表面黄褐色或灰棕色，有环节，质脆，易折断，断面浅黄色，气香，辛辣者为佳。购买的生姜一时吃不了，时间久了很容易干瘪或者烂掉，可以找一个带盖子的大口瓶子，在瓶底上铺一块潮湿的软布，然后把生姜放在软布上，盖上瓶盖即可，随用随取。或者在花盆的底部垫一层半湿的沙子，上面放一层鲜姜，再用沙子埋好，经常往沙子上面洒点水，使沙子保持潮湿，这样生姜可保鲜半年以上。注意沙子不要太干，不然生姜会干瘪，也不可太湿，否则容易发芽。

滋补药膳 生姜肉桂炖猪肚

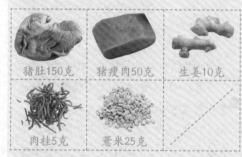

·温胃散寒+健脾益气·

主料 〉

猪肚150克	猪瘦肉50克	生姜10克
肉桂5克	薏米25克	

辅料 〉 盐3克

制作 〉

①猪肚里外反复洗净，飞水后切成长条；猪瘦肉洗净后切成块。②生姜去皮，洗净，用刀将姜拍烂；肉桂浸透洗净，刮去粗皮；薏米淘洗干净。③将以上用料放入炖盅，加清水适量，隔水炖2小时，调入调味料即可。

适宜人群 〉 脾胃虚寒呕吐者、畏寒怕冷者、冻疮患者、内脏下垂者。

不宜人群 〉 阴虚燥热者、热性病症患者。

滋补药膳 海带姜汤

·降压降糖+消肿散结·

主料 〉

海带1条	姜5片	夏枯草10克
白芷10克		

辅料 〉 盐适量

制作 〉

①海带泡发，洗净后切段，夏枯草、白芷洗净，煎取药汁备用；②将海带、生姜、药汁一起放入锅中，置大火上烧开。③开后小火再煮60分钟，滤渣，宜温热饮用，勿喝冷汤，剩余海带，可留待日后食用。

适宜人群 〉 痛风患者、缺碘性甲状腺肿大患者、食欲不振者、高血压患者、糖尿病患者、体虚易感冒者。

不宜人群 〉 阴虚燥热患者、肾功能不全者。

藿香

"治疗夏令暑湿的常用药"

藿香为唇形科植物广藿香和藿香的地上部分。它含挥发油，油中主要成分为广藿香醇，其他成分则为苯甲醛、丁香油酚、桂皮醛等。

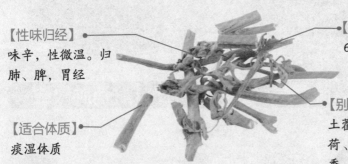

【性味归经】
味辛，性微温。归肺、脾，胃经

【适合体质】
痰湿体质

【煲汤适用量】
6~10克

【别　　名】
土藿香，排香草、大叶薄荷、兔娄婆香、猫尾巴香、山茴香、水麻叶

【功效主治】

藿香属于芳香化湿的药材，故有化湿、解暑、止呕的功能。其气味芳香，可善行胃气，和五脏，促进饮食，并有醒脾开胃之功效。治疗暑月外感风寒，内伤生冷而致恶寒发热，头痛脘闷，呕恶吐泻的暑湿证者，配紫苏、厚朴、半夏等同用，如藿香正气散。另外，其气辛能通利九窍，阻止外邪内侵，有主持正气之力，加上体轻性温，专养肺胃。其可治伤寒头痛、寒热、咳嗽、心腹冷痛、反胃呕恶、霍乱、脏腑虚鸣、遍身虚肿、口臭、口腔溃疡，还有产前及小儿疳伤，对霍乱虐疾等也有很好的防治作用；且有抗菌作用，可外用治冷露疮烂和刀伤流血。

【食用宜忌及用法】

藿香适宜外感风寒、内伤湿滞、头痛昏重、呕吐腹泻者，胃肠型感冒患者，中暑、晕车、晕船者，消化不良致腹胀、腹泻、腹痛以及宿醉未醒者食用。阴虚火旺、胃弱欲呕及胃热作呕者不宜食用本品。其煎服，不宜久煎。藿香的茎有耗气的作用，使用时应注意。藿香可煎汤服用；或入丸、散；外用：可取适量煎水洗；或研末搽。

【选购与保存】

藿香以茎叶粗壮、坚实，断面呈绿色，叶厚、柔软，香气浓郁，味微苦者为佳。其须置于通风干燥处保存，以防受潮霉变。

滋补药膳 藿香鲫鱼

·健脾化湿+止泻止呕·

主料〉

藿香8克	鲫鱼1条	砂仁6克
生姜片6克		

辅料〉料酒、酱油、盐各适量

制作〉

①鲫鱼宰杀剖好；藿香洗净。②将鲫鱼、生姜片、砂仁和藿香一块放入蒸锅内，调入适量料酒、酱油、盐。③加适量水蒸熟即可。

适宜人群 脾虚湿滞、呕吐腹泻者；中暑、晕车、晕船患者，消化不良致腹胀、腹泻、腹痛者；妊娠呕吐、胎动不安者；小儿疳积患者；寒湿型痢疾患者。

不宜人群 阴虚火旺及胃热作呕者不宜食用。

滋补药膳 藿香金针菇牛肉丸

·化湿健脾+预防感冒·

主料〉

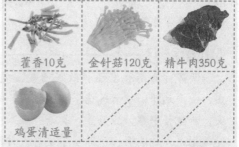

藿香10克	金针菇120克	精牛肉350克
鸡蛋清适量		

辅料〉高汤适量，盐、味精、香菜各2克，酱油3克，葱末、姜末各5克

制作〉

①将藿香用纱布包起，扎紧备用；精牛肉剁成泥，加盐、味精、酱油、葱末、姜末、鸡蛋清搅匀制成丸子；金针菇洗净。②净锅上火，倒入高汤，下入藿香药包煎煮10分钟后捞起丢弃，再下入丸子余熟，再下入金针菇煲至熟，加盐调味，撒入香菜即可。

适宜人群 体虚易感冒者；夏季食欲不振者；消化不良腹胀、腹泻、腹痛者；宿醉未醒者。

不宜人群 胃弱欲呕及胃热作呕者不宜食用。

紫苏

"用于治疗胃肠性感冒"

紫苏为唇形科植物紫苏的叶，于夏季枝叶茂盛时采收。它含挥发油，而油中被鉴定出有45种成分，主要成分为紫苏醛、16种烷酸和紫苏醇等。紫苏常用于治疗肠胃性感冒。

【煲汤适用量】
5~10克

【性味归经】
味辛，性温。归肺、脾经

【适合体质】
阳虚体质、气郁体质和痰湿体质

【别　名】
紫苏叶、紫苏梗、苏叶、赤苏、香苏

【功效主治】

紫苏叶有解表发汗、散寒理气、调和营卫的功效，主治外感风寒，恶寒发热，头痛无汗，咳嗽气喘，脘腹胀闷，呕恶腹泻，咽中梗阻，妊娠恶阻，胎动不安，食鱼蟹中毒，痈疮等。其治疗风寒感冒常配荆芥、防风、生姜等同用；对于胎气上逆，胸闷呕吐，胎动不安者，常用紫苏与砂仁、陈皮等理气安胎药配伍同用。紫苏叶具有一定的解热作用，还有良好的抗菌作用，能抑制葡萄球菌的生长。紫苏中富含紫苏油，紫苏油中所含的紫苏醛可使血糖上升。此外紫苏还有促进胃液分泌，增强胃肠蠕动的功能，还能祛痰，减少支气管的分泌物，并有一定的利尿作用。

【食用宜忌及用法】

紫苏适宜风寒感冒、咳嗽、气喘、胸闷不舒、食欲不振者食用；病属阴虚，因发寒热或恶寒及头痛者忌服。紫苏叶可煎汤服用，但不宜久煎。紫苏叶可以用粗盐来腌制成咸菜，日常食用，风味独特，还可起到预防感冒的作用。紫苏叶还可做菜肴，如紫苏鸭。

【选购与保存】

紫苏以叶大、色紫、不碎、香气浓、无枝梗者为佳。其应放于阴凉干燥处密封保存，以防香气散失。

滋补药膳 紫苏砂仁鲫鱼汤

·温胃化湿+止呕安胎·

主料 >

| 紫苏10克 | 砂仁10克 | 枸杞子叶500克 |
| 鲫鱼1条 | | |

辅料 > 橘皮、姜片、盐、味精、麻油各适量

制作 >

①紫苏、枸杞子叶洗净切段；鲫鱼收拾干净；砂仁洗净，装入棉布袋中。②将所有材料和药袋一同放入锅中，加水煮熟。③去药袋，加味精，淋麻油即可。

适宜人群 > 脾胃虚寒引起的呕吐、腹泻、食积腹胀等症；妊娠呕吐、妊娠胎动不安、妊娠水肿等妊娠病患者；虚寒性胃痛患者。

不宜人群 > 阴虚火旺者、肠燥便秘患者。

滋补药膳 紫苏苋菜笔管鱼汤

·益气补血+温胃散寒·

主料 >

| 笔管鱼120克 | 苋菜80克 | 紫苏30克 |
| 生姜10克 | | |

辅料 > 高汤适量，盐6克

制作 >

①将笔管鱼收拾干净，苋菜洗净、切段，紫苏洗净；生姜洗净，切片。②锅上火倒入高汤，大火煮开，下入笔管鱼、苋菜、紫苏、生姜片，转小火煮10分钟，调入盐，煲至熟即可。

适宜人群 > 风寒感冒、头痛无汗、畏寒的患者；虚寒胃痛者；寒湿引起的脘腹胀闷、呕恶腹泻、下痢清谷等症的患者。

不宜人群 > 阴虚火旺者、肠燥便秘患者。

细辛

"风寒感冒常用药"

细辛是马兜铃科植物北细辛的干燥全草。其主产于东北地区。它含有挥发油，其主要成分为甲基丁香酚、黄樟醚、优香芹酮、榄香素、细辛醚等成分。细辛是治风寒感冒的常用药。

【性味归经】

性温，味辛。归肺、肾、心、肝、胆、脾经

【适合体质】

痰湿体质

【煲汤适用量】

1~3克

【别　　名】

北细辛、独叶草、金盆草

【功效主治】

细辛具有祛风散寒、通窍止痛、温肺化饮的功效。其用于风寒感冒、头痛牙痛、鼻塞鼻渊、风湿痹痛、痰饮喘咳等。其治疗外感风寒，头身疼痛较重者，常与羌活、防风、白芷等祛风止痛药同用；治疗风寒湿痹，腰膝冷痛，常配伍独活、桑寄生、防风等同用，如独活寄生汤。细辛为治鼻炎之良药，对鼻科疾病之鼻塞、流涕、头痛者，宜与白芷、苍耳子、辛夷等散风寒、通鼻窍药配伍。

【食用宜忌及用法】

细辛主要能散寒止痛，常与羌活、荆芥、川芎等同用，治疗外感风寒头痛较剧的病症；对于外感风寒、阴寒里盛的病症，亦可应用，须配合麻黄、附子等同用；头痛可配合羌活、白芷等同用，齿痛可配合白芷、石膏等同用；对于风湿痹痛，可与羌活、川乌、草乌等配合应用；用于治疗肺寒咳嗽、痰多质稀色白的病症，常与干姜、半夏等配伍应用；用于鼻渊，常配合白芷等应用；用于口舌生疮，可单用一味细辛，研末敷于脐部。但气虚多汗，血虚头痛，阴虚咳嗽者等忌服细辛。细辛对肾脏有一定毒性，肾功能不全者也应慎用。细辛有小毒，故临床用量不宜过大，细辛作单味或散末内服不超过3克，细辛经过煎煮，其毒性会降低。细辛与藜芦、狼毒、山茱萸、黄芪相克，不宜与硝石、滑石同用。

【选购与保存】

细辛以色黄、叶绿、干燥、味辛辣且麻舌者为佳。其宜置于阴凉干燥处保存。

滋补药膳 细辛排骨汤

·发散风寒+宣通鼻窍·

主料 〉

细辛3克　　苍耳子10克　　辛夷10克

排骨300克

辅料 〉 盐适量

制作 〉

①将细辛、苍耳子（苍耳子有小毒，不宜长期服用）、辛夷均洗净，放入锅中，加水煎煮20分钟，取药汁备用。②排骨洗净，入沸水氽去血水，捞起放入砂锅中，加入清水1000毫升，大火煮沸后，用小火慢炖2小时，再倒入药汁，加盐调味即可。

适宜人群 鼻炎、鼻窦炎患者；风寒感冒引起的头痛、鼻塞、流涕患者。

不宜人群 风热感冒者、气虚多汗者、肾功能不全者。

滋补药膳 细辛洋葱生姜汤

·发汗解表+祛风散寒·

主料 〉

细辛15克　　生姜30克　　洋葱1个

葱适量

辅料 〉 盐适量

制作 〉

①细辛洗净备用；生姜洗净，切片；洋葱洗净，切大块；葱洗净，切花。②锅置火上，倒入清水，先放入细辛，煎煮15分钟，捞去药渣，锅中留药汁，再加入洋葱、生姜续煮20分钟，加盐调味，撒上葱花皆可。

适宜人群 风寒感冒引起的恶寒发热、头痛无汗、鼻塞流涕等症的患者；脾胃虚寒者；自感项背冰凉者。

不宜人群 风热感冒者、血虚头痛者、肾功能不全者、气虚盗汗者。

白芷 "芳香怡人的止痛良药"

白芷为伞形科植物兴安白芷、川白芷、杭白芷的干燥根。其主要产于四川、浙江、山西、江苏、河南、河北等地。它含异欧前胡素、欧前胡素、佛手柑内酯、珊瑚菜素、氧化前胡素等成分。白芷是芳香怡人的止痛良药。

【性味归经】
味辛，性温。归肺、胃、大肠经

【适合体质】
痰湿体质

【煲汤适用量】
3~10克

【别　名】
川白芷、香白芷

【功效主治】

白芷具有解表散风、通窍、止痛、燥湿止带、消肿排脓的功效。其可用于外感风寒、阳明头痛、疮痈肿毒。白芷中所含的白芷素除了具有解热、镇痛、抗炎等作用，还能改善局部血液循环，消除色素在组织中的过度堆积，促进皮肤细胞新陈代谢，进而达到美容的作用。

【食用宜忌及用法】

白芷常用于治疗感冒头痛。前额痛用之效果更好，配用羌活、防风，能加强效果。妇女胎前产后的感冒头痛用之亦佳，可配川芎。其用于治疗由风热引起的眉棱骨痛和压痛，可配黄芩；用于治疗由鼻渊（鼻窦炎）引起的头涨痛，作为辅助药，配辛夷、苍耳子等同用。头部挫伤或脑震荡后的跌打肿痛，用白芷缓解症状也有一定效果。少量白芷毒素可兴奋延脑的呼吸中枢、血管舒缩中枢，故可见呼吸增强，血压上升。其可作为延脑兴奋药，对毒蛇咬伤后由于蛇毒引起的中枢神经系统抑制有治疗作用，因此可用于治疗蛇毒。此外白芷还可用于治疗牙痛、疖痈的肿痛，取其有镇痛作用。白芷可煎汤服用，或入丸、散。但阴虚血热者忌服白芷。

【选购与保存】

白芷以独枝、根条粗壮、质硬、体重、色白、粉性强、气香味浓者为佳。其宜置于通风干燥处保存。

滋补药膳 川芎白芷炖鱼头

·散寒解表+通络止痛·

主料〉

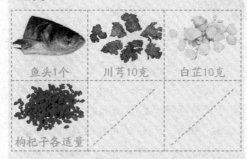

鱼头1个　　川芎10克　　白芷10克

枸杞子各适量

辅料〉 盐、油各适量

制作〉

①鱼头去鳞、去鳃，洗净后对半剖开，下入热油锅稍煎；川芎、白芷洗净浮尘；枸杞子泡发洗净。②汤锅内加入适量清水，放入川芎、白芷、枸杞子煮10分钟，待发出香味后加入鱼头。③用小火保持微沸，炖煮至汤汁呈乳白色，调入盐即可。

适宜人群〉 风寒感冒头痛患者；高血压、冠心病、动脉硬化、高血脂等心脑血管疾病患者；体虚抵抗力差者。

不宜人群〉 风热感冒患者、阴虚燥热者。

滋补药膳 白芷当归鸡

·养血补虚+美容养颜·

主料〉

白芷10克　　当归10克　　茯苓10克

红枣3个　　玉竹5克　　土鸡半只

辅料〉 枸杞子5克，盐适量

制作〉

①将所有药材洗净备用；土鸡洗净，斩件切大块，入沸水中余去血水。②另起锅，土鸡块与所有药材一起放入锅中，加水适量，大火煮开，转小火续炖2小时，最后加盐调味，撒上枸杞子即可。

适宜人群〉 贫血患者、皮肤暗黄无光泽者、气虚乏力者、食欲不振者、抵抗力差易感冒者、月经不调者、产后病后体虚者。

不宜人群〉 感冒患者、实邪未清者。

桑叶 "清热明目、美肤消肿"

桑叶为桑科落叶小乔木桑树的叶，于冬至前后采收、晒干。它含牛膝甾酮、脱皮甾酮、β–谷甾醇、伞形花内酯、胡芦巴碱、胆碱、腺嘌呤、天冬氨酸、氯原酸等多种成分。

【性味归经】
性寒，味甘、苦。归肝、肺经

【适合体质】
湿热体质，或感冒咳嗽属热盛型者

【煲汤适用量】
5~10克

【别　名】
冬霜叶、霜叶、铁扇子

【功效主治】

桑叶具有祛风清热、凉血明目的功效，治风温发热、头痛、目赤、口渴、肺热咳嗽、风痹、瘾疹、下肢浮肿等病症。其治疗风热感冒，或温病初起，温热犯肺引起的发热、咽痒、咳嗽等症，常与菊花、连翘、薄荷、桔梗等药配伍同用，如桑菊饮。其治疗肺热或燥热伤肺，咳嗽痰少，色黄而黏稠，或干咳少痰，咽痒等症，轻者可配杏仁、沙参、贝母等同用，如桑杏汤；重者可配生石膏、麦冬、阿胶等同用，如清燥救肺汤。其治肝阳上亢，头痛眩晕，头重脚轻，烦躁易怒者，常与菊花、石决明、白芍等平抑肝阳药同用。其治风热上攻、肝火上炎所致的目赤、涩痛、多泪，可配伍菊花、蝉蜕、夏枯草、决明子等疏散风热、清肝明目之品同用。其配黑芝麻用于治疗肝、肾阴虚的头眩、眼花、头痛，可明目醒脑。

【食用宜忌及用法】

胃肠较寒、经常腹泻者慎用桑叶。桑叶可煎汤服用，或入丸、散。桑叶外用可煎水洗眼；蜜炙可增强润肺止咳的作用。将桑叶干燥后研磨成粉末，用米汤水调服，可止盗汗。

【选购与保存】

桑叶以叶片完整、大而厚、色黄绿、质脆、无杂质者为佳。习惯上应用桑叶以经霜者为好，称霜桑叶或冬桑叶。桑叶应置于通风干燥处保存，并注意防霉、防尘。

滋补药膳 桑叶连翘银花汤

·清热解毒+发散风热·

主料〉

桑叶10克　　连翘10克　　金银花8克

辅料〉蜂蜜适量

制作〉

①将桑叶、连翘、金银花均洗净备用。②置锅于火上，加入清水600毫升，大火煮沸后，先放入连翘煮3分钟，再下入桑叶、金银花即可关火。③滤去药渣，留汁，加入适量蜂蜜搅拌均匀即可饮用。

适宜人群〉外感风热引起的较轻的发热、咳嗽、眼赤(如感冒)患者；疔疮痈肿患者；鼻干咽燥者；流行性感冒、结膜炎等流行性传染病患者等。

不宜人群〉脾胃虚寒者。

滋补药膳 桑叶菊花枸杞子汤

·清肝降压+泻火明目·

主料〉

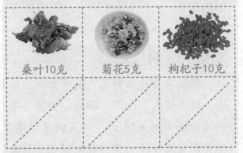

桑叶10克　　菊花5克　　枸杞子10克

辅料〉蜂蜜适量

制作〉

①将桑叶、菊花、枸杞子均洗净备用。②置锅于火上，加入清水500毫升，大火煮沸后，放入桑叶、菊花、枸杞子共2分钟即可关火。③滤去药渣，留汁，加入适量蜂蜜搅拌均匀即可饮用。

适宜人群〉肝火旺盛引起的目赤肿痛、畏光流泪、咽干口燥、头晕目眩者；结膜炎、白内障、青光眼等各种眼病；高血压、高血脂、糖尿病（不加冰糖）患者；阴虚燥咳患者。

不宜人群〉脾胃虚寒者。

葛根

"治疗颈项强痛的良药"

葛根为豆科植物葛的块根。其主产于河南、湖南、浙江、四川等地。它含异黄酮成分葛根素、葛根素木糖苷、大豆黄酮、大豆黄酮苷及β-谷甾醇、花生酸、多量淀粉。葛根是治疗颈项强痛的良药。

【性味归经】
性凉，味甘、辛。
归脾、胃经

【适合体质】
湿热体质

【煲汤适用量】
9~15克

【别　名】
干葛、甘葛、粉葛、黄葛根

【功效主治】

葛根具有升阳解肌、透疹止泻、除烦止渴的功效，主治伤寒、发热头痛、项强、烦热消渴、泄泻、痢疾、癍疹不透、高血压、心绞痛、耳聋。葛根中的黄酮能增加脑血管血流量，对高血压动脉硬化病人能改善脑循环，其作用温和。葛根黄酮及葛根酒浸膏均能使冠状血管血流量增加，血管阻力降低，用于治疗冠心病。葛根对于改善头痛、头晕、项强、耳鸣、肢体麻木等症状效果良好，但降压作用不明显，需与降压药配合使用。葛根可用于治疗流行性感冒，通过解热作用，使体内水分消耗减少，从而达到生津止渴的目的。其治疗消渴（糖尿病）属阴津不足者，可与天花粉、鲜地黄、麦门冬等清热养阴生津药配伍，如天花散。

【食用宜忌及用法】

葛根适宜高血压、高血脂、高血糖及偏头痛等心脑血管病患者、更年期妇女、易上火人群（包括孕妇和婴儿）、常期饮酒者服用，还是女性滋容养颜，中老年人日常饮食调理的佳品。葛根一般煎汤服用；或捣汁。其外用可捣散。其性凉，易于动呕，胃寒者应当慎用。夏日表虚汗者尤忌用葛根。

【选购与保存】

葛根以块肥大、质坚实、色白、粉性足、纤维性少者为佳；质松、色黄、无粉性、纤维性多者次之。其宜储存于干燥容器内，置于通风干燥处。

滋补药膳 葛根黄鳝汤

·健脾益气+祛风除湿·

主料〉

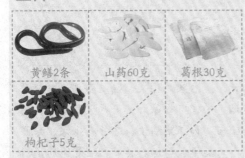

黄鳝2条	山药60克	葛根30克
枸杞子5克		

辅料〉盐5克，葱段、姜片各2克

制作〉

①将黄鳝收拾干净、切段，余水；山药去皮、洗净，切片；枸杞子洗净备用。
②净锅上火，调入盐、葱段、姜片，大火煮开，下入黄鳝、山药、葛根、枸杞子煲至熟即可。

适宜人群 热性病症患者；暑热烦渴、小便短赤者；尿路感染者；急性肾炎患者；高血压、高血脂、肥胖患者；脂肪肝、病毒性肝炎患者；风热感冒患者。

不宜人群 脾胃虚寒患者。

滋补药膳 葛根猪肉汤

·生津止渴+延缓衰老·

主料〉

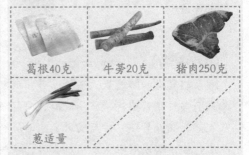

葛根40克	牛蒡20克	猪肉250克
葱适量		

辅料〉盐、味精、胡椒粉、香油各适量

制作〉

①将猪肉洗净，切成四方小块；葛根、牛蒡均洗净，切块。葱切花。②锅中加水烧开，下入猪肉块焯去血水。③猪肉入砂锅，煮熟后再加入葛根、牛蒡和盐、味精、葱花、香油等，稍煮片刻，撒上胡椒粉即成。

适宜人群 阴虚体质者、肺热咳嗽患者、风热感冒者、高血压患者、冠心病患者、糖尿病患者、皮肤干燥者、流行性感冒患者。

不宜人群 脾胃虚寒者。

柴胡 "疏肝、解郁、去火之良药"

柴胡为伞形科植物北柴胡、狭叶柴胡等的根。北柴胡主产于辽宁、甘肃、河北、河南。此外，陕西、内蒙古、山东等地亦产。南柴胡主产于湖北、江苏、四川，此外，安徽、黑龙江、吉林等地亦产。柴胡是疏肝、解郁、去火的良药。

【性味归经】
性微寒、味苦。归肝、胆经

【适合体质】
气郁体质

【煲汤适用量】
3~9克

【别　　名】
地熏、山菜、茹草、柴草

【功效主治】

柴胡具有和解表里、疏肝、升阳的功效，主治寒热往来、胸满胁痛、口苦耳聋、头痛目眩、疟疾、下利脱肛、月经不调、子宫下垂等。其治疗风寒感冒，恶寒发热，头身疼痛，常与防风、生姜等药配伍，如正柴胡饮；若外感风寒，寒邪入里化热，恶寒渐轻，发热加重者，柴胡多与葛根、羌活、黄芩、石膏等同用；治疗风热感冒，发热、头痛等症，可与菊花、薄荷、升麻等辛凉解表药同用；治疗肝失疏泄，气机郁阻所致的胸胁或少腹胀痛、情志抑郁、妇女月经失调、痛经等症，常与香附、川芎、白芍同用，如柴胡疏肝散。

【食用宜忌及用法】

柴胡适宜感冒发热、寒热往来、疟疾患者；肝气不疏、阳气不升引起的胸胁胀痛、月经不调、子宫脱垂、脱肛患者服用。凡阴虚所致的咳嗽、潮热不宜用柴胡，由于肝火上逆(如高血压病)所致的头涨、耳鸣、眩晕、胁痛，柴胡用量不宜过大，否则会引起症状加剧，甚至出血。肺结核病一般慎用柴胡，但当兼有外感表证，需和解表里时，则可用。柴胡解表退热用量宜稍重，且宜用生品。柴胡疏肝解郁宜醋炙，升阳举陷可生用或醋炙，其用量均宜稍轻。柴胡和白芍常配伍同用，一方面能加强疏肝镇痛的效果，另一方面白芍可缓和柴胡对身体的刺激作用。

【选购与保存】

柴胡以根条粗长、皮细、支根少者为佳。其宜置于通风干燥处保存，防霉、防蛀。

滋补药膳 柴胡枸杞子羊肉汤

·疏肝和胃+升托内脏·

主料〉

柴胡9克　枸杞子10克　羊肉片200克

油菜200克

辅料〉 盐5克

制作〉

①柴胡冲洗净，放进煮锅中加4碗水熬汤，熬到约剩3碗，去渣留汁。②油菜洗净切段。③枸杞子放入汤中煮软，羊肉片入锅，并加入油菜。④待肉片熟，加盐调味即可食用。

适宜人群〉 内脏下垂患者（如胃下垂、子宫脱垂、肾下垂、脱肛等患者）；胃痛、萎缩性胃炎、胃溃疡患者；月经不调者；肝郁引起的茶饭不思、郁郁寡欢者。

不宜人群〉 阴虚火旺者；阳性疮疡患者。

滋补药膳 柴胡苦瓜瘦肉汤

·清肺泻火+止咳化痰·

主料〉

柴胡10克　川贝10克　苦瓜200克

瘦肉400克

辅料〉 盐、味精各适量

制作〉

①分别将柴胡、川贝洗净备用，苦瓜去瓤，洗净，切成块；瘦肉洗净，切块，余去血水。②把柴胡、川贝、苦瓜、瘦肉一起放入锅内，加入1200毫升水，先用大火煮沸，再改小火慢炖1小时。③最后加盐、味精调味即可。

适宜人群〉 肺热咳嗽、咳血或咳吐黄痰者（如肺炎、肺结核、肺气肿等患者）；风热感冒患者；慢性咽炎患者；肝火上逆(如高血压病)所致的头涨痛、耳鸣、眩晕。

不宜人群〉 脾胃虚寒者。

茯苓

"利水渗湿的滋补药材"

茯苓是多孔菌科真菌茯苓的干燥菌核。其主产于安徽、湖北、河南、云南。其菌核含β-茯苓聚糖和三萜类化合物乙酰茯苓酸、茯苓酸、3β-羟基羊毛甾三烯酸。此外，其尚含树胶、甲壳质、蛋白质、脂肪、甾醇、卵磷脂、葡萄糖、腺嘌呤、组氨酸、胆碱、β-茯苓聚糖分解酶、脂肪酶、蛋白酶等成分。茯苓自古被视为"中药八珍"之一，是利水渗湿的滋补药材。

【性味归经】
味甘、淡，性平。归心、脾、肝、肾经

【适合体质】
痰湿体质

【煲汤适用量】
9~10克

【别　　名】
茯菟、茯灵、伏菟、松薯、松苓

【功效主治】

茯苓具有渗湿利水、益脾和胃、宁心安神的功效，主治小便不利、水肿胀满、痰饮咳逆、呕哕、泄泻、遗精、淋浊、惊悸、健忘等。其治疗水湿内停所致之水肿、小便不利，常与泽泻、猪苓、白术、桂枝等同用，如五苓散；治疗脾虚湿盛泄泻，可与山药、白术、薏米同用，如参苓白术散。

【食用宜忌及用法】

茯苓适宜水湿停饮导致的头眩、咳嗽、水肿患者；脾胃虚弱引起的便溏或泄泻、食少、倦怠者；心神不安、惊悸失眠、心慌、眩晕者服用。阴虚而无湿热、虚寒滑精、气虚下陷者慎用茯苓。一般来说，用于健脾益胃或利尿渗湿者，茯苓用量为9~10克；如湿重，有显著浮肿，用量可增大至30~45克，最大用量为60~90克。茯苓不可与酸性食物同食，同食服用可降低茯苓的药效。辛辣食物为湿热之品，助湿生热，酒为湿热生痰之品，与茯苓之药性相反，故服用茯苓时忌辛辣食物和酒。

【选购与保存】

茯苓以体重坚实、外皮呈褐色而略带光泽、皱纹深、断面白色细腻、黏牙力强者为佳。白茯苓均已切成薄片或方块，色白细腻而有粉滑感，质松脆，易折断破碎，有时边缘呈黄棕色。茯苓容易虫蛀，也容易发霉变色，因此要密封，并放在阴凉干燥的地方保存。茯苓不宜暴晒、受寒或受潮，否则会变形、变色或出现裂纹。

滋补药膳 党参茯苓鸡汤

·补气健脾+升举内脏·

主料〉

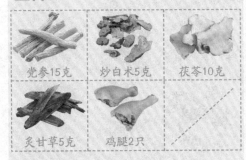

| 党参15克 | 炒白术5克 | 茯苓10克 |
| 炙甘草5克 | 鸡腿2只 | |

辅料〉 姜片适量，盐少许

制作〉

①将鸡腿洗净，剁成小块。②党参、白术、茯苓、炙甘草均洗净浮尘。③锅中入500克水煮开，放入鸡腿及药材、姜片，转小火煮至熟，调入盐即可。冷却后放入冰箱冷藏效果更佳。

适宜人群 脾胃虚弱引起的内脏下垂患者；脾虚引起的食欲不振、神疲乏力、腹泻者；脾虚引起的妊娠胎动不安者；产后病后体虚者。

不宜人群 感冒未清者、阴虚燥热者、阳证疮疡患者。

滋补药膳 养颜茯苓核桃瘦肉汤

·健脾补脑+美白养颜·

主料〉

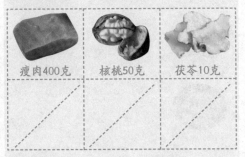

| 瘦肉400克 | 核桃50克 | 茯苓10克 |

辅料〉 盐5克，鸡精3克

制作〉

①瘦肉洗净，切块；茯苓洗净，切块；核桃去壳，取肉。②锅中注水，烧沸，放入瘦肉、茯苓、核桃大火煮开，转小火慢炖。③炖至核桃变软，加入盐和鸡精调味即可。

适宜人群 便秘患者、记忆力衰退者；脾虚食欲不振、食积腹胀者；皮肤粗糙暗黄者；肺虚咳嗽者；水肿、小便不利者；尿路结石患者。

不宜人群 腹泻者。

滋补药膳 茯苓芝麻菊花猪瘦肉汤

·清热利水+消肿抗癌·

主料〉

猪瘦肉400克　茯苓25克　菊花5克

白芝麻5克

辅料〉 盐5克，鸡精3克

制作〉

①猪瘦肉洗净，切块；茯苓洗净，切片；菊花、白芝麻洗净。②将瘦肉放入煮锅中汆去血水，捞出备用。③将瘦肉、茯苓、菊花放入炖锅中，加入清水，炖2小时，调入盐和鸡精，撒上白芝麻关火，加盖闷一下即可。

适宜人群〉 肝癌、胃癌、肺癌、子宫肌瘤、宫颈癌等癌症患者；体质虚弱者；贫血患者；更年期综合征患者；阴虚盗汗者。

不宜人群〉 脾胃虚寒腹泻者。

滋补药膳 茯苓黄鳝汤

·清热利尿+降压降脂·

主料〉

黄鳝100克　蘑菇100克　茯苓20克

赤芍12克

辅料〉 盐6克，料酒10克

制作〉

①将黄鳝洗净，切小段；蘑菇洗净，撕成小片；茯苓、赤芍洗净。②将黄鳝、蘑菇、茯苓、赤芍与清水放入锅中，以大火煮沸后转小火续煮20分钟。③加入盐、料酒拌匀即可食用。

适宜人群〉 肾炎水肿患者；尿路感染患者；前列腺炎患者；高血脂、高血压、肥胖症等患者；肝炎、脂肪肝、肝硬化患者；月经不调者；风湿性关节炎患者。

不宜人群〉 脾胃虚寒者、夜尿频多患者。

薏米

"利水渗湿、药食两宜"

为禾本科植物薏苡的种仁。我国大部分地区均产，主产福建、河北、辽宁。它含糖颇丰富，同粳米相当。其所含蛋白质、脂肪为粳米的2～3倍，并含有人体所必需的氨基酸。其中有亮氨酸、赖氨酸、精氨酸、酪氨酸，还含薏苡仁油、薏苡素、三萜化合物及少量维生素B。薏米不仅是治病良药，亦是食疗佳品。

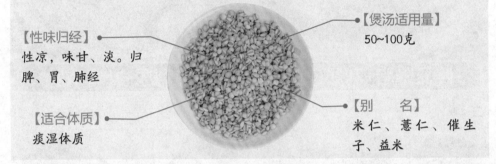

【性味归经】
性凉，味甘、淡。归脾、胃、肺经

【适合体质】
痰湿体质

【煲汤适用量】
50～100克

【别　名】
米仁、薏仁、催生子、益米

【功效主治】

薏米具有利水渗湿、抗癌、解热、镇静、镇痛、抑制骨骼肌收缩、健脾止泻、除痹、排脓等功效，还可美容健肤，常食可以保持人体皮肤光泽细腻，消除粉刺、色斑，改善肤色，并且它对于由病毒感染引起的赘疣等有一定的治疗作用。薏米还有增强人体免疫功能、抗菌、抗癌的作用。其可入药，用来治疗水肿、脚气、脾虚泄泻，也可用于肺痈、肠痈等病的治疗。

【食用宜忌及用法】

薏米适宜泄泻、湿痹、水肿、肠痈、肺痈、淋浊、慢性肠炎、阑尾炎、风湿性关节痛、尿路感染、白带过多、癌症患者、疣赘、爱美人士、脚气病、青年性扁平疣、寻常性赘疣、传染性软疣、青年粉刺以及其他皮肤营养不良粗糙者食用。本品力缓，宜多服久服，除治腹泻用炒薏米外，其他均用生薏米入药。薏米与山药、柿饼同食，可润肺益脾；薏米与枇杷同食，可清肺散热；薏米与粳米同食，可补脾除湿；薏米与菱角、半枝莲同食，可抑制肿瘤；薏米与羊肉同食，可健脾补肾、益气补虚；薏米与银耳同食，可治脾胃虚弱、肺胃阴虚。但便秘、滑精、尿多者及怀孕早期的妇女不宜食用。

【选购与保存】

薏米以粒大、饱满、色白、完整者为佳。薏米夏季极易生虫，贮藏前要筛除薏米中的粉粒、碎屑，以防止生虫或生霉。

泽泻薏米瘦肉汤

滋补药膳

·降压降脂+利尿通淋·

主料 〉

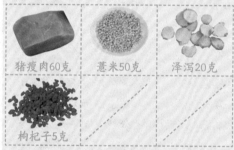

猪瘦肉60克 ・ 薏米50克 ・ 泽泻20克

枸杞子5克

辅料 〉 盐3克，味精2克

制作 〉

①猪瘦肉洗净，切件；泽泻、薏米洗净备用。②把猪瘦肉、薏米、泽泻均放入锅内，加适量清水，大火煮沸后转小火煲1~2小时，最后，拣去泽泻，调入盐和味精即可。

适宜人群 尿路感染患者；肾炎水肿患者；高血压、高血脂、脂肪肝患者；肥胖者；肝炎、肝腹水患者。

不宜人群 便秘、滑精、尿多者及怀孕早期的孕妇。

冬瓜荷叶薏米猪腰汤

滋补药膳

·清热利尿+补肾消肿·

主料 〉

猪腰150克 ・ 冬瓜60克 ・ 薏米50克

荷叶30克 ・ 香菇20克

辅料 〉 盐适量

制作 〉

①猪腰洗净，切开，除去白色筋膜；薏米浸泡，洗净；香菇洗净泡发，去蒂；冬瓜去皮、子，洗净切大块。②锅中注水烧沸，放入猪腰氽水，去除血沫，捞出切块。③将适量清水放入瓦煲内，大火煲滚后加入所有备好的材料，改用小火煲2小时，加盐调味即可。

适宜人群 体质偏热者；急、慢性肾炎患者；水肿胀满患者；尿路感染患者；慢性肝炎患者；高血压、脂肪肝患者。

不宜人群 脾胃虚寒者；阳虚体质者；尿频、尿多者。

滋补药膳 薏米猪蹄汤

·健脾益气+丰胸美容·

主料〉

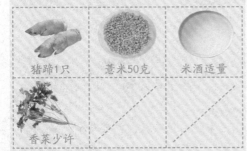

猪蹄1只	薏米50克	米酒适量
香菜少许		

辅料〉盐少许

制作〉

①将猪蹄洗净、切块，汆水；薏米淘洗净备用；香菜洗净，切段。②净锅上火，倒入水，大火煮开，下入猪蹄、薏米、米酒，小火煲制120分钟，再调入香菜、盐，即可起锅。

适宜人群 产后乳汁不行者；产后气血亏虚者；脾胃虚弱、营养不良患者；青春期乳房发育不良者；皮肤粗糙暗沉、面生皱纹者。

不宜人群 高血脂患者、肥胖患者。

滋补药膳 墨鱼冬笋薏米汤

·清热滋阴+美容润肤·

主料〉

墨鱼175克	冬笋50克	薏米30克
葱段适量		

辅料〉盐5克，鲜贝露、文蛤精各适量

制作〉

①将墨鱼收拾干净，切块汆水后装入碗里，加入适量鲜贝露、文蛤精腌渍去腥味，冬笋洗净、切块；薏米淘洗、浸泡备用。②汤锅上火倒入水，调入盐，下入墨鱼、冬笋、薏米，大火煮开，转小火慢煲至熟，最后撒入葱段即可。

适宜人群 阴虚火旺体质者；暑热烦渴者；消化不良、便秘患者；咽喉口燥、皮肤干燥粗糙者；痤疮患者；更年期女性；五心烦热潮热盗汗者；病后体虚者。

不宜人群 脾胃虚寒、腹泻患者。

玉米须
"利水通淋、降血压的良药"

玉米须为禾本科植物玉蜀黍的花柱。其全国各地均产。它含脂肪油2.5%、挥发油0.12%、树胶样物质3.8%、树脂2.7%、苦味糖苷1.15%、皂苷3.18%、生物碱0.05%。其还含隐黄素、抗坏血酸、泛酸、肌醇、维生素K、谷甾醇、豆甾醇、苹果酸、柠檬酸、酒石酸、草酸等成分。玉米须又称"龙须"，有广泛的预防保健用途。

【性味归经】
性平、味甘。归膀胱、肝、胆经

【适合体质】
痰湿体质

【煲汤适用量】
15~30克

【别　　名】
玉麦须、玉蜀黍蕊、棒子毛

【功效主治】

玉米须具有利尿、泄热、平肝、利胆的功效，主治肾炎水肿、脚气、黄疸肝炎、高血压、高血脂、胆囊炎、胆结石、糖尿病、吐血衄血、鼻渊、乳痈等病症。治疗膀胱湿热之小便短赤涩痛，可单用玉米须大量煎服，亦可与车前草、珍珠草等同用；治疗脾虚水肿，玉米须可与白术、茯苓等相伍；治疗黄疸型肝炎，可单味大剂量服用，也可与茵陈、郁金、车前草同用。治疗尿路结石，可以本品单味煎浓汤顿服，也可与海金沙、金钱草等排石利尿药同用。在妇科方面，它可用于预防习惯性流产、妊娠肿胀、乳汁不行等。玉米须还有抗过敏的作用，所以也可以用于治疗荨麻疹和哮喘等。

【食用宜忌及用法】

玉米须有较强的利尿作用，凡有尿急、尿频症状者，阴虚上火者忌用。玉米须一般可煎汤服用或煅烧存性研末。其外用：烧烟吸入。日常食用玉米时，可将玉米须事先摘除，置于报纸上，在户外进行风干，去除水分之后入药用，可起到很好的利水消肿的作用。

【选购与保存】

玉米须以色棕、质轻、气微香、味微涩的为佳。其应置阴凉干燥处防潮、防霉保存。

滋补药膳 玉米须瘦肉汤

·利尿通淋+降压降脂·

主料

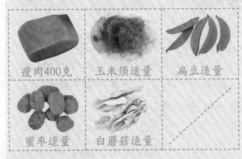

瘦肉400克　玉米须适量　扁豆适量

蜜枣适量　白蘑菇适量

辅料 盐6克

制作

①瘦肉洗净，切块；玉米须、扁豆洗净，浸泡；白蘑菇洗净，切段。②瘦肉入沸水锅中，氽去血水，捞出洗净。③锅中注水烧开，放入瘦肉、扁豆、蜜枣、白蘑菇，用小火慢炖，2小时后放入玉米须炖煮5分钟，加盐调味即可。

适宜人群 尿路感染患者；急性肾炎患者；高血压、高血脂、糖尿病患者；脂肪肝、病毒性肝炎、肝腹水患者；肥胖者。

不宜人群 脾胃虚寒者、夜尿频多者。

滋补药膳 玉米须蛤蜊汤

·滋补肝肾+消炎利尿·

主料

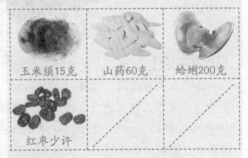

玉米须15克　山药60克　蛤蜊200克

红枣少许

辅料 生姜10克，盐8克

制作

①先用清水静养蛤蜊1~2天，经常换水以漂去沙泥。②玉米须、山药、蛤蜊、生姜、红枣洗净。③所有材料一起放入瓦锅内，加清水适量，武火煮沸后，文火煮2小时，调味即可。

适宜人群 前列腺增生、前列腺炎患者；尿路感染患者；肾炎患者；高血压、高血脂患者；黄疸肝炎患者；阴虚体质者。

不宜人群 夜尿频多者、食积腹胀者。

赤小豆 "利尿、消炎、解毒"

赤小豆为豆科植物赤小豆或赤豆的种子。全国大部分地区均产，主产广东、广西、江西等地。它含有蛋白质、脂肪、碳水化合物、粗纤维、维生素A、B族维生素、维生素C以及矿物质元素钙、磷、铁、铝、铜等成分。

【性味归经】
性平，味甘、酸。
归心、小肠经

【适合体质】
痰湿体质

【煲汤适用量】
15~100克

【别　名】
赤豆、赤小豆、红小豆、朱赤豆、朱小豆

【功效主治】

赤小豆具有止泻、消肿、滋补强壮、健脾养胃、利尿、抗菌消炎、解除毒素等功效。赤小豆还能增进食欲，促进胃肠消化吸收。用赤小豆与红枣、龙眼一起煮可用来补血。此外，赤小豆可用于治疗肾脏病、心脏病所导致的水肿，可配伍茯苓、桂枝、白术等同用；可治轻症湿热黄疸，如身发黄、发热、无汗，轻症的黄疸型传染性肝炎，可配伍茵陈、栀子等同用；治疗尿路感染、尿血等症，可配伍白茅根、车前子同用。

【食用宜忌及用法】

赤小豆适宜肾源性水肿、心源性水肿、肝硬化腹水、营养不良性水肿以及肥胖症等病症患者食用；尿多之人、蛇咬者不宜食用。赤小豆可煎汤服用；或入散剂。其外用：生研调敷。性逐津液，久食令人枯燥。赤小豆无毒，是豆类中含蛋白质、脂肪较少，含碳水化合物特别多的一种，很适合于老年人食用。赤小豆可以配合鲤鱼或黄母鸡同食，消肿效果更好；可用赤小豆煎汤喝或煮粥食用。

【选购与保存】

赤小豆以豆粒完整、大小均匀、颜色深红、紧实薄皮者为佳。将拣去杂物的赤小豆摊开晒开，以1.5~2.5千克为单位装入塑料袋中，再放入一些剪碎的干辣椒，密封起来保存。

滋补药膳 赤小豆炖鲫鱼

·健脾止泻+利尿消肿·

主料 >

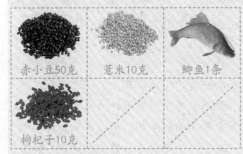

赤小豆50克   薏米10克   鲫鱼1条

枸杞子10克

辅料 > 盐适量

制作 >

①将鲫鱼去鳞、去内脏，洗净，备用；枸杞子洗净备用。②赤小豆、薏米洗净，泡发，备用。③将赤小豆、薏米放入锅内，加2000毫升水大火煮开，转小火续炖20分钟，放入鲫鱼炖至鱼熟烂，再加入枸杞子，加盐调味即可。

适宜人群 脾虚腹泻者；肾炎水肿患者；妊娠水肿患者；尿路感染患者；营养不良者；贫血患者；高血压、高血脂、脂肪肝患者；肝炎患者。

不宜人群 尿多、遗尿者。

滋补药膳 赤小豆牛奶汤

·益气补血+美白养颜·

主料 >

赤小豆15克   红枣15克   低脂鲜奶190毫升

白糖5克

辅料 > 水适量

制作 >

①赤小豆洗净，泡水8小时；红枣洗净，切薄片。②赤小豆、红枣放入锅中，开中火煮约30分钟，再用小火焖煮约30分钟，备用。③将赤小豆、红枣、白糖、低脂鲜奶放入碗中，搅拌均匀即可。

适宜人群 爱美女性、阴虚火旺者、皮肤萎黄暗沉者、痤疮患者、脾胃虚弱食欲不振者、胃阴亏虚者、营养不良性水肿患者、缺钙患者、骨质疏松者、尿路感染患者。

不宜人群 尿多、遗尿者。

车前草 "祛痰、镇咳、平喘的常用药"

车前草为车前科植物车前、大车前及平车前的种子和全草。其分布中国各地，多生长在山野、路旁、花圃、菜圃以及池塘、河边等地。

【性味归经】
味甘、淡，性微寒。归肺、肝、肾、膀胱经

【适合体质】
痰湿体质

【煲汤适用量】
5~15克

【别　　名】
车前实、虾蟆衣子、猪耳朵穗子、凤眼前仁

【功效主治】

车前草具有清热利尿、渗湿止泻、明目、祛痰的功效。其主治小便不利、淋浊带下、水肿胀满、暑湿泻痢、目赤障翳、痰热咳喘等。其治疗湿热下注于膀胱而致小便淋沥涩痛者，常与木通、滑石、瞿麦等清热利湿药同用，如八正散；治疗水湿停滞水肿，小便不利者，可与猪苓、茯苓、泽泻同用；若病久肾虚，腰重脚肿，可与牛膝、熟地黄、山茱萸、肉桂等同用，如济生肾气丸。车前子善清肝热而明目，故治目赤涩痛，多与菊花、决明子等同用；若肝肾阴亏，两目昏花，则配熟地黄、菟丝子等养肝明目药。此外，临床上还常用车前草来治疗慢性气管炎，急、慢性细菌性痢疾，小儿单纯性消化不良，高血压，胎位不正等。

【食用宜忌及用法】

车前草可煎汤服用，入汤宜包煎；或入丸、散。其外用：多应用于热毒痈肿，可取适量以水煎洗或研末调敷。凡内伤劳倦、阳气下陷、肾虚精滑及内无湿热者慎服本品。

【选购与保存】

车前草宜在6~10月陆续剪下黄色成熟果穗，晒干，搓出种子，去掉杂质。其宜置通风干燥处，防潮。

滋补药膳 木瓜车前草猪腰汤

·清热利湿+利尿消肿·

主料〉

猪腰300克	木瓜200克	车前草10克
茯苓10克		

辅料〉味精、盐、米醋、花生油各适量

制作〉

①将猪腰洗净，切片，焯水；车前草、茯苓洗净备用；木瓜洗净，去皮切块。②净锅上火倒入花生油，加入适量水，大火煮沸后，调入盐、味精、米醋，放入猪腰、木瓜、车前草、茯苓，转小火煲至熟即可。

适宜人群〉阳亢火旺体质者；急、慢性肾炎患者；水肿胀满患者；尿路感染患者；慢性肝炎患者；高血压患者。

不宜人群〉脾胃虚寒腹泻者。

滋补药膳 鲜车前草猪肚汤

·清热利尿+健脾止泻·

主料〉

鲜车前草30克	猪肚300克	薏米20克
赤小豆20克	蜜枣1个	

辅料〉盐、生粉适量

制作〉

①将鲜车前草、薏米、赤小豆均洗净备用；猪肚翻转，用盐、生粉反复搓洗，用清水冲净。②锅中注水烧沸，加入猪肚氽至收缩，捞出切片。③将砂煲内注入清水，煮滚后加入所有食材，以小火煲2小时，加盐调味即可。

适宜人群〉湿热腹泻患者、尿路感染患者以及肝经湿热引起的目赤肿痛、口舌生疮、小便黄赤等患者。

不宜人群〉脾胃虚寒者。

第六章

清热中药汤

　　清热中药汤是以清解里热为主要作用的药膳。清热药分为清热泻火药、清热燥湿药、清热解毒药、清热凉血药、清退虚热药五大类。此类药药性大多寒凉，少数性平而偏凉，味多苦，或甘，或辛，或咸，主要用于治疗热病高热、痢疾、痈肿疮毒、以及目赤肿痛、咽喉肿痛等各种里热证候。

　　清热泻火药，如夏枯草、决明子等，主治气分实热证以及脏腑火热证，症见咽干口燥、口渴喜冷饮、肠燥便秘等；清热燥湿药如马齿苋、黄连等，主治湿热证，如湿热腹泻、痢疾；阴道瘙痒、带下臭秽、湿疹湿疮、皮肤瘙痒等；清热凉血药，如生地黄、赤芍、槐米、白茅根等，主治血热证，如阴虚发热、血热出血、紫癜等；清热解毒药，如金银花、菊花、鱼腥草、板蓝根、甘草等，主治热毒证，如咽喉肿痛、口舌生疮、痈肿疮毒等；清虚热药，主治虚热证，症见潮热、盗汗、骨蒸痨热等。

　　清热药药性寒凉，易伤脾胃，久服能损伤阳气，故阳气不足，脾胃气虚、食少便溏者慎用；苦寒药物又易化燥伤阴，阴虚患者亦当慎用；真寒假热之证应禁用清热药。

菊花 "甘甜的明目解热佳品"

菊花为菊科植物菊的头状花序。其在我国东部、中部、西南部被广泛栽培。它含有挥发油，包括菊酮、龙脑、龙脑乙酸酯；并含有腺嘌呤、胆碱、水苏碱、刺瑰苷、木犀草苷、林波斯菊苷、香叶木-7-葡萄糖苷、菊苷、菊花萜二醇等成分。菊花是我国传统常用中药材，是味道甘甜的明目解热佳品。

【性味归经】

性微寒，味甘、苦。入肺、脾、肝、肾经

【适合体质】

湿热体质

【煲汤适用量】

5~9克

【别　名】

金精、甘菊、真菊、金蕊、簪头菊、甜菊花

【功效主治】

菊花具有平肝明目、散风清热、消渴止痛的功效。其可治头痛、眩晕、目赤、心胸烦热、疔疮、肿毒等病症。而且菊花对于冠心病出现心绞痛、胸闷、心悸、气急及头晕、头痛、四肢发麻等症状均有不错疗效；另外，它还可以用于治疗高血压，能使血压逐渐正常，相关的症状好转。将菊花、槐米一起用开水冲泡，代茶饮用，能治疗高血压。此外，将白菊花与白糖一起用开水浸泡，代茶饮用，可通肺气、止呃逆、清三焦郁火，适用于风热感冒初起、头痛发热患者。

【食用宜忌及用法】

菊花适宜外感风热、头痛、目赤、脑血栓患者服用；气虚胃寒、食少泄泻者不宜服用。菊花可与食材煮汤食用，亦可与其他药材泡水饮用。菊花宜与鱼腥草同食，可增强机体免疫力；宜与银耳同食，可滋养强壮、益肝明目；宜与胡萝卜、白糖、绿茶同食，可清热疏风、养肝明目；宜与黑木耳同食，可提高机体抗病能力；宜与花生同食，可作为心脑血管疾病的食疗方。但不宜与芹菜同食，会刺激脾胃；也不宜与鸡肉同食，会引起中毒。

【选购与保存】

菊花以身干、花朵完整、颜色鲜艳、气清香、无杂质者为佳，应放于阴凉干燥处保存，以防霉坏、防虫蛀，尤其夏、秋两季要勤加查看。菊花若出现霉蛀，宜烘干，不宜烈日暴晒，以防散瓣、变色。

滋补药膳 菊花北芪煲鹌鹑

·健脾益气+养肝补肾·

主料

鹌鹑1只　北黄芪适量　菊花适量

枸杞子各9克

辅料 盐2克

制作

①菊花洗净，沥水；枸杞子洗净泡发；北黄芪洗净，切片。②鹌鹑去毛及内脏，洗净，汆水。③瓦煲里加入适量水，放入全部材料，用大火烧沸后改小火煲2小时，加盐调味即可。

适宜人群 肝肾亏虚引起的视物昏花、头晕耳鸣、神疲乏力、腰膝酸软、阳痿早泄等患者；食欲不振患者；抵抗力差者；高血压患者。

不宜人群 风寒感冒患者。

滋补药膳 菊花土茯苓汤

·清热解毒+利尿祛湿·

主料

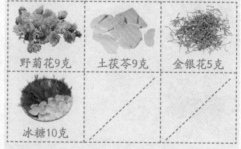

野菊花9克　土茯苓9克　金银花5克

冰糖10克

辅料 水适量

制作

①将野菊花、金银花去杂洗净；土茯苓洗净，切成薄片备用。②砂锅内加适量水，放入土茯苓片，大火烧沸后改用小火煮10~15分钟。③加入冰糖、野菊花，再煮3分钟，去渣即成。

适宜人群 上火引起的目赤肿痛、咽干口燥、尿黄便燥者；痛风患者；风湿性关节炎患者；尿路感染患者；急性前列腺炎患者；阴道炎患者；湿热引起的湿疹、痤疮、皮肤瘙痒等皮肤病患者。

不宜人群 脾胃虚寒者。

滋补药膳 菊花鸡肝汤

·滋阴泻火+清肝明目·

主料 >

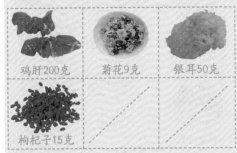

鸡肝200克　菊花9克　银耳50克

枸杞子15克

辅料 > 盐3克，鸡精3克

制作 >

①鸡肝洗净，切块；银耳泡发洗净，撕成小朵；枸杞、菊花洗净，浸泡。②锅中放水，烧沸，放入鸡肝过水，取出洗净。③将鸡肝、银耳、枸杞子、菊花放入锅中，加入清水小火炖1小时，调入盐、鸡精即可。

适宜人群 > 肝火旺盛引起的两目干涩、目赤肿痛、心烦易怒、咽干口燥的患者；白内障、青光眼、视力下降等眼科疾病患者。

不宜人群 > 脾胃虚寒者、高胆固醇患者。

滋补药膳 苦瓜菊花猪瘦肉汤

·清热解暑+降压保肝·

主料 >

猪瘦肉400克　苦瓜100克　菊花

白芝麻各少许

辅料 > 盐5克，鸡精2克

制作 >

①猪瘦肉洗净，切件；苦瓜洗净，切片；菊花、白芝麻洗净。②将瘦肉放入煮锅中余水，捞出备用。③将瘦肉、苦瓜、菊花放入炖锅中，加入清水，炖2小时，调入盐和鸡精，撒上白芝麻关火，加盖焖一下即可。

适宜人群 > 上火引起的口臭、口舌生疮、目赤肿痛、咽干口渴患者；高血压、高血脂、脂肪肝患者；糖尿病患者。

不宜人群 > 脾胃虚寒者、便稀腹泻者。

生地黄

"滋阴保健之上品"

生地黄为双子叶植物药玄参科植物地黄或怀庆地黄的根。其主产于河南、浙江、河北、陕西、甘肃、湖南、湖北、四川，山西等地亦产，以河南所产者最为著名。生地黄含β–谷甾醇、地黄素、生物碱、维生素A类物质、氨基酸等成分。

【性味归经】
性微寒，味甘、苦。
入心、肝、肾经

【适合体质】
阴虚体质

【煲汤适用量】
5~10克

【别　　名】
地髓、原生地黄、
山烟、山白菜

【功效主治】

生地黄具有滋阴清热、凉血补血的功效。其主治阴虚发热、消渴、吐血、衄血、血崩、月经不调、胎动不安、阴伤便秘等。其治疗血热崩漏或产后下血不止、心神烦乱，可配益母草用，如地黄酒；治阴虚内热，潮热骨蒸，可配知母、地骨皮用；治热病伤阴，烦渴多饮，以及糖尿病，可常配麦冬、沙参、玉竹等药用，如益胃汤。生地黄提取物有促进血液凝固的作用，还具强心、利尿的作用，对衰弱的心脏，其强心作用较显著，主要作用于心肌。由于其有强心、利尿的作用，故有助于解热。

【食用宜忌及用法】

脾虚湿滞、便溏者不宜使用生地黄。生地黄过多服用会影响消化功能，为防其腻滞，可酌加枳壳或砂仁同用。对少数有胃肠道反应（如腹痛、腹泻、恶心）的患者，要用间歇用药法，以减少副反应。气血虚弱的孕妇，或胃肠虚弱、大便稀烂者，不要用生地黄。生地黄可煎汤服用，熬膏或入丸、散。其外用：捣敷。生地黄与萝卜、葱白、韭白、薤白相克，不宜同时食用。

【选购与保存】

生地黄以加工精细、体大、体重、质柔软油润、断面乌黑、味甜者为佳。其宜置通风干燥处保存。

滋补药膳 金针菇生地黄鲜藕汤

·清热解暑+降压降脂·

主料〉

金针菇150克	生地黄10克	鲜藕200克
葛根粉10克		

辅料〉 盐1小匙

制作〉

①金针菇用清水洗净，泡发后捞起沥干；生地黄洗净备用。②鲜藕削皮，洗净，切块，放入锅中，加4碗水，再放入生地黄，以大火煮开，转小火续煮20分钟；③最后加入金针菇，续煮3分钟，葛根粉勾芡倒入锅中，起锅前加盐调味即可。

适宜人群〉 中暑患者、高血压患者、高血脂患者、糖尿病患者、尿路感染者、咽干口燥者。

不宜人群〉 胃肠虚弱、大便稀烂者。

滋补药膳 生地黄绿豆猪大肠汤

·清热解毒+凉血止痢·

主料〉

猪大肠100克	绿豆50克	生地黄3克
陈皮3克		

辅料〉 盐适量

制作〉

①猪大肠切段后洗净；绿豆洗净，入水浸泡10分钟；生地黄、陈皮均洗净。②锅入水烧开，入猪大肠煮透，捞出。③将猪大肠、生地黄、绿豆、陈皮放入炖盅，注入清水，以大火烧开，改用小火煲2小时，加盐调味即可。

适宜人群〉 湿热引起的痢疾、便血、急性腹泻、肛周脓肿、肛裂、肛瘘等肠道疾病；尿路感染、尿血、尿痛等泌尿系统疾病。

不宜人群〉 脾胃虚寒者、寒湿引起的腹泻者。

鱼腥草

"利尿解毒之品"

鱼腥草为三白草科植物蕺菜的带根全草。其主产于浙江、江苏、湖北。此外，安徽、福建、四川、广东、广西、湖南、贵州、陕西等地亦产鱼腥草。其全草含挥发油，油中含抗菌成分鱼腥草素、甲基正壬基酮、月桂烯、月桂醛、癸醛、癸酸。其尚含氯化钾、硫酸钾、蕺菜碱。其花穗、果穗含异槲皮苷，叶含槲皮苷。其根茎挥发油亦含鱼腥草素。

【煲汤适用量】
9~15克

【性味归经】
性寒、味辛。归
肺经

【别　名】
岑草、紫背鱼腥草、肺形草、猪姆耳、秋打尾、狗子耳

【适合体质】
痰湿体质

【功效主治】

鱼腥草具有清热解毒、利尿消肿的功效，主治肺炎、肺脓疡、热痢、疟疾、水肿、淋病、白带、痈肿、痔疮、脱肛、湿疹、秃疮、疥癣等症。其同时对乳腺炎、蜂窝组织炎、中耳炎、肠炎等亦有疗效。其治疗痰热壅肺，胸痛，咳吐脓血，常与桔梗、芦根、瓜蒌等药同用；若治肺热咳嗽，痰黄气急，常与黄芩、贝母、知母等药同用。此外，它对于许多微生物的生长有抑制作用，如流感杆菌、肺炎球菌等，特别对酵母及霉菌的抑制作用极为明显，有良好的抗菌、抗病毒作用；且能使毛细血管扩张，增加血流量及尿液分泌，具利尿作用；另外它还具有镇痛、止血、抑制浆液分泌、促进组织再生等作用。

【食用宜忌及用法】

鱼腥草适宜痰热喘咳者服用；虚寒症及阴性外伤者忌服。其不可多食，否则会使人气喘。本品不宜长时间服食，否恐有发虚弱、损阳气、消精髓等不良影响。鱼腥草宜与母鸡肉同食，可用于肺痈、虚劳瘦弱、水肿等；宜与猪肺同食，可用作肺炎、肺虚咳嗽的辅助治疗；宜与芹菜同食，可清热润燥、利大小便。鱼腥草可煎汤服用；或捣汁。其外用：煎水熏洗或捣敷。

【选购与保存】

鱼腥草以淡红褐色、茎叶完整、无泥土杂质者为佳。干燥的全草应置于阴凉通风处存放，要注意防止返潮。

滋补药膳 鱼腥草银花瘦肉汤

·清热解毒+凉血消痈·

主料 〉

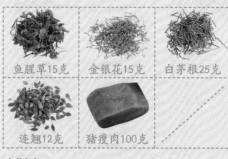

鱼腥草15克	金银花15克	白茅根25克
连翘12克	猪瘦肉100克	

辅料 〉 盐6克，味精少许

制作 〉

①鱼腥草、金银花、白茅根、连翘用清水洗净；②所有材料放锅内加水煎汁，用文火煮30分钟，去渣留汁；③猪瘦肉洗净切片，放入药汤里，用文火煮熟，调味即成。

适宜人群 〉 急性乳腺炎、肛周脓肿、化脓性腮腺炎、咽炎、痤疮等热毒化脓性病症的患者；肺热咳嗽咳痰者。

不宜人群 〉 虚寒症及阴性外伤者忌服。

滋补药膳 鱼腥草冬瓜瘦肉汤

·清热润肺+止咳化痰·

主料 〉

鱼腥草30克	冬瓜200克	瘦肉150克
薏米10克	川贝10克	

辅料 〉 盐6克

制作 〉

①冬瓜洗净，去皮切块；瘦肉洗净，切件；薏米洗净，浸泡；川贝洗净。②瘦肉放入沸水中汆去血水后捞出。③将冬瓜、瘦肉、薏米、生姜放入锅中，加入适量清水，炖煮1.5个小时后放入盐调味即可。

适宜人群 〉 肺热咳嗽、咳吐黄痰或腥臭脓痰患者（如急性肺炎、急性支气管炎、肺脓肿等患者）；小便不利者。

不宜人群 〉 脾胃虚寒者。

金银花

"清热解毒佳品"

金银花为忍冬科植物忍冬的花蕾。我国大部地区均产，以山东产量最大，河南产的质量较佳。它含异氯原酸、番木鳖苷、木犀草素、氯原酸、肌醇等成分，并富含挥发油，油中成分主要是双花醇、芳樟醇等。金银花自古被誉为清热解毒的良药。

【性味归经】
性寒、味甘。归肺、胃、心、大肠经

【适合体质】
热性体质

【煲汤适用量】
10~20克

【别　　名】
忍冬花、银花、鹭鸶花、苏花、金花、金藤花、双花、双苞花

【功效主治】

金银花具有清热、解毒、抗炎、消暑的功效。其可治温病发热、热毒血痢、痈疡、肿毒、瘰疬、痔漏等。其临床上用于治疗肺炎、肺结核并发呼吸道感染、急性细菌性痢疾、婴幼儿腹泻、外科化脓性疾患（如胆囊炎、阑尾脓肿、烫伤感染、术后感染、骨髓炎及败血症）、子宫颈糜烂、急慢性角膜炎、结膜炎、荨麻疹、冠心病、高血脂等，均有很好的疗效。药理研究发现，金银花对多种细菌有抑制作用，适用于诸多炎症，制成凉茶饮用，则可预防中暑、感冒及肠道传染病等病症。

【食用宜忌及用法】

金银花适宜流行性感冒、高血压患者服用。金银花可与其他食材煲汤食用，亦可泡水饮用；或入丸、散。其外用：研末调敷。脾胃虚寒、腹泻便溏及气虚、疮疡、脓清者忌服本品。金银花宜与芦根同食，可清热解暑、生津止渴；宜与莲子同食，可清热解毒、健脾止泻；宜与绿豆同食，可清热解毒、清暑解渴；宜与野菊花同食，可清热解毒。

【选购与保存】

金银花以花未开放、色黄白、肥大、气味清香、味微苦者为佳。其宜保存于干燥通风处保存，防虫蛀、防色变。

滋补药膳 金银花蜜枣煲猪肺

·清热泻肺+止咳化痰·

主料〉

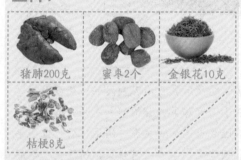

猪肺200克　　蜜枣2个　　金银花10克

桔梗8克

辅料〉盐、鸡精各适量

制作〉

①猪肺洗净，切成小块；蜜枣洗净，去核；金银花、桔梗洗净。②净锅上水烧开，余去猪肺上的血渍后捞出，清洗干净。③将猪肺、蜜枣、桔梗放进瓦煲，加入适量水，大火烧开后放入金银花，改小火煲2小时，加盐、鸡精调味即可。

适宜人群〉肺热咳嗽者（如肺炎、支气管炎、肺结核、肺癌等患者）；慢性咽炎患者。

不宜人群〉脾胃虚寒者；腹泻便溏者。

滋补药膳 金银花水鸭汤

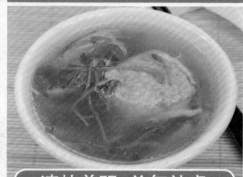

·清热养阴+益气补虚·

主料〉

水鸭350克　　金银花20克　　枸杞子20克

石斛8克

辅料〉盐4克，鸡精3克

制作〉

①水鸭收拾干净，切件；金银花、石斛洗净，浸泡；枸杞子洗净，浸泡。②锅中注水，烧沸，放入水鸭、石斛和枸杞子，以小火慢炖。③1小时后放入金银花，再炖1小时，调入盐和鸡精即可。

适宜人群〉阴虚燥热所见的口干咽燥、汗出、上火、口臭、口舌生疮、食欲不振、肺热咳嗽等病症患者；高血压患者。

不宜人群〉脾胃虚寒者、慢性腹泻患者。

滋补药膳 天山雪莲金银花煲瘦肉

·清热解暑+益气养阴·

主料

瘦肉300克　天山雪莲适量　金银花适量

干贝适量　山药适量

辅料 盐5克，鸡精4克

制作

①瘦肉洗净，切件；天山雪莲、金银花、干贝洗净；山药洗净，去皮，切件。②将瘦肉放入沸水过水，取出洗净。③将瘦肉、天山雪莲、金银花、干贝、山药放入锅中，加入清水用小火炖2小时，放入盐和鸡精即可。

适宜人群 暑热汗出过多导致的气阴两虚、神疲乏力、食欲不振的患者。

不宜人群 脾胃虚寒者。

滋补药膳 大蒜银花马齿苋汤

·清热解毒+止泻止痢·

主料

金银花20克　甘草3克　大蒜20克

马齿苋30克

辅料 白糖适量

制作

①将大蒜去皮，洗净捣烂。②金银花、甘草、马齿苋洗净，一起放入锅中，加水600毫升，用大火煮沸即可关火。③最后调入白糖即可服用。

适宜人群 湿热引起的痢疾、腹泻、痔疮、肛周脓肿等肛肠疾病；疔疮痈肿患者；流行性感冒患者；病毒性肝炎患者；尿路感染患者；流行性结膜炎患者；化脓性外科疾病患者。

不宜人群 脾胃虚寒、寒湿腹泻者。

甘草

"能调和诸药的补益中草药"

甘草为豆科植物甘草的根及根茎，多年生草本植物，多生于河岸的砂质土或向阳的草原上。它含有甘草甜素、多种黄酮化合物、葡萄糖、苹果酸、桦木酸、蔗糖等成分。甘草是一种补益中草药，有"十方九草"之美誉。

【性味归经】
味甘，性平。归心、肺、脾、胃经

【适合体质】
平和体质

【煲汤适用量】
1.5~9克

【别　　名】
生甘草、粉甘草、炙甘草、国老、甜草根

【功效主治】

甘草可和中缓急、润肺、解毒、调和诸药。其临床应用分"生用"与"蜜炙"之别。炙甘草偏于补中益气、缓急止痛，而生甘草则长于清热解毒、祛痰止咳、调和药性。炙甘草可治脾胃虚弱、食欲不振、腹痛便溏、劳倦发热、肺痿咳嗽、心悸、受惊吓等；生甘草可清解热毒，治咽喉肿痛、消化性溃疡、痈疽创伤等病症。其治疗热毒疮疡，可单用煎汤浸渍，或熬膏内服，常与地丁、连翘等清热解毒、消肿散结之品配伍。其治疗热毒咽喉肿痛，宜与板蓝根、桔梗、牛蒡子等清热解毒利咽之品配伍。

【食用宜忌及用法】

甘草适宜胃溃疡者、十二指肠溃疡者、神经衰弱者、支气管哮喘者以及血栓静脉炎患者服用。湿盛胀满、浮肿者，高血压患者不宜服用本品。甘草虽好，但不宜长期大量服用，否则可引起水肿、血压升高、血钾降低、脘腹胀满等。可取白菊花100克，甘草9克分别洗净，加水一起煎煮，去渣饮汤，分3次饮服，能清热解毒，主治疔疮肿毒，局部红肿热痛、口渴心烦、尿黄便干。甘草不宜与京大戟、芫花、甘遂同用。

【选购与保存】

甘草以外皮细紧、色棕红、质地坚实、断面黄白色、粉性足、有明显的菊花纹，味甜者为佳。其宜密封保存在干燥处，防霉、防虫蛀。

滋补药膳 甘草麦枣瘦肉汤

·疏肝解郁+养心安神·

主料 〉

瘦肉400克　　甘草适量　　小麦适量

红枣适量

辅料 〉 盐5克

制作 〉

①瘦肉洗净，切件，汆去血水；甘草、小麦、红枣均洗净备用。②将瘦肉、甘草、小麦、红枣放入锅中，加入适量清水，大火煮开，转小火炖2小时。③调入盐即可食用。

适宜人群 更年期综合征患者；心悸、失眠多梦患者；脾胃虚弱、食欲不振者；胃溃疡患者；五心烦热、郁郁寡欢等患者。

不宜人群 高血压患者。

滋补药膳 甘草猪肺汤

·清热滋阴+泻肺止咳·

主料 〉

熟猪肺200克　　甘草10克　　雪梨1个

百合10克

辅料 〉 盐6克，白糖适量

制作 〉

①将熟猪肺洗净，切片，汆去血水；甘草洗净，雪梨洗净、切丝，百合洗净备用。②净锅上火倒入水，调入盐、白糖，大火烧开，下入猪肺、甘草、雪梨、百合煮沸后转小火煲1小时即可。

适宜人群 肺热咳嗽、咳黄痰者（如肺炎、支气管炎、百日咳、肺脓肿等）；或肺阴虚干咳者（肺结核、肺癌、慢性咽炎等）。

不宜人群 脾胃虚寒者、腹泻患者、高血压患者。

夏枯草 "清肝火、散郁结的要药"

夏枯草为唇形科植物夏枯草的果穗。其主产于江苏、安徽、浙江、河南等地，其他各省亦产。全草含三萜皂苷、游离的齐墩果酸、熊果酸、芸香苷、金丝桃苷、顺–咖啡酸、反–咖啡酸、维生素B_1、维生素C、维生素K、胡萝卜素、树脂、鞣质、挥发油、生物碱、水溶性盐类等。

【性味归经】
性寒，味苦、辛。
归肝、胆经

【适合体质】
肝火盛者、阴虚
阳亢者

【煲汤适用量】
9~20克

【别　　名】
胀饱草、棒槌草、干
叶、锣锤草、东风、
牛枯草

【功效主治】

夏枯草具有清肝、散结、利尿的功效，主治瘰疬、瘿瘤、乳痈、乳癌、目赤痒痛、羞明流泪、头目眩晕、口眼歪斜、筋骨疼痛、肺结核、急性黄疸型传染性肝炎、血崩、带下等。现代药理研究发现，夏枯草有降血压作用，夏枯草的煎剂对痢疾杆菌、伤寒杆菌、霍乱弧菌、大肠杆菌，以及一些常见的致病性皮肤真菌都有抑制作用。其治疗肝火上炎，目赤肿痛，可配桑叶、菊花、决明子等药用。用夏枯草配当归、枸杞子，可用于肝阴不足，目珠疼痛，至夜尤甚者，亦可配香附、甘草用，如夏枯草散。其治疗乳痈肿痛，常与蒲公英同用。其若配金银花，可治热毒疮痈。

【食用宜忌及用法】

夏枯草可煎汤服用；熬膏或入丸、散。其外用可煎水洗或捣敷。脾胃虚弱、慢性肠道疾病患者慎服本品。平时人们可以选择适量的夏枯草泡茶饮用，可以起到清热、除烦、明目的作用，方法是选用夏枯草10克，冲入沸水，加盖焖10分钟左右即可饮用。

【选购与保存】

夏枯草以色紫褐、穗大者为佳。其应置于通风干燥处保存，并防潮、防霉、防虫蛀。

滋补药膳 鸡骨草夏枯草煲猪胰

·清热解毒+清肝利尿·

主料〉

鸡骨草30克　夏枯草20克　猪胰1条

姜适量

辅料〉盐1克

制作〉

①猪胰刮洗干净；鸡骨草、夏枯草泡洗干净；姜洗净，去皮切片。②净锅注水烧开，放入猪胰，滚去表面血渍，倒出用水洗净。③瓦煲装水，烧开后加入鸡骨草、夏枯草、猪胰、姜片，煲2小时后调入盐，盛出即可食用。

适宜人群 甲状腺功能亢进、淋巴结结核、乳腺炎、乳癌、尿路感染、目赤痒痛、畏光流泪、头目眩晕、口眼歪斜、筋骨疼痛、肺结核、急性黄疸型传染性肝炎等症患者。

不宜人群 脾胃虚寒者、慢性肠炎患者。

滋补药膳 夏枯草黄豆脊骨汤

·散结消肿+降低血压·

主料〉

脊骨200克　夏枯草15克　黄豆30克

姜适量

辅料〉盐、鸡精各3克

制作〉

①脊骨洗净，斩件；夏枯草洗净；黄豆洗净，浸水30分钟。姜切片。②砂煲注水烧开，下脊骨煮尽血水，倒出洗净。③砂煲注入清水后，放入脊骨、黄豆用大火烧开，放进夏枯草、姜片，改小火炖煮1.5小时，调味即可。

适宜人群 甲状腺功能亢进患者、高血压患者、骨质疏松者、骨质增生者、淋巴结结核、结膜炎患者。

不宜人群 脾胃虚寒者。

决明子 "清肝明目好帮手"

决明子为豆科一年生草本植物决明或钝叶决明的成熟种子。其主产于安徽、广西、四川、浙江、广东等地。其新鲜种子含大黄酚、大黄素、芦荟大黄素、大黄酸、大黄素葡萄糖苷、大黄素蒽酮、大黄素甲醚、决明素、橙黄决明素，以及新月孢子菌玫瑰色素、决明松、决明内酯。

【性味归经】
性凉，味甘、苦。归肝、胆、肾、大肠经

【适合体质】
热性体质

【煲汤适用量】
9~15克

【别　名】
狗屎豆、假绿豆、芹决、羊角豆、羊尾豆

【功效主治】

决明子具有清肝明目、利水通便的功效，可治风热或肝火引起的目赤肿痛、青盲、高血压、高脂血症、肝炎、习惯性便秘以及急性结膜炎等。据现代药理研究指出，决明子具有降压、降低血清、胆固醇的作用，还有抗菌作用，可治疗脚气病。常服决明子还有减肥的功效。

【食用宜忌及用法】

决明子适宜肾虚、便秘、体胖者服用。决明子可煎汤服用或泡水饮用；亦可研末，外用研末调敷。在日常生活中，可把决明子作为一种保健食品。取决明子、绿茶各5克冲入沸水饮用，可清热平肝、降脂降压、润肠通便、明目益睛，特别适合使用电脑一族。也可取枸杞子10克，菊花3克，决明子20克用沸水冲泡饮用，亦可起到清肝泻火、养阴明目、降压降脂的功效。但决明子微寒，脾胃虚寒、脾虚泄泻及低血压者忌服。更不可长期食用决明子，决明子有润肠通便作用，长期吃会损伤身体的正气。决明子宜与茄子同食，可清肝降逆、润肠通便；宜与蜂蜜同食，可治疗便秘。

【选购与保存】

决明子外观为马蹄形小颗粒，以颗粒均匀、饱满、黄褐色者为佳。其应密封保存。其宜置于干燥通风的地方，且须防鼠食及虫蛀。

滋补药膳 决明鸡肝苋菜汤

·清肝明目+解毒通便·

主料 >

苋菜250克	枸杞子叶30克	鸡肝2副
决明子15克		

辅料 > 盐2小匙

制作 >

①苋菜剥取嫩叶和嫩梗，与枸杞子叶均洗净，沥干。②鸡肝洗净，切片，汆去血水后捞起。③决明子装入棉布袋扎紧，放入煮锅中，加水1200克熬成高汤，药袋捞起丢弃。④加入苋菜、枸杞子叶，煮沸后下肝片，再煮开后加盐调味即可。

适宜人群 肝火旺盛导致的目赤肿痛、眼睛干涩患者；白内障患者；青光眼患者；夜盲症患者；视力下降者。

不宜人群 脾胃虚寒腹泻者。

滋补药膳 大肠决明海带汤

·清热解毒+润肠通便·

主料 >

猪大肠200克	海带75克	豆腐50克
决明子10克		

辅料 > 高汤适量，盐5克

制作 >

①将猪大肠翻转过来用盐反复搓洗，清洗干净内壁，切块、焯水，海带洗净、切块，豆腐洗净、切块备用。②净锅上火倒入高汤，下入猪大肠，海带、决明子、豆腐，调入盐煲至熟即可。

适宜人群 脾胃燥热或湿热引起的口臭、口舌生疮、习惯性便秘、小便黄赤、两目干涩疼痛的患者；结肠癌、直肠癌患者。

不宜人群 腹泻患者。

板蓝根 "治疗感冒的常用药品"

板蓝根为十字花科植物菘蓝和草大青的根；或爵床科植物马蓝的根茎及根。其主产于湖南、江西、广西、广东等地。菘蓝的根部含靛苷、β-谷甾醇、靛红、板蓝根结晶乙、板蓝根结晶丙、板蓝根结晶丁。板蓝根是家喻户晓的中草药，是防治感冒的常用药品。

【性味归经】
性寒、味苦。归肝、胃经

【适合体质】
湿热体质

【煲汤适用量】
15~30克

【别　　名】
靛青根、蓝靛根、靛根

【功效主治】

板蓝根善于清解实热火毒，而更以解毒利咽散结见长，具有清热解毒、凉血利咽的功效，主治流行性感冒、流行性脑脊骨髓膜炎、肺炎、丹毒、热毒发斑、神昏吐衄、咽肿、痄腮、火眼、疮疹、舌绛紫暗、喉痹、烂喉丹痧、大头瘟疫、痛肿；治疗外感风热或温病初起引起的发热、头痛、咽痛，可单味使用，或与金银花、荆芥等疏散风热药同用；若风热上攻引起咽喉肿痛者，常与玄参、马勃、牛蒡子等同用。此外，还可防治流行性感冒、流行性乙型脑炎、肝炎、流行性腮腺炎、骨髓炎等。

【食用宜忌及用法】

板蓝根一般人都可使用。但体虚而无实火热毒者忌服。板蓝根可煎汤服用，板蓝根对防治风热性感冒等确有一定作用，但对风寒等其他类型感冒则不一定适合。虽然板蓝根冲剂是"良性药"，但是，因滥用板蓝根冲剂和针剂，发生过敏反应和其他不良反应的也不少。其过敏反应主要表现为头昏眼花、面唇青紫、四肢麻木、全身皮肤潮红、皮疹等，有时表现为全身出现红斑型药疹，严重时可引起过敏性休克。板蓝根不宜与绿豆、香蕉、黄瓜同食，易引起腹泻。

【选购与保存】

板蓝根以平直、坚实、粉性大、粗壮者为佳。其宜置于通风干燥处保存，防霉、防蛀。

滋补药膳 板蓝根丝瓜汤

·凉血利咽+清热润燥·

主料 〉

板蓝根20克	丝瓜250克	玄参5克
蒲公英8克		

辅料 〉 盐适量

制作 〉

①将板蓝根、玄参、蒲公英均洗净；丝瓜洗净，连皮切片，备用。②砂锅内加水适量，放入板蓝根、玄参、蒲公英、丝瓜片。③武火烧沸，再改用文火煮15分钟至熟，捞去药渣，加入盐调味即可。

适宜人群 上火引起的咽喉肿痛、口舌生疮者；粉刺、痱子、酒糟鼻患者；腮腺炎、扁桃体炎患者；乳腺癌患者；肠燥便秘者。

不宜人群 脾胃虚寒者。

滋补药膳 板蓝根猪腱汤

·发散风热+解毒杀菌·

主料 〉

板蓝根10克	连翘8克	苦笋50克
猪腱180克		

辅料 〉 味精、鸡精、盐各适量

制作 〉

①板蓝根、连翘均洗净，放入锅内，加入适量的清水，煎取药汁备用。②猪腱洗净，斩成小块；苦笋洗净，切片。③再将苦笋、猪腱加入药汁放入炖盅内蒸2个小时，最后放入味精、鸡精、盐调味即可。

适宜人群 风热感冒、流行性感冒、流行性结膜炎、流行性脑脊髓膜炎、口舌生疮、带状疱疹、咽炎、腮腺炎、眼睛红肿疼痛、疮疹、各种疔疮痈肿患者。

不宜人群 体虚而无实火热毒者。

蒲公英 "治疗急性阑尾炎的重要药物"

蒲公英为为菊科植物蒲公英的带根全草，是药食兼用的植物。其全国大部分地区有产。它含大量蛋白质、脂肪、碳水化合物、粗纤维、钙、磷、铁、尼克酸、维生素C、胡萝卜素、多种氨基酸等。蒲公英药用范围广，尤其是治疗急性阑尾炎的重要药物。

【性味归经】
性寒，味苦、甘。
归胃、肝经

【适合体质】
湿热体质

【煲汤适用量】
9~30克

【别　　名】
凫公英、蒲公草、狗乳草、奶汁草、黄花三七

【功效主治】

本品苦寒，既能清解火热毒邪，又能泄降滞气，故为清热解毒、消痈散结之佳品，主治内外热毒疮痈诸症，兼能疏郁通乳，故为治疗乳痈之要药。治疗急性乳腺炎，可单用本品浓煎内服；或以鲜品捣汁内服，渣敷患处；也可与全瓜蒌、金银花、牛蒡子等药同用；治疗肺脓肿吐脓，常与鱼腥草、冬瓜仁、芦根等同用；治疗热淋涩痛，常与白茅根、金钱草、车前子等同用；治肠痈腹痛，便下脓血，常与大黄、牡丹皮、桃仁等同用；治疗急、慢性咽炎，可与与板蓝根、玄参等配伍同用。

【食用宜忌及用法】

蒲公英适宜目赤、咽痛者服用；阳虚外寒、脾胃虚弱者不宜服用。蒲公英可煎汤服用，亦可捣汁或入散剂。其外用：捣敷。蒲公英宜与车前草同食，可清热解毒、利水祛湿；宜与绿豆同食，可清热解毒、利尿消肿；宜与猪肉同食，可解毒散结、滋阴润燥；宜与猪大肠同食，可清热解毒、祛瘀排脓。幼嫩的蒲公英还可凉拌和生食，是一种极好的蔬菜，根茎去皮抽芯亦可腌食，蒲公英还可炒食、做汤、炝拌风味独特。

【选购与保存】

蒲公英以叶多、色灰绿、根完整、无杂质者为佳。其宜置通风干燥处保存，防潮、防蛀。

滋补药膳 蒲公英霸王花猪肺汤

·清热泻肺+止咳排脓·

主料

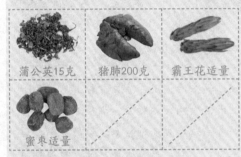

| 蒲公英15克 | 猪肺200克 | 霸王花适量 |
| 蜜枣适量 | | |

辅料 盐适量，生抽4克

制作

①将霸王花洗净；蜜枣洗净泡发，切成薄片；蒲公英洗净，煎取药汁备用。②猪肺洗净，切成大块，入沸水中汆去血渍，捞出洗净。③将猪肺、蜜枣放入炖盅，注入清水，大火烧开，放入霸王花、蒲公英改小火煲2小时，加盐、生抽调味即可。

适宜人群 肺热咳嗽，咳吐黄痰、脓痰者（如肺脓肿、急性肺炎、化脓性咽喉炎等患者）；急性乳腺炎患者；腮腺炎患者；胃肠燥热便秘患者；肛周脓肿患者。

不宜人群 脾胃虚寒者、腹泻者。

滋补药膳 蒲公英赤小豆薏米汤

·清热解毒+利尿消炎·

主料

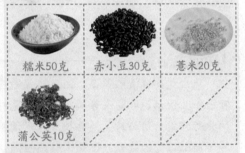

| 糯米50克 | 赤小豆30克 | 薏米20克 |
| 蒲公英10克 | | |

辅料 白糖5克，葱花7克

制作

①糯米、赤小豆、薏米均泡发洗净；蒲公英洗净，放入锅中，煎取药汁备用。②锅置火上，倒入清水，放入糯米、赤小豆、薏米，以大火煮开，转小火煮至米粒开花。③倒入蒲公英汁煮至粥呈浓稠状，撒上葱花，调入白糖拌匀即可。

适宜人群 急性咽炎、扁桃体炎患者；急性乳腺炎患者；热毒性疔疮疖肿患者；尿路感染者；肺脓肿患者；痢疾、湿热腹泻者。

不宜人群 脾胃虚寒者。

马齿苋 "清热解毒、消肿止痛"

马齿苋为马齿苋科一年生草本植物。其国内各地均有分布。其含有大量去甲肾上腺素、钾盐、苹果酸、葡萄糖、钙、磷、铁、胡萝卜素、B族维生素、维生素C等。马齿苋是清热解毒、消肿止痛的常用药。

【性味归经】
味甘、酸，性寒。入心、肝、脾、大肠经

【适合体质】
血热体质

【煲汤适用量】
6~9克（干）

【别　名】
长命菜、长寿菜、五行草、马蜂菜、马马菜

【功效主治】

马齿苋具有清热解毒、消肿止痛的功效。其主治痢疾、肠炎、肾炎、产后子宫出血、便血、乳腺炎等病症。马齿苋对肠道传染病，如肠炎、痢疾等，有独特的食疗作用。用马齿苋鲜品捣汁入蜜调服，可治疗产后下痢脓血；若与黄芩、黄连等药配伍可治疗大肠湿热，腹痛泄泻，或下利脓血，里急后重等症。马齿苋用治血热毒盛，痈肿疮疡、丹毒肿痛，可单用本品煎汤内服并外洗，再以鲜品捣烂外敷。马齿苋还有消除尘毒、防止吞噬细胞变形和坏死、杜绝矽结节形成，防止矽肺病发生的功能。

【食用宜忌及用法】

马齿苋适宜肠炎、痢疾、尿血、尿道炎、湿疹、皮炎、赤白带下、痔疮等患者食用。孕妇及脾胃虚寒者不宜食用马齿苋。马齿苋宜与绿豆同食，可消暑解渴、止痢；马齿苋宜与蜂蜜同食，可治疗痢疾；马齿苋宜与猪肠同食，可治疗痔疮；马齿苋宜与粳米同食，可清热、止痢；马齿苋宜与莲藕同食，可清热解毒、凉血止咳；马齿苋宜与黄花菜同食，可清热祛毒。

【选购与保存】

马齿苋要选择叶片厚实、水分充足、鲜嫩肥厚多汁的马齿苋。马齿苋用保鲜袋封好，放在冰箱中可以保存1周左右。

滋补药膳 马齿苋杏仁瘦肉汤

·清热利湿+消炎杀菌·

主料 〉

鲜马齿苋100克　金银花6克　杏仁20克

猪瘦肉150克

辅料 〉 盐适量

制作 〉

①鲜马齿苋洗净；猪瘦肉洗净切块；金银花、杏仁均洗净备用。②将马齿苋、杏仁、金银花、猪瘦肉一起放入锅中，加适量清水，大火煮开，转小火续煮10分钟，最后加盐调味即可。

适宜人群 湿热腹泻、痢疾患者；肛周脓肿患者；乳腺炎患者；阴道炎、外阴瘙痒、尿道炎、白带色黄臭秽者；上火引起的口舌生疮、目赤肿痛者；湿疹、皮肤瘙痒者。

不宜人群 脾胃虚寒者。

滋补药膳 马齿苋木耳猪肠汤

·清热解毒+止泻止痢·

主料 〉

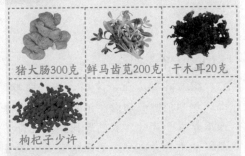

猪大肠300克　鲜马齿苋200克　干木耳20克

枸杞子少许

辅料 〉 盐适量

制作 〉

①猪大肠洗净切段；马齿苋、枸杞子均洗净；干木耳泡发，洗净。②锅注水烧开，下猪大肠汆透。③将猪大肠、枸杞子、马齿苋一起放入炖盅内，注入清水，大火烧开后再用小火煲2.5小时，加盐调味即可。

适宜人群 湿热痢疾、急性腹泻、肠炎、便血、痔疮、肛周脓肿等患者；尿路感染患者。

不宜人群 脾胃虚寒者。

绿豆

"济世之食谷"

绿豆富含蛋白质、脂肪、碳水化合物及蛋氨酸、色氨酸、赖氨酸等球蛋白类和磷脂酰等成分。绿豆中蛋白质的含量几乎是大米的3倍，其含维生素、钙、磷，铁等都比大米多，其赖氨酸含量更是大米、小米的1~3倍，它不但具有良好的食用价值，还具有非常好的药用价值，有"济世之食谷"的美称。

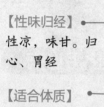

【性味归经】
性凉，味甘。归心、胃经

【适合体质】
热性体质

【煲汤适用量】
15~30克，大剂量可用120克

【别　　名】
青小豆、菉豆、植豆

【功效主治】

绿豆具有降压、降脂、滋补强壮、调和五脏、保肝、清热解毒、消暑止渴、利水消肿的功效。治疗暑热烦渴尿赤等症，可单用绿豆煮汤食用；亦可与西瓜翠衣、荷叶、青蒿等同用。此外，常服绿豆汤对接触有毒、有害化学物质而可能中毒者有一定的防治效果。绿豆还能够防治脱发、使骨骼和牙齿坚固、帮助血液凝固。

【食用宜忌及用法】

绿豆适宜有疮疖痈肿、丹毒等热毒所致的皮肤感染及高血压、水肿、红眼病等病症患者食用。脾胃虚寒、肾气不足、易泻者、体质虚弱和正在吃中药者不宜食用绿豆。绿豆煮前浸泡，可缩短其被煮熟的时间。绿豆可煎汤服用；亦可研末；或生研绞汁。绿豆外用：可取适量研末调敷。绿豆宜与燕麦同食，可抑制血糖值上升；宜与南瓜同食，可清肺、降糖；宜与大米同食，有利于消化吸收；宜与百合同食，可解渴润燥；宜与蒲公英同食，可清热解毒、利尿消肿。但其不宜与狗肉同食，会引起中毒；不宜与西红柿同食，会引起身体不适；不宜与榛子同食，会导致腹泻；不宜与羊肉同食，会导致肠胃胀气。

【选购与保存】

挑选绿豆时，一观其色，如是褐色，说明其品质已经变了；二观其形，如表面白点多，说明已被虫蛀。贮存绿豆宜将绿豆在阳光下暴晒5个小时，然后趁热密封保存。

滋补药膳 绿豆茯苓薏米粥

·利尿通淋+清热祛湿·

主料 >

绿豆120克	薏米200克	土茯苓15克
冰糖100克		

辅料 > 无

制作 >

①绿豆、薏米淘净，盛入锅中加6碗水。②土茯苓碎成小片，放入锅中，以大火煮开，转小火续煮30分钟。③加冰糖煮溶即可。

适宜人群 湿热病症患者（如尿路感染者、肾炎水肿者、湿热腹泻者、痛风患者、风湿性关节炎患者、阴道炎患者、盆腔炎患者、前列腺炎患者）。

不宜人群 脾胃虚寒者。

滋补药膳 百合绿豆凉薯汤

·清热解毒+滋阴润肺·

主料 >

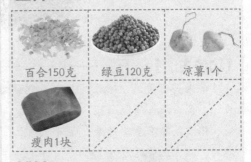

百合150克	绿豆120克	凉薯1个
瘦肉1块		

辅料 > 盐、味精、鸡精各适量

制作 >

①百合泡发；瘦肉洗净，切成块；②凉薯洗净，去皮，切成大块；③将所有原材料放入煲中，以大火煲开，转用小火煲15分钟，加入调味料调味即可。

适宜人群 夏季中暑者；痤疮、粉刺患者；小儿夏季热患者；上火引起的咽喉肿痛、面红目赤、小便黄赤、大便秘结者。

不宜人群 脾胃虚寒、便稀腹泻者。

251

槐米

"凉血止血、清肝泻火"

槐米为豆科植物槐的花蕾。槐米主产于河南、山东、山西、陕西、安徽、河北、江苏等地，近年来宁夏、甘肃等地种植也已有规模，越南也有大面积的栽种。槐米是凉血止血、清肝泻火的常用药。

【性味归经】

性微寒，味苦。入肝、大肠经

【适合体质】

血热体质

【煲汤适用量】

10~15克

【别　名】

白槐、槐米、槐米米、槐子

【功效主治】

槐米具有清热、凉血、止血、降压的功效，对吐血、尿血、痔疮出血、风热目赤、高血压、高脂血症、颈淋巴结核、血管硬化、大便带血、糖尿病、视网膜炎、银屑病等有显著疗效，还可以驱虫、治咽炎。槐米能增强毛细血管的抗通透能力，减少血管通透性。

【食用宜忌及用法】

可取槐米100克，白酒750毫升，白糖适量制成槐米酒，每次饮用30~50毫升，每日1次。槐米酒具有降血压、预防中风、健胃消食、消除疲劳的功效，适用于老年人心血管疾患及脾虚纳呆、体倦欲寐、形体肥胖等病症。由风热内扰引起的大便带血、目赤、痔血患者则可取槐米10克，粳米30克，红糖适量，先煮粳米取米汤，将槐米研面调入米汤中，加红糖适量调服。此饮清香甘甜，具有凉血止血，清肝降火的功效。还可取菊花、槐米、绿茶各3克，泡茶饮用，具有清肝疏风、降火明目、止渴除烦的功效，对于辅助治疗高血压有一定功效，还适用于目赤、眼目昏花、消渴、烦热等病症。但槐米性寒凉，阳气不足、脾胃虚寒者慎食。

【选购与保存】

槐米以个大、紧缩、色黄绿、无梗叶者为佳。其宜置于阴凉干燥处保存，防潮、防蛀。

滋补药膳 槐米猪肠汤

·凉血止血+活血化瘀·

主料 〉

| 猪肠100克 | 三七15克 | 槐米10克 |
| 蜜枣20克 | | |

辅料 〉 盐、生姜各适量

制作 〉

①猪肠洗净，切段后加盐抓洗，用清水冲净；三七、槐米、蜜枣均洗净备用；生姜去皮，洗净切片。②将猪肠、蜜枣、三七、生姜放入瓦煲内，再倒入适量清水，以大火烧开，转小火炖煮20分钟。③再下入槐米炖煮3分钟，加盐调味即可。

适宜人群 便血者、肠癌患者；功能性子宫出血的患者。

不宜人群 孕妇。

滋补药膳 槐米炖排骨

·凉血止血+活血化瘀·

主料 〉

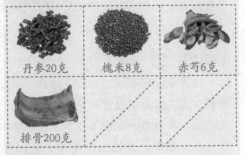

| 丹参20克 | 槐米8克 | 赤芍6克 |
| 排骨200克 | | |

辅料 〉 盐6克，鸡精3克

制作 〉

①将丹参、槐米、赤芍分别洗净，装入纱布袋，扎紧备用；将排骨洗净，余去血水备用。②将药袋和排骨同放锅内，加水煮开后改小火慢炖。③煲至排骨熟烂，捡去药渣，加盐、鸡精调味即可。

适宜人群 各种血热出血病症患者，如便血、尿血、月经过多、崩漏、鼻出血、胃出血等患者；直肠癌患者；痤疮患者。

不宜人群 脾胃虚寒者、孕妇。

白茅根 "理血止血的消暑药"

白茅根为禾本科多年生草本植物白茅的根茎。它除了含芦竹素、白茅素、羊齿烯醇及西米杜鹃醇外，还含有枸橼酸、苹果酸、草酸、蔗糖、果糖、葡萄糖等成分。

【性味归经】
性寒、味甘。归肺、胃、膀胱经

【适合体质】
湿热体质

● 【煲汤适用量】
10~15克（鲜者加倍）

● 【别　　名】
茅根、茹根、地菅、地筋、兼杜、白花茅根、丝毛草根

【功效主治】

白茅根具有凉血、止血、清热、利尿的功效，主治热病烦渴、吐血、衄血、肺热喘急、胃热哕逆、淋病、小便不利、水肿、黄疸等。白茅根中含有丰富的钾盐，故利尿作用十分明显，又因性寒味甘，故能除脾胃伏热，治消渴，止诸血，治黄疸、水肿，且能生肺津而凉血、通淋闭、治血尿及妇女血热妄行、崩中漏下。其临床多用于治疗急性肾炎、急性传染性肝炎；而用于高血压、上消化道出血也有一定的效果。

【食用宜忌及用法】

本品急性肾炎、膀胱炎、尿道炎等泌尿系感染者宜食；咯血、鼻出血、小便出血、高血压病人宜食；急性发热性病人烦热口渴者宜食；急性传染性黄疸肝炎者宜食；小儿麻疹者宜食。但脾胃虚寒，尿多不渴者忌服本品。切制白茅根忌用水浸泡，以免钾盐丢失。用茅根煮猪肉，或以白茅根、赤小豆共煎汤，对治疗黄疸水有一定的作用。用白茅根与荠菜同煮，可用于小儿麻疹。白茅根与姜同食，可用于治疗劳伤性尿血。其与鲜莲藕同食，可用于尿血、心烦等症。单用白茅根煎汤代茶喝，可清热利尿。

【选购与保存】

白茅根以粗肥、色洁白、无须根、洁净味甜者为佳。其保存时应置于干燥处，防霉烂。

滋补药膳 银花茅根猪蹄汤

·清热解毒+通络下乳·

主料

金银花15克　桔梗15克　白芷15克

白茅根15克　灵芝8克　猪蹄1只

辅料 黄瓜35克，盐6克

制作

①将猪蹄洗净、切块、余水；黄瓜去皮、子洗净，切滚刀块备用；灵芝洗净，备用。②将金银花、桔梗、白芷、茅根洗净装入纱布袋，扎紧。③汤锅上火倒入水，下入猪蹄、药袋，调入盐、灵芝烧开，煲至快熟时，下入黄瓜，捞起药袋丢弃即可。

适宜人群 急性乳腺炎患者、产后缺乳患者。

不宜人群 脾胃虚寒、寒湿中阻者。

滋补药膳 茅根马蹄猪展汤

·清热凉血+利尿通淋·

主料

干白茅根15克　马蹄10个　藕节20克

猪展300克

辅料 盐适量

制作

①干白茅根、藕节均洗净备用；马蹄洗净去皮；猪展洗净，切块。②将白茅根、马蹄、藕节、猪展一起放入砂锅中，注入清水，大火煲沸后改小火煲2小时。③最后加盐调味即可。

适宜人群 尿路感染（症见尿频、尿急、尿痛）患者；急、慢性肾炎（症见高血压、水肿、蛋白尿、血尿）患者；尿路结石者以及各种湿热性疾病患者。

不宜人群 脾胃虚寒、便稀腹泻者；肾虚夜尿频多者。

薄荷 "治疗风热感冒的清凉药"

薄荷味唇形科植物薄荷的茎叶。它主要含有挥发油，即薄荷醇、薄荷酮、异薄荷酮等成分。此外，还含有薄荷烯酮、荻烯、蒎烯、柠檬烯、迷迭香酸和兰香油烃等。薄荷是中华常用中药之一，是治疗风热感冒的清凉药。

【性味归经】
味辛，性凉。归肺、肝经

【适合体质】
湿热体质

【煲汤适用量】
4~10克

【别　名】
苏薄荷、南薄荷

【功效主治】

薄荷具有疏散风热、清利头目、利咽透疹、疏肝行气的功效，主治外感风热、头痛、咽喉肿痛、食滞气胀、口疮、牙痛、疮疥、瘾疹、温病初起、风疹瘙痒、肝郁气滞、胸闷胁痛等病症。其治疗风热上攻，头痛眩晕，宜与川芎、石膏、白芷等祛风、清热、止痛药配伍。其他像耳痛、血痢、流血不止也可用薄荷来治疗。

【食用宜忌及用法】

薄荷适宜外感风热、头痛目赤、咽喉肿痛者服用。阴虚血燥、汗多表虚、脾胃虚寒、腹泻便溏者须慎用薄荷，尤其不可多服、久服。薄荷若煎汤作茶饮用，则忌久煮。薄荷在西方国家被广泛应用于精油制作中，是常用的提神醒脑香草，很适合普通家庭种植、食用。新鲜薄荷可用于料理中，增加料理的风味。薄荷宜与桑葚同食，可用于肝肾阴亏、津亏血少等；宜与马齿苋同食，可清心明目；宜与西瓜同食，可提神醒脑；宜与粳米同食，可用于外感发热、发热头痛等。但其不宜与甲鱼同食，两者性味、功能相反。

【选购与保存】

薄荷以身干、无根、叶多、色绿、气味浓者为佳。其应置于干燥处保存，并密封以防香气走失。

滋补药膳 薄荷水鸭汤

·清热泻火+利咽爽喉·

主料〉

| 嫩薄荷叶30克 | 百合10克 | 玉竹10克 |
| 水鸭肉400克 | | |

辅料〉 姜3片，盐、油、味精各适量

制作〉

①水鸭肉洗净，斩成小块；嫩薄荷叶洗净；百合、玉竹洗净备用。②锅中加水烧沸，下鸭肉块焯去血水，捞出。③净锅放油烧热，下入姜片、鸭肉块炒干水分，加入适量清水，倒入煲中大火煲30分钟，再下入薄荷叶、玉竹、百合，转小火煮10分钟，最后加盐、味精调味即可。

适宜人群 外感风热、头痛目赤、暑热烦渴、咽干口燥者；口腔溃疡患者；急、慢性咽炎患者；扁桃体炎患者；肺热咳嗽者。

不宜人群 汗多者、脾虚便溏者。

滋补药膳 薄荷椰子杏仁鸡汤

·滋阴清热+益气补虚·

主料〉

| 薄荷叶10克 | 椰子1只 | 杏仁20克 |
| 鸡腿肉45克 | | |

辅料〉 盐3克

制作〉

①将薄荷叶洗净，切碎；椰子切开，将汁倒出；杏仁洗净；鸡腿洗净斩块备用。②净锅上火倒入水，下入鸡块余水洗净待用。③锅置火上倒入水，下入鸡块、薄荷叶、椰汁、杏仁烧沸煲至熟，调入盐即可。

适宜人群 阴虚火旺者（如口干咽燥、喜冷饮、五心烦热、胃热厌食）；肝郁气滞、胸闷胁痛者；食积不化者；胃阴亏虚者。

不宜人群 脾胃虚寒者、汗多表虚者。

第七章

活血化瘀汤

　　凡以通利血脉，促进血行，消散瘀血为主要功效，用于治疗瘀血病症的药物，称为活血化瘀药，常见的活血化瘀药有：当归、川芎、三七、丹参、益母草、红花、延胡索、香附等。此类药性味多辛、苦、温，入心、肝经，主要治疗内科胸、腹、头疼痛，疼痛多如针刺样及中风不遂，肢体麻木，跌扑损伤，疮痈肿痛，闭经，产后腹痛等。现代临床上也常用其来治疗心脑血管疾病，如高血压、动脉硬化、冠心病、脑卒中等。活血化瘀药还具有改善血液动力学、加强子宫收缩、镇痛、抗炎、抗菌、调节机体免疫功能的药理学作用。

　　临床食用本类药时，为提高活血化瘀之效，常配伍理气药同用。其在治疗疾病时，须辨证论治，如寒凝血瘀者，配温里散寒药；热性血瘀者常配伍清热凉血药同用，痰瘀阻滞者，配化痰除湿药同用；风湿痹阻，经脉不通者，当与祛风湿药同用。但使用时应注意，本类药物易耗血动血，月经过多、出血无瘀者忌用；孕妇慎用或忌用。

三七

"常用的止血、止痛药"

三七为五加科植物三七的根。其主产云南、广西等地。它含有三七醇、三七皂苷、黄酮苷、槲皮素、五加A素、β-谷甾醇、淀粉、油脂等成分。明代著名的医药学家李时珍称其为"金不换"。

【性味归经】
性温，味甘、微苦。归肝、胃经

【适合体质】
血瘀体质

【煲汤适用量】
3~9克

【别　　名】
金不换、血参、参三七、田三七、田漆、三七

【功效主治】

三七具有止血、散瘀、消肿、定痛的功效。三七不仅能活血，还能降低微血管通透性，所含三七醇更有显著的降压作用。另外，三七含有的五加A素，具有利尿作用。三七可治各种出血症，能行瘀而敛新血，凡产后、经期、跌打、痈肿，一切瘀血病症皆可治；凡吐衄、崩漏、刀伤、剑伤，一切新血病症皆可治。现代临床将三七用于冠心病、心绞痛的治疗，也有着不错的效果。

【食用宜忌及用法】

三七适宜内、外出血，胸腹刺痛者服用。可取三七粉末1.5克，用温开水冲服，每天3次，此法可治疗各种类型的胃出血。可取三七粉末6克，温开水冲服，每日2次，对心绞痛有一定疗效。此外，服用三七粉对冠心病、高血脂、寻常疣、顽固性头痛、癌症等都有一定的食疗功效。三七可煎汤服用，亦可磨汁涂、研末撒或调敷。三七孕妇忌服，外用也须慎重。血虚吐衄，血热妄行者禁用。三七不宜与猪血、菠菜、橘子、猕猴桃同食，会影响营养吸收、降低药效。

【选购与保存】

三七以质地坚实、体重皮细、断面处呈棕黑色、无裂痕、味苦回甜者为佳。其密封后，应放在阴凉干燥的地方保存，以防霉、防虫蛀。

滋补药膳 三七木耳乌鸡汤

·活血通络+降压护心·

主料 >

| 乌鸡150克 | 三七5克 | 黑木耳10克 |
| 生姜3片 | | |

辅料 > 盐2克

制作 >

①乌鸡收拾干净斩件；三七洗净，切成薄片；黑木耳泡发洗净，撕成小朵。②锅中注入清水烧沸，放入乌鸡汆去血沫。③用瓦煲装适量清水，煮沸后加入乌鸡、三七、黑木耳、生姜片，大火煲沸后改用小火煲3小时，加盐调味即可。

适宜人群 高血压、高血脂、冠心病、心绞痛、动脉硬化等心脑血管疾病患者；月经过多者；崩漏下血者；贫血体虚者；子宫出血者；胃出血患者。

不宜人群 血热出血者、孕妇。

滋补药膳 菊叶三七猪蹄汤

·通络下乳+活血化瘀·

主料 >

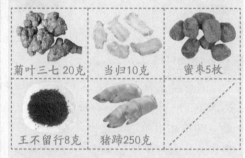

| 菊叶三七20克 | 当归10克 | 蜜枣5枚 |
| 王不留行8克 | 猪蹄250克 | |

辅料 > 盐适量

制作 >

①将猪蹄剃去毛，处理干净然后用清水洗净，在沸水中煮2分钟捞出，过冷后，斩块备用。②其他用料洗净备用。③将全部用料放入锅内，加清水适量大约没过所有材料，大火烧沸后，转成文火煮2.5~3小时，待猪蹄熟烂后加入盐调味即可。

适宜人群 产后缺乳者；乳腺炎患者；乳腺增生患者；乳房肿痛及月经不调、痛经者；产后瘀血腹痛者；跌打损伤者。

不宜人群 阴虚血热者、孕妇。

益母草 "活血调经的妇科良药"

益母草为唇形科植物益母草的全草。其全国各地均产。细叶益母草含益母草碱、水苏碱、益母草定、益母草宁等多种生物碱、苯甲酸、多量氯化钾、月桂酸、亚麻酸、油酸、甾醇、维生素A、芸香苷、精氨酸、水苏糖等。益母草常用于治疗妇科疾病，不仅能活血调经，还能美容养颜，备受女性青睐。

【性味归经】
性凉，味辛、苦。归肝、心、膀胱经

【适合体质】
血瘀体质

【煲汤适用量】
10~30克

【别　名】
益母、坤草、益母艾、红花艾、月母草

【功效主治】

益母草具有活血祛瘀、调经止痛、利水消肿的功效。其治月经不调、难产、胞衣不下、产后血晕、瘀血腹痛，及瘀血所致的崩中漏下、尿血、便血、痈肿疮疡。其临床用于治疗急性肾炎，效果突出，也证明了益母草利尿消肿的作用明显。另外，用益母草治疗中心性视网膜脉络膜炎也有一定的疗效。

【食用宜忌及用法】

益母草可煎汤服用，或熬膏、入丸剂，亦可煎水洗或捣敷。粉刺患者可取益母草30克、苏木、桃仁各9克切碎，加水适量，煎30分钟，去渣取汁，再将药汁与100克黑豆加水适量煮熟后，再放入粳米和水煮粥，粥烂时，加入红糖少许调服，此品对粉刺有很好的食疗作用。取鸡蛋4只煮熟去壳，将益母草30克，桑寄生30克洗净，然后把熟鸡蛋、益母草和桑寄生放进锅内，用文火煮沸，半小时后，放入冰糖，煲至冰糖溶化，此品可活血养颜，是女性保养的佳品。但阴虚血少者忌服，孕妇不宜用本品。加工时，不宜用水浸泡，以防生物碱流失，而影响药效。本品不宜用铁器煎煮。现代一些研究认为益母草含有马兜玲酸，故使用时请咨询医师。

【选购与保存】

益母草以质地嫩、颜色黄绿、叶多者为佳，质老、枯黄、无叶者则不可供药用。干益母草应置于阴凉通风干燥处保存，鲜益母草置阴凉潮湿处保存。

滋补药膳 黑豆益母草瘦肉汤

·滋补肝肾+利尿消肿·

主料〉

瘦肉250克	黑豆50克	薏米30克
益母草20克	枸杞子10克	

辅料〉盐5克，鸡精5克

制作〉

①瘦肉洗净，切件，汆水；黑豆、薏米均洗净，浸泡；益母草、枸杞子均洗净。②将瘦肉、黑豆、薏米放入锅中，加入清水，大火煮开，转小火慢炖2小时。③放入益母草、枸杞子稍炖，最后调入盐和鸡精即可。

适宜人群 急、慢性肾炎患者；水肿、尿少、尿血、尿痛者；便血者；痈肿疮疡者；月经不调者。

不宜人群 阴虚血少者，孕妇。

滋补药膳 益母草红枣瘦肉汤

·活血调经+益气补虚·

主料〉

益母草20克	当归8克	猪瘦肉250克
红枣20克		

辅料〉盐、味精各适量

制作〉

①益母草、当归洗净；红枣洗净，去核；猪瘦肉洗净，切大块。②把猪瘦肉、当归、红枣先放入锅内，加清水适量，大火煮沸后，改小火煲1小时，再放入益母草稍煮5分钟，再调入盐、味精即可。

适宜人群 月经不调者、难产、胞衣不下、产后血晕、瘀血腹痛者；瘀血所致的崩漏、尿血者。

不宜人群 孕妇。

丹参

"保肝护心的常用药"

丹参为唇形科植物丹参的根。其主产安徽、山西、河北、四川、江苏等地。含丹参酮，异丹参酮，还含有隐丹参酮、异隐丹参酮、甲基丹参酮、羟基丹参酮等。丹参是保肝护心的常用药。

【性味归经】

性微温、味苦。归心、肝、心包经

【适合体质】

血瘀体质

【煲汤适用量】

9~15克

【别　　名】

紫丹参、山红萝卜、活血根、靠山红、大红袍

【功效主治】

丹参具有活血调经、祛瘀止痛、凉血消痈、清心除烦、养血安神的功效。丹参的煎剂具有镇静、安神的作用，且可抑制聚集、促进织溶活性、改善微血管血液循环障碍。丹参可治月经不调、经闭痛经、症瘕积聚、胸腹刺痛、热痹疼痛、创伤肿痛、肝脾肿大、心绞痛等病症，故动脉粥样硬化、慢性肝炎患者，以及妇女月经不调、血滞闭经者，均可在平时的饮食中加入丹参，以食疗的方式改善自己的健康状态。

【食用宜忌及用法】

丹参适宜月经不调、产后瘀痛、失眠者服用。丹参可煎汤服用，或入丸、散。其外用：熬膏涂或煎水熏洗。出血不停的人、孕妇慎用丹参，服用后有不良反应者，减少用量。丹参宜与苦瓜同食，可抗肿瘤；宜与鲫鱼同食，可补阴血、通血脉、补体虚。极少数患者服用丹参可引起过敏反应，表现为全身皮肤瘙痒、皮疹、荨麻疹，有的还伴见胸闷憋气、呼吸困难，甚则恶寒、头晕、恶心呕吐、烦躁不安，随即面色苍白、肢冷汗出、血压下降，乃至昏厥休克等，遇到此情况应立即前往医院就诊。

【选购与保存】

丹参以根条均匀、颜色紫红或暗棕、没有断碎的、微微苦涩的为佳。其应置于阴凉通风干燥处保存，以防霉防蛀。

滋补药膳 丹参三七炖鸡

·保肝护心+活血化瘀·

主料〉

乌鸡1只　丹参15克　三七10克

姜丝适量

辅料〉 盐5克

制作〉

①乌鸡洗净切块；丹参、三七洗净。②三七、丹参装入纱布袋中，扎紧袋口。③布袋与鸡同放于砂锅中，加清水600克，烧开后，加入姜丝和盐，小火炖1小时，加盐调味即可。

适宜人群〉 月经过多、痛经；产后瘀血腹痛、恶露不尽者；慢性肝炎、肝硬化患者；冠心病、动脉硬化、高血压、高血脂等心脑血管疾病患者。

不宜人群〉 孕妇、对丹参有过敏反应者。

滋补药膳 灵芝丹参粥

·活血通络+益气补虚·

主料〉

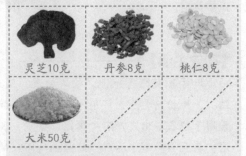

灵芝10克　丹参8克　桃仁8克

大米50克

辅料〉 白糖适量

制作〉

①灵芝、丹参、桃仁洗净，捣碎，放入锅中，加入适量清水，大火煎煮20分钟。②滤去药渣，取上清液，加入大米，用文火煮成稀粥，熟时调入白糖即可。

适宜人群〉 高血压、高血脂、冠心病、心律失常、动脉硬化、中风后遗症等心脑血管疾病患者；神经衰弱患者；老年痴呆患者；女性月经不调者；产后恶露不尽者。

不宜人群〉 感冒未清者、有出血倾向者、孕妇。

川芎

"活血行气的止痛良药"

川芎为伞形科植物川芎的根茎。其主产四川(灌县、崇庆),云南亦产,称作云芎。其含有生物碱、阿魏酸、挥发油和一种中性结晶物。川芎是活血行气的止痛良药。

【性味归经】
性温、味辛。归肝、胆、心包经

【适合体质】
血瘀体质

【煲汤适用量】
3~9克

【别名】
山鞠穷、雀脑芎、京芎、贯芎、抚芎、台芎、西芎

【功效主治】

川芎具有行气开郁、祛风燥湿、活血止痛的功效,善"下调经水,中开郁结",为妇科要药,可用治多种妇产科的疾病。而由于其活血止痛作用良好,也常用于胞衣不出或产后心腹痛、瘀痛,其他如女性月经不调、痛经、闭经也可使用,甚至临床用于治疗心绞痛也有不错的效果。另外其还可用于肢体烦痛、腰脚软弱、半身不遂,如果作为金创药,则用于跌打损伤,以活血止痛。现代药理研究发现,川芎对中枢神经系统有镇静作用,能有效降低血压;对大肠、痢疾、变形、绿脓、伤寒、副伤寒杆菌及霍乱弧菌也有抑制作用。另外,川芎所含阿魏酸等成分还有抗痉挛作用,可治头痛、偏头痛、鼻塞声重。

【食用宜忌及用法】

月经过多、出血性疾病、阴虚火旺,均不宜用川芎。需用四物汤行血、养血,而又嫌川芎过于辛散者,可用丹参代川芎。阴虚火旺、上盛下虚、气弱之人忌服川芎。川芎用量宜小,用量过大易引起呕吐、晕眩等不适症状。川芎可煎汤服用,或入丸、散,其外用:研末撒或调敷。

【选购与保存】

川芎以肥硕饱满、质地坚实不易折断、表面皱缩、外皮黄褐、断面呈黄白色、气味清香有油性者为佳。其保存时宜放置在阴凉干燥的地方,以防潮、防虫蛀。

滋补药膳 川芎白芷鱼头汤

·散寒解表+通络止痛

主料

川芎9克	白芷10克	红枣10个
鱼头1个		

辅料 〉 生姜2片，盐8克

制作 〉

①鱼头去鳃，用水冲去血污，洗净，斩件。②川芎、白芷、红枣和生姜分别洗净，红枣去核；将川芎、白芷、红枣放入炖盅，加入适量水，盖上盖，放入锅内，隔水炖约1小时。③待煲出药味，放入鱼头、生姜煲熟，加入盐调味即可。

适宜人群 体虚易感冒者；高血压、高血脂、动脉硬化患者；头晕头痛患者；面色晦暗有色斑者。

不宜人群 阴虚燥热者、孕妇。

滋补药膳 川芎当归鸡

·补血活血+调经止痛

主料

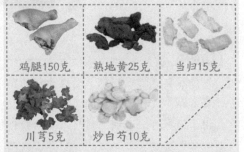

鸡腿150克	熟地黄25克	当归15克
川芎5克	炒白芍10克	

辅料 〉 盐5克

制作 〉

①将鸡腿剁块，放入沸水中汆烫，捞出冲净；药材用清水快速冲净。②将鸡腿和所有药材放入炖锅，加6碗水以大火煮开，转小火续炖40分钟。③起锅前加盐调味即可。

适宜人群 血虚患者（如面色苍白无华、神疲乏力、指甲口唇色淡者）；病后产后体虚者；月经不调者；痛经、闭经者。

不宜人群 感冒未愈者、有湿邪者、孕妇。

香附 "治疗妇科痛证、月经不调的常用药"

香附为莎草科植物莎草的根茎。其主产于山东、浙江、湖南、河南。其他地区亦多有生产。其含挥发油（香附烯、香附醇、β–芹正烯、α–香附酮、β–香附酮、广藿香酮）等，并含有少量单萜化合物（柠檬烯、桉油素、β–蒎烯、樟烯等）。前人称本品为"气病之总司，女科之主帅"，广泛应用于气郁所致的疼痛，尤其是妇科痛证和月经不调。

【性味归经】
性平，味辛、微苦甘。归肝、三焦经

【适合体质】
气郁体质

【煲汤适用量】
6~9克

【别　　名】
雀头香、莎草根、香附子、雷公头、香附米、猪通草茹、三棱草根、苦羌头

【功效主治】

香附具有理气解郁、调经止痛的功效，为疏肝解郁、行气止痛之要药，主治肝胃不和、气郁不舒、胸腹胁肋胀痛、痰饮痞满、月经不调、崩漏带下。其临床上用于治疗月经不调、痛经。其治疗证有肝郁气滞，与神经精神因素有关的月经期疼痛更适宜，常与柴胡、川芎、当归等同用，如香附归芎汤；治气郁疼痛，如属肝郁所致的胁痛，可用香附配逍遥散；治寒凝气滞、肝气犯胃之胃脘疼痛，可配高良姜用，如良附丸；此外，伏暑湿温所致的胁痛，或咳或不咳，可配旋覆花等行气舒肝解郁。其治疗脘腹胀痛、胸膈噎塞、噫气吞酸、纳呆，可配砂仁、甘草同用，如快气汤。其治疗乳腺增生引起的乳房胀痛、胸闷等症，多与柴胡、青皮、瓜蒌皮等同用。

【食用宜忌及用法】

香附配柴胡、青皮可治胸胁痛；配高良姜可治胃寒痛；配艾叶治寒凝气滞之行经腹痛。香附可煎汤服用，或入丸，散。其外用：研末撒、调敷或做饼热熨。凡气虚无滞、阴虚血热者忌服香附；孕妇忌服香附。

【选购与保存】

香附以个大、色棕褐、质坚实、香气浓郁者为佳。其应置于阴凉通风干燥处密封保存，以免香气挥发殆尽。

滋补药膳 香附花胶鸡爪汤

·理气解郁+调经止痛·

主料〉

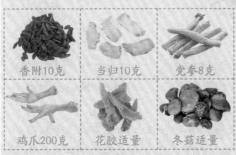

香附10克 | 当归10克 | 党参8克
鸡爪200克 | 花胶适量 | 冬菇适量

辅料〉盐、鸡精各适量

制作〉

①香附、党参、当归、党参均洗净备用；鸡爪洗净，汆水；花胶（鲫鱼肚）洗净，浸泡；冬菇洗净。②锅中加水1200毫升，放入当归、香附、党参、花胶、冬菇、鸡爪，大火煮开后转小火煮2小时。③最后加入盐和鸡精调味即可。

适宜人群 月经不调、崩漏带下者；肝气郁结、抑郁不欢、乳房胀痛、胁肋疼痛者；肝胃不和、腹胀痞满者；瘀血体质、面生色斑者。

不宜人群 阴虚血热者、孕妇。

滋补药膳 香附陈皮炒肉

·疏肝理气+行气除胀·

主料〉

瘦猪肉200克 | 香附9克 | 陈皮 3 克
生姜3片 | |

辅料〉盐3克

制作〉

①先将香附、陈皮洗净，陈皮切丝备用；瘦猪肉洗净，切片备用。②在锅内放少许油，烧热后，放入猪肉片，翻炒片刻。③加适量清水烧至猪肉熟，放入陈皮、香附、生姜翻炒片刻，加盐调味即可。

适宜人群 郁郁寡欢、食欲不振、食积腹胀以及胸胁疼痛等患者。

不宜人群 孕妇以及有出血倾向的患者。

红花

"传统妇科良药"

红花为菊科植物红花的花。其主产河南、浙江、四川等地。它含红花黄色素及红花苷。红花苷经盐酸水解，得葡萄糖和红花素。其另尚含脂肪油称红花油，是棕榈酸、硬脂酸、花生酸、油酸、亚油酸、亚麻酸等的甘油酯类。其叶含木犀草素-7-葡萄糖苷。红花是传统的妇科良药，属活血通经药。

【性味归经】
性温，味辛。归心、肝经

【适合体质】
血瘀体质

【煲汤适用量】
3~10克

【别　名】
红蓝花、刺红花、草红花

【功效主治】

红花辛散温通，为活血祛瘀、通经止痛之要药，是妇产科血瘀病症的常用药，可治闭经、难产、死胎、产后恶露不行、产后瘀血作痛、痈肿、跌打损伤等病症。其治疗女性月经不调、痛经、闭经等，常与当归、川芎、桃仁等相须为用。现代药理研究认为红花油促进子宫兴奋的作用，还有降压作用。其临床用于急慢性肌肉劳损、砸伤、扭伤导致的肿胀、褥疮、冠心病及心绞痛等的治疗，均有不错效果。

【食用宜忌及用法】

红花适宜血压高者、月经不调者服用。红花可煎汤服用；亦可入散剂或浸酒，鲜者捣汁。其外用：研末撒于患处。孕妇忌服红花。红花因能刺激子宫收缩，月经过多、有出血倾向者不宜用。红花宜与鸡肉同食，可活血通脉；宜与百合同食，可活血化瘀、润肺止咳；宜与红糖同食，可活血化瘀、调经止痛。其使用时要注意量的大小，有部分人士认为，红花"多用则破血，少用则养血。"干燥的红花经研粉加工后即为胭脂，是旧时妇女最常用的美容化妆品。

【选购与保存】

红花以颜色鲜红、花片长、质地柔软、无枝刺及子房者为佳。其宜置于阴凉干燥处保存，防潮、防霉。

滋补药膳 五灵脂红花炖鱿鱼

·活血化瘀+调经止痛·

主料〉

五灵脂10克	红花6克	鱿鱼200克
姜5克	葱5克	

辅料〉 盐5克，绍酒10毫升

制作〉

①把五灵脂、红花洗净；鱿鱼洗净，切块，姜切片，葱切段；②把鱿鱼放在蒸盆内，加入盐、绍酒、姜、葱、五灵脂和红花，注入清水150毫升；③把蒸盆置蒸笼内，用武火蒸35分钟即成。

适宜人群〉 月经不调（如闭经、月经量少、色暗有血块者）；血瘀型心绞痛、心肌梗死、动脉硬化患者。

不宜人群〉 孕妇、有出血倾向者。

滋补药膳 红花煮鸡蛋

·活血通经+去瘀止痛·

主料〉

红花8克	桃仁6克	鸡蛋2个
姜片10克		

辅料〉 盐少许

制作〉

①将红花、桃仁洗净，同姜片放入锅中，加水煮沸后再煎煮5分钟。②再往锅中加入鸡蛋煮至蛋熟。③蛋熟后加入盐，继续煮片刻便可。

适宜人群〉 血瘀体质者（症见面色暗紫、舌唇青紫、月经前腹痛如针刺、经色暗、有血块者）；产后腹痛者；产后恶露不尽；冠心病患者。

不宜人群〉 孕妇、有出血倾向者。

赤芍 "活血化瘀的妇科良药"

赤芍为毛茛科植物芍药或川赤芍的干燥根。其主产内蒙古、东北、河北、陕西、山西、甘肃、四川、青海、云南等地。它含苷类化合物（芍药苷、芍药内酯苷、羟基芍药苷、苯甲酰芍药苷）、苯甲酸、鞣质等成分。赤芍是活血化瘀的妇科良药。

【性味归经】
性微寒、味苦。归肝经

【适合体质】
血瘀体质

【煲汤适用量】
5~15克

【别 名】
山芍药、草芍药

【功效主治】

赤芍具有清热凉血、散瘀止痛的功效，可用于温毒发斑、吐血衄血、目赤肿痛、肝郁胁痛、闭经痛经、症瘕腹痛、跌扑损伤、疮疡等。其用于温热病，热入营血、发热、舌绛、身发斑疹，以及血热妄行等，可配生地黄、丹皮等使用；用于经闭、跌打损伤、疮痈肿毒等气血瘀滞证，可配川芎、当归、桃仁、红花等使用；配当归、金银花、甘草等，可用于疮痈肿毒；治疗肝郁血滞之胁痛，可配柴胡、牡丹皮等药用，如赤芍药散；治血滞经闭、痛经、子宫肌瘤、癌症腹痛，可配当归、川芎、延胡索等药用，如少腹逐瘀汤；治疗热毒壅盛，痈肿疮疡，可配银花、天花粉、乳香等药用。此外，现代药理研究：赤芍有扩张冠状动脉、增加冠脉血流量，有效治疗冠心病的作用。

【食用宜忌及用法】

赤芍适合温热病，热入营血、发热、舌绛红、身发斑疹等。其也适合用于月经不调、经闭、跌打损伤、疮痈肿毒、腹痛等气血瘀滞证患者。赤芍一般煎汤服用。血虚有寒，孕妇及月经过多者忌用赤芍。赤芍不宜与藜芦同用。

【选购与保存】

赤芍以根长、外皮易脱落、断面白色、粉性大，习称"糟皮粉渣"者为佳。其宜置通风干燥处保存。

滋补药膳 赤芍红烧羊肉

·活血化瘀+行气止痛·

主料〉

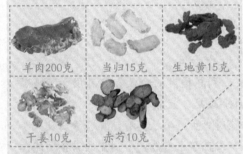

羊肉200克　当归15克　生地黄15克

干姜10克　赤芍10克

辅料〉黄酒、葱、蒜等各适量

制作〉

①将羊肉洗净、切块，当归、生地黄、赤芍洗净后，放入纱布袋中扎口，干姜切片。②再将羊肉、干姜、纱布袋放入锅中，加清水适量同煮，用文火煎1小时后，去掉纱布袋，③再用武火煮沸，加黄酒、葱、蒜等调料食用。

适宜人群〉产后瘀血腹痛者；月经不调、痛经、经色暗者；胃寒胃痛者；腰膝冷痛、手足冰冷、生冻疮者；性欲冷淡、早泄阳痿者。

不宜人群〉阴虚火旺者、体内有实火者。

滋补药膳 赤芍银耳饮

·清肝泻火+滋阴润燥·

主料〉

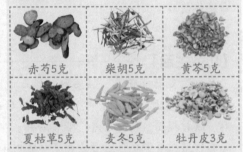

赤芍5克　柴胡5克　黄芩5克

夏枯草5克　麦冬5克　牡丹皮3克

辅料〉玄参3克，梨1个，银耳罐头300克，白糖120克

制作〉

①将所有的药材洗净，梨洗净、切块，备用。②锅中加入所有药材，加上适量的清水煎煮成药汁，去渣取汁后加入梨、银耳罐头、白糖，煮至滚后即可。

适宜人群〉肝火旺盛所见的目赤肿痛、烦躁易怒、头晕头痛者；肺热所见的干咳、咯血、咽喉干燥、鼻干口渴、酒糟鼻者；胃热所见的口臭、便秘、口舌生疮、面生痤疮、烧心者；高血压患者。

不宜人群〉脾胃虚寒、慢性腹泻者。

牛膝

"补肝肾、强筋骨"

牛膝为苋科植物牛藤和川牛膝等的根。怀牛膝主产河，川牛膝主产四川、云南、贵州等地。它含有甾醇、皂苷、糖类及各种生物碱等成分。牛膝是补肝肾、强筋骨的良药。

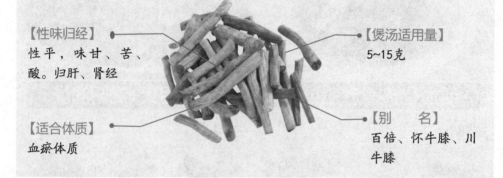

【性味归经】
性平，味甘、苦、酸。归肝、肾经

【适合体质】
血瘀体质

【煲汤适用量】
5~15克

【别　　名】
百倍、怀牛膝、川牛膝

【功效主治】

牛膝具有补肝肾、强筋骨、活血通经、利尿通淋的功效。其可用于腰膝酸痛、下肢痿软、血滞经闭、痛经、产后血瘀腹痛、症瘕、胞衣不下、热淋、血淋、跌打损伤、痈肿恶疮、咽喉肿痛。牛膝所含生物碱还具有镇痛、降压及兴奋子宫作用，并能扩张血管。由于牛膝对未孕或已孕子宫能产生明显的兴奋功能，为孕妇或月经过多者所忌用或禁用。但若孕妇难产时，食用牛膝催产，反而有救人于危难的作用。

【食用宜忌及用法】

牛膝适宜月经不调者服用。牛膝可煎汤服用，亦可浸酒、熬膏或入丸、散。其外用：捣敷。牛膝用于补肝肾、强筋骨宜酒炒；活血通经、利尿通淋、引血下行宜生用；妇人血瘀诸症，可与当归、赤芍、桃仁、红花等同用，以增活血去瘀之效；肝肾不足、腰腿酸痛、软弱无力者，可与杜仲、续断、桑寄生等配伍，以增强补肝肾、强筋骨作用；血热妄行而致吐血、衄血者，可与栀子、白茅根、小蓟等配伍，以增强凉血止血之功；小便不利、淋沥涩痛、尿血等症，可与滑石、海金沙、石韦等配伍。凡中气下陷、脾虚泄泻、梦遗失精、月经过多及孕妇均忌服牛膝。

【选购与保存】

牛膝以根部粗长，皮细坚实，色淡黄，味微甜、稍苦涩者为佳。其应放置于阴凉干燥的地方，以防虫蛀、防霉、防走油变色。

滋补药膳 猪蹄炖牛膝

·通络下乳+强筋壮骨·

主料〉

| 猪蹄1只 | 牛膝15克 | 大西红柿1个 |
| 生姜3克 | | |

辅料〉 盐3克

制作〉

①猪蹄洗净，剁成块，放入沸水氽烫，捞起冲净。②大西红柿洗净，在表皮轻划数刀，放入沸水烫到皮翻开，捞起去皮，切块；牛膝洗净。③将备好的材料一起放入汤锅中，加适量水，以大火煮开后转小火炖煮1小时，加盐调味即可。

适宜人群 产后缺乳者；筋骨无力、下肢痿软者；皮肤粗糙暗沉、面生皱纹者；体质虚弱者；风湿性关节炎患者；产妇难产者。

不宜人群 孕妇、月经过多者。

滋补药膳 牛膝黄鳝汤

·舒经活络+祛风除湿·

主料〉

| 牛膝15克 | 威灵仙10克 | 黄鳝250克 |
| 党参6克 | 姜10克 | |

辅料〉 盐5克，味精1克，葱、香油各少许

制作〉

①将黄鳝收拾干净、切段；党参洗净备用；威灵仙、牛膝洗净，煎取药汁备用。②锅倒水烧沸，下入鳝段氽水。③净锅倒油烧热，将葱末、姜末炒香，再下入鳝段煸炒，倒入水，放入党参、药汁，香油调入盐、香油、味精煲至熟烂即可。

适宜人群 肩周关节麻痹肿痛、经络拘急者；风湿性关节炎患者；痛风患者；中风偏瘫患者；坐骨神经痛患者；腰膝酸痛、筋骨麻木、痿软无力者；体质虚弱者。

不宜人群 孕妇。

郁金 "疏肝、止痛的重要药物"

郁金为姜科植物温郁金、姜黄、广西莪术、蓬莪术及川郁金的块根。它含挥发油，其中有莰烯、樟脑、姜黄烯；亦含姜黄素、脱甲氧基姜黄素、双脱甲氧基姜黄素、姜黄酮和芳基姜黄酮，还含有淀粉、脂肪油、橡胶、黄色染料、葛缕酮及水芹烯等成分。其主产四川、浙江。郁金是疏肝、止痛的重要药物。

【性味归经】
性凉，味辛、苦。
归肝、心、肺经

【适合体质】
气郁体质

【煲汤适用量】
4.5~9克

【别　名】
黄郁

【功效主治】

郁金具有活血止痛、行气解郁、清心凉血、利胆退黄的功效，主治胸胁脘腹疼痛、月经不调、痛经经闭、跌打损伤、热病神昏、惊痫、癫狂、血热吐衄、血淋、砂淋、黄疸等病症。其若治疗肝郁气滞之胸胁刺痛，可配柴胡、白芍、香附等药同用；若治心血瘀阻之胸痹心痛，可配瓜蒌、薤白、丹参等药同用；若治肝郁有热、气滞血瘀之痛经、乳房作胀，常配柴胡、栀子、当归、川芎等药同用。

【食用宜忌及用法】

郁金可煎汤服用，亦可磨汁或入丸、散。阴虚失血及无气滞血瘀者忌服郁金，孕妇慎服。郁金配伍丹皮、栀子，具有清热、凉血、活血之功效，可用于治疗血热瘀滞之出血之症。郁金配伍香附、柴胡、白芍，四药共用具有疏肝解郁、行气活血、缓急止痛之功效，可用于治疗肝郁气滞之胸胁胀痛、月经不调或经行腹痛。在西方，人们常添加郁金于芥末中以增香味。为印度常用的烹饪调味品。其亦为"咖喱粉"原料之一。

【选购与保存】

黄郁金以个大、肥满、外皮皱纹细、断面橙黄色者为佳；黑郁金以个大、外皮少皱缩、断面灰黑色者为佳；白丝郁金以个大、皮细、断面结实者为佳。其宜置于通风干燥处保存。

滋补药膳 郁金大枣黄鳝汤

·通经活络+保肝利胆·

主料 〉

黄鳝500克　郁金9克　延胡索10克

大枣10克　生姜5片

辅料 〉 盐、味精、油、料酒各适量

制作 〉

①黄鳝洗净，用盐腌去黏液，宰杀去其肠，洗净切段；郁金、延胡索洗净，煎取药汁备用。②起油锅爆香生姜片，加少许料酒，放入黄鳝炒片刻取出。③红枣、生姜洗净，与黄鳝肉一起放入瓦煲内，加适量水，大火煮开后改小火煲1小时，加入药汁，调味即可。

适宜人群 〉 风湿性关节炎、肩周炎、筋骨疼痛等风湿病患者；跌打损伤患者；抑郁症患者；肝病患者。

不宜人群 〉 出血患者、孕妇。

滋补药膳 佛手郁金炖乳鸽

·疏肝理气+活血调经·

主料 〉

乳鸽1只　佛手9克　郁金15克

枸杞子少许

辅料 〉 盐、葱各3克

制作 〉

①乳鸽收拾干净；佛手、郁金洗净；枸杞子洗净泡发；葱洗净切段。②热锅注水烧沸，下乳鸽滚尽血渍，捞起。③炖盅注入水，放入佛手、郁金、枸杞子、乳鸽，大火煲沸后改为小火煲3小时，放入葱段，加盐调味即可。

适宜人群 〉 月经不调者（如痛经、经前乳房胀痛者）；肝气郁结者（如胸胁苦满、闷闷不乐、烦躁易怒等患者）；产后抑郁症患者。

不宜人群 〉 孕妇。

鸡血藤 "舒筋、活络、活血的常用药"

鸡血藤为豆科植物密花豆、白花油麻藤、香花岩豆藤或亮叶岩豆藤等的藤茎。其主要产于广西、江西等地。鸡血藤是舒筋、活络、活血的常用药。

【性味归经】
性温，味苦、甘。归肝、肾经

【适合体质】
血瘀体质

【煲汤适用量】
9~15克(大剂30克)

【别　　名】
血风藤、马鹿藤、紫梗藤、猪血藤、九层风

【功效主治】

鸡血藤有行血补血、调经、舒筋活络等功效，可治疗月经不调、经行不畅、痛经、血虚经闭等妇科病以及风湿痹痛、手足麻木、肢体瘫软、血虚萎黄等，对白细胞减少也有一定疗效。其治血瘀之月经不调、痛经、闭经，可配伍当归、川芎、香附等同用；治血虚月经不调、痛经、闭经，则配当归、熟地黄、白芍等药用。其治风湿痹痛，肢体麻木，可配伍祛风湿药，如独活、威灵仙、桑寄生等药同用；治中风手足麻木，肢体瘫痪，常配伍益气活血通络药，如黄芪、丹参、地龙等药同用。

【食用宜忌及用法】

鸡血藤可煎汤服用，或浸酒。本品的药性温和，连续服用2~3个月一般也未见有副作用，有虚火者也可服。鸡血藤胶（膏）的药性和功用与鸡血藤基本相同，但补力更胜，补血气、强筋骨功效更好。鸡血藤配苍术，可理气化湿、辟秽去浊；配杜仲，可补肾壮骨、通经止痛；配当归，可补血活血。

【选购与保存】

鸡血藤以条匀、切面有赤褐色层圈，并有渗出物者为佳。其宜置于通风干燥处保存，防霉、防蛀。

滋补药膳 鸡血藤鸡肉汤

·活血化瘀+降压补脑·

主料 〉

鸡肉200克　鸡血藤30克　天麻30克

生姜3片

辅料 〉 盐6克

制作 〉

①鸡肉洗净，切块、氽去血水；鸡血藤、生姜、天麻均洗净备用。②将鸡肉、鸡血藤、生姜、天麻放入锅中，加适量清水大火煮开后转小火炖3小时，加入盐即可食用。

适宜人群 〉 体虚贫血者；产后血虚血瘀者；动脉硬化患者；冠心病患者；血虚头晕者；高血压患者；月经不调、血虚闭经者。

不宜人群 〉 孕妇、感冒未愈者。

滋补药膳 鸡血藤香菇鸡汤

·活血通络+祛风除湿·

主料 〉

鸡血藤30克　威灵仙20克　干香菇20克

鸡腿1只

辅料 〉 盐少许

制作 〉

①将鸡血藤、威灵仙均洗净备用，干香菇泡发备用，鸡腿洗净，剁块。②先将鸡血藤、威灵仙放入锅中，加入适量水，大火煮15分钟，捞去药渣留汁，再放入鸡腿、香菇，开中火炖煮30分钟，再加盐调味即可。

适宜人群 〉 体虚患者；风寒湿痹患者（如风湿性关节炎、肩周炎、筋骨疼痛等患者）；跌打损伤患者；骨折患者；手足麻木、肢体瘫软患者。

不宜人群 〉 孕妇、有出血倾向者。

月季花 "治疗妇科闭经或月经量少的常用药

月季花为蔷薇科植物月季花半开放的花。其全国大部分地区都有生产。它含挥发油，主要为萜烯类化合物，并含槲皮苷、鞣质等成分。月季花不仅是花期长、芬芳色艳的观赏花卉，而且是一味妇科良药。

【性味归经】
性温，味甘。归肝经

【适合体质】
血瘀体质

【煲汤适用量】
3~6克

【别　　名】
四季花、月月红、月贵花、月季红、月光花、四季春

【功效主治】

月季花具有活血调经、消肿解毒的功效，主治月经不调、经来腹痛、跌打损伤、血瘀肿痛、痈疽肿毒等病症。其治疗肝气郁结、气滞血瘀之月经不调、痛经、闭经、胸胁胀痛等病症，可单用开水泡服，亦可与玫瑰花、当归、香附等同用；治跌打损伤、瘀肿疼痛、痈疽肿毒，可单用捣碎外敷或研末冲服；治疗瘰疬肿痛未溃，可与夏枯草、贝母、牡蛎等同用。

【食用宜忌及用法】

月季花适宜月经不调、痛经、跌打损伤者服用。其用法用量为：内服：煎汤（不宜久煎），每次3~6克；或研末；或外用：捣敷。本品多服久服能引起大便溏泻，故用量不宜过大，且脾胃虚弱者慎用；孕妇亦慎用。用月季花来熬粥，可治疗月经不调。用月季花与冰糖、黄酒煮成汤饮，可活血化瘀，对月经不调有疗效。取月季花、代代花各15g，煎水服。月季花重活血，代代花偏于行气。二药为伍，一气一血，气血双调，其调经活血、行气止痛之功甚好。单用鲜月季花泡水服用，可治月经不调或经来腹痛。

【选购与保存】

月季花微有清香气，味淡、微苦，以紫红色、半开放的花蕾、不散瓣、气味清香者为佳。其宜置于干燥处保存。

滋补药膳 当归月季土鸡汤

·补血活血+调经止痛·

主料〉

鸡胸肉175克	平菇50克	当归15克
月季花5克	龙眼肉10颗	

辅料〉 精盐4克，葱段2克，姜片3克

制作〉

①将鸡胸肉洗净切丝余水，平菇洗净撕成条，当归、月季花洗净，煎取药汁备用。②净锅上火倒入高汤，下入鸡胸肉、平菇、龙眼肉、葱段、姜片煮熟，倒入药汁，调入精盐至熟即可。

适宜人群〉 月经不调者（如痛经、闭经、月经量少等患者）；产后血虚血瘀腹痛者；心绞痛、心律失常患者；贫血患者。

不宜人群〉 感冒未愈者、孕妇。

滋补药膳 月季玫瑰红糖饮

·疏肝解郁+理气宽胸·

主料〉

月季花6克	玫瑰花5克	陈皮3克

辅料〉 红糖适量

制作〉

①将月季花、玫瑰花、陈皮分别洗净，放入锅中，加水适量，大火煮开转小火煮5分钟即可关火。②滤去药渣，留汁，再放入红糖搅拌均匀后，趁热服用。

适宜人群〉 肝气郁结引起的胸胁苦满、胁肋疼痛、抑郁等；经前乳房胀痛、月经量少者；乳腺增生患者；面色晦暗、面生色斑者。

不宜人群〉 孕妇、各种出血症患者。

延胡索 "活血散瘀、行气止痛"

延胡索为中国传统药材，分布于河北、山东、江苏、浙江等地。其主产浙江。它含多种异喹啉类生物碱，有延胡索素、黄连碱、去氢延胡索甲素、延胡索胺碱、去氢延胡索胺碱及古伦胺碱等成分，为临床常用的活血止痛药。

【性味归经】
性温，味辛、苦。归肝、心、胃经

【适合体质】
血瘀体质

【煲汤适用量】
4.5~9克

【别　名】
延胡、玄胡索、元胡索

【功效主治】

前人称延胡索"行血中之气滞，气中血滞，故能专治一身上下诸痛"，为常用的止痛药，无论治疗何种痛证，均可配伍应用。其具有活血散瘀，行气止痛的功效，是临床上止痛的常用药，主要用于治疗胸痹心痛，胁肋、脘腹诸痛，头痛、腰痛、疝气痛、筋骨痛、痛经、经闭，产后瘀血腹痛，跌打损伤等病症。若治心血瘀阻之胸痹心痛，其常与丹参、桂枝、薤白、瓜蒌等药同用；若配川楝子，可治热证胃痛；治寒证胃痛，可配桂枝（或肉桂）、高良姜等；治气滞胃痛，可配香附、木香、砂仁；若治瘀血胃痛，可配丹参、五灵脂等药用。

【食用宜忌及用法】

延胡索用于虚证时，最好与补益气血药同用。本品虽可入煎剂，但以其粉剂和醇制浸膏效果较好。孕妇禁服本品；体虚者慎服本品，或与补益药同用。其活血宜酒炒，止痛宜醋制；凡胸阳不振、气血凝滞、以致胸痹心痛者，可当归、莪术、五灵脂、高良姜配伍，可温经活血、行气止痛；肝气郁滞化热、胃脘疼痛连两胁者，可与川楝子并用，以疏肝行气止痛；妇人气滞而致血瘀、经前少腹胀痛者，可与乌药、香附等并施，以行气止痛。

【选购与保存】

延胡索以个大、饱满、质坚、色黄、内色黄亮者为佳，个小、色灰黄、中心有白色者质次；其宜保存置干燥处，防蛀。

滋补药膳 佛手延胡索猪肝汤

·疏肝理气+活血止痛·

主料〉

佛手10克	延胡索9克	制香附8克
猪肝100克		

辅料〉 盐、姜丝、葱花各适量

制作〉

①将佛手、延胡索、制香附洗净，备用。②放佛手、延胡索、制香附入锅内，加适量水煮沸，再用文火煮15分钟左右。③加入已洗净切好的猪肝片，放适量盐、姜丝、葱花，熟后即可食用。

适宜人群〉 胸胁胀痛、胸痹心痛、肝区疼痛、乳腺增生、乳腺纤维瘤、疝气痛、筋骨痛、痛经、经闭、产后瘀血腹痛、跌打损伤等患者。

不宜人群〉 孕妇、出血患者。

滋补药膳 延胡索川芎当归饮

·活血化瘀+调经止痛·

主料〉

当归15克	延胡索9克	川芎9克
甘草3克		

辅料〉 红糖适量

制作〉

①将当归、延胡索、川芎洗净，放入锅中，加水适量，大火煮开转小火煮15分钟。②再放入甘草烧煮片刻即可关火，滤去药渣，留汁，再放入红糖搅拌均匀后，趁热服用。

适宜人群〉 月经不调者（如痛经、经前乳房胀痛、闭经、月经量少色暗有血块等患者）；产后瘀血腹痛、心绞痛、跌打损伤等患者。

不宜人群〉 孕妇、出血患者。

第八章

消食导滞汤

凡以消食化积、除腹胀为主要功效，治疗体内饮食积滞症的汤膳，称为消食导滞汤。消食药，味多甘、平，少数偏温，主归脾、胃经，功能消化食积，增进食欲，主要用治饮食不消、宿食停留所致之脘腹胀闷、不思饮食、嗳腐吞酸、恶心呕吐、大便失常，以及脾胃虚弱、纳谷不佳、消化不良等症，常与山药、萝卜、燕麦、银耳等利肠胃、消食积的食物搭配烹制成药膳，现代常用于慢性胃炎、胃及十二指肠溃疡、消化不良、小儿疳积、胃癌等。

消食导滞药用于饮食停滞、腹胀痛者，常配伍理气药同用；食积兼脾胃虚寒者，配温里药同用；兼有湿浊中阻者，配化湿药同用。消食药作用较缓和，但仍有耗伤正气之弊，所以气虚无积滞者慎用。此外，部分消食药有回乳的作用，如麦芽、神曲，因此哺乳期妇女要慎用。

山楂

"消食健胃好帮手"

山楂为蔷薇科植物山楂或野山楂的果实。北山楂主产山东、河北、河南、辽宁等省；南山楂主产江苏，浙江、云南、四川等地。山楂含表儿茶精、槲皮素、金丝桃苷、绿原酸、山楂酸、柠檬酸、苦杏仁苷等成分。山楂是消食健胃的好帮手，老少皆宜。

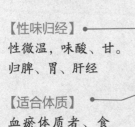

【性味归经】
性微温，味酸、甘。
归脾、胃、肝经

【适合体质】
血瘀体质者、食积腹胀者

【煲汤适用量】
10~15克（大剂量30克）

【别　　名】
映山红果、酸查

【功效主治】

山楂具有消食化积、行气散瘀的功效。山楂所含成分对绿脓杆菌有明显的抑制作用，且可缓慢而持久地降低血压，并能使血管扩张，又能收缩子宫、强心、改善动脉粥样硬化等。山楂可改善消化不良，同时也用于高血压、冠心病和肥胖症的治疗。另外，泻痢、肠风、疝气，或者血瘀、经闭、产后恶露不止也可以用山楂来改善症状。当食太多的肉类及脂肪难以消化时，也可煮山楂食用，并饮其汁。

【食用宜忌及用法】

山楂适宜消化道癌症患者，高血脂、高血压及冠心病患者，消化不良，血瘀型痛经患者等食用。生山楂用于消食散瘀，焦山楂用于止泻止痢。脾胃虚弱者慎用山楂。胃酸过多，有吞酸、吐酸者需慎用山楂，胃溃疡患者也应慎用。食用山楂一次不可太多，而且食用后还要注意及时漱口，以防对牙齿有害，儿童正处于牙齿更替时期，长时间贪食山楂、山楂片或山楂糕，对牙齿生长不利。孕妇忌吃山楂，其易促进宫缩，诱发流产。此外，山楂不宜于海鲜、人参、牛奶、柠檬同食。

【选购与保存】

北山楂以个大、皮红、肉厚者为佳；南山楂以个匀、色红、质坚者为佳。其保存时可放保存在木箱内，并置于通风干燥处，以防尘、防虫蛀。其炮制品贮于干燥容器中，密闭保存。

滋补药膳 山楂麦芽猪腱汤

·消食化积+健脾醒胃·

主料 〉

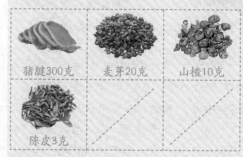

猪腱300克　麦芽20克　山楂10克

陈皮3克

辅料 〉 盐2克，鸡精3克

制作 〉

①山楂洗净，切开去核；麦芽、陈皮洗净；猪腱洗净，斩块。②锅上水烧开，将猪腱氽去血水，取出洗净。③瓦煲内注水用大火烧开，下入猪腱、麦芽、山楂、陈皮，改小火煲2.5小时，加盐、鸡精调味即可。

适宜人群 食欲不振、食积腹胀者；慢性萎缩性胃炎患者；食管癌患者；胃大部分切除术后的胃癌患者。

不宜人群 胃酸过多，有吞酸、吐酸者；胃及十二指肠溃疡患者；孕妇；哺乳期妇女。

滋补药膳 山楂山药鲫鱼汤

·滋阴美容+降压降脂·

主料 〉

鲫鱼1条　山楂10克　山药50克

姜3片

辅料 〉葱、盐、油、味精各适量

制作 〉

①将鲫鱼去鳞、腮及内脏，洗净切块；山楂、山药均洗净备用；葱洗净，切段。②起油锅，用姜片爆香，下鱼块稍煎，取出备用。③将鲫鱼、山楂、山药、葱段一起放入锅内，加适量清水，大火煮沸，小火煮1小时，加盐和味精调味即可。

适宜人群 食欲不振者；皮肤暗黄粗糙干燥者；高血压患者；高血脂患者；肥胖者；糖尿病患者；动脉硬化患者；脾胃虚弱、食欲不振者。

不宜人群 胃酸过多，有吞酸、吐酸者；胃及十二指肠溃疡患者；孕妇。

麦芽  "疏肝醒脾、退乳常用药"

麦芽为发芽的大麦颖果，各地均产。它含淀粉酶、转化糖酶、B族维生素、脂肪、磷脂、糊精、麦芽糖、葡萄糖等成分。麦芽是疏肝醒脾、退乳的常用药。

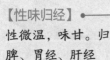

【性味归经】

性微温，味甘。归脾、胃经、肝经

【适合体质】

食积腹痛、消化不良者

【煲汤适用量】

10~15克（大剂量30~120克）

【别　　名】

大麦蘖、麦蘖、大麦毛、大麦芽

【功效主治】

麦芽具有疏肝醒胃、消食除满、和中下气的功效，主治食积不消、脘腹胀满、食欲不振、呕吐泄泻、乳胀不消。麦芽对胃蛋白酶的分泌似有轻度的促进作用，对增加胃酸的分泌亦有轻度的作用。其临床上应用于健胃，治一般的消化不良，对米、面食和果积（食水果过多而致的消化不良）有化积开胃的作用。其可视为助消化的滋养药，常配神曲、白术、陈皮使用。临床观察，于产后回乳或哺乳妇女在婴儿断乳时，因乳汁滞留、乳房胀痛，可用本品退乳，前人认为这与麦芽散血行气作用有关，但此时麦芽用量宜大。此外，服补药而防其胀满时，可酌加麦芽助消化。

【食用宜忌及用法】

麦芽久食消肾，不可多食。炒麦芽服用过多时会影响乳汁分泌，哺乳期的妇女慎用。生麦芽的醒胃作用较好，食欲不振者可用之，小孩尤为适合。炒麦芽性较温和，食物吸收不良、大便稀烂者用之较好，退乳也可用炒麦芽。从对淀粉的消化力而论，生品大于炒焦者。麦芽可煎汤服用，或入丸、散。

【选购与保存】

麦芽以色黄、颗粒大而饱满、短芽完整、具粉质者为佳。其应置阴凉干燥处保存，以防潮、防霉、防鼠食。

滋补药膳 山药麦芽鸡汤

·疏肝醒脾+退乳除胀·

主料〉

鸡肉200克　　山药适量　　麦芽适量

神曲适量　　蜜枣适量

辅料〉 盐4克，鸡精3克

制作〉

①鸡肉洗净，切块，氽水；山药洗净，去皮，切块；麦芽洗净，浸泡。②锅中放入鸡肉、山药、麦芽、神曲、蜜枣，加入清水，加盖以小火慢炖。③1小时后揭盖，调入盐和鸡精稍煮，出锅即可。

适宜人群 脾胃气虚所见的神疲乏力、食欲不振、食积腹胀者；慢性萎缩性胃炎患者；食管癌患者；胃大部切除术后的胃癌患者；停止哺乳，需回乳的妇女。

不宜人群 哺乳期妇女。

滋补药膳 麦芽山药煲牛肚

·健脾益气+消食化积·

主料〉

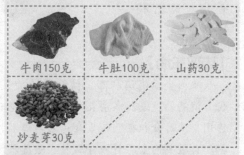

牛肉150克　　牛肚100克　　山药30克

炒麦芽30克

辅料〉 盐少许

制作〉

①牛肉、牛肚分别洗净，切块；山药、麦芽均洗净浮尘。②将牛肉放入沸水中氽烫，捞出后用凉水冲干净。③净锅上火倒入水，下入牛肉、牛肚、山药、炒麦芽大火煮开，转小火煲至牛肚、牛肉熟烂，加盐调味即可。

适宜人群 脾胃气虚者；小儿营养不良者；体质虚弱消瘦者；内脏下垂者；食积不化、胃胀胃痛者；脾虚腹泻者。

不宜人群 感冒未清者。

鸡内金 "消食、止遗尿常用药"

鸡内金为雉科动物家鸡的干燥砂囊内膜。其全国各地均产。该品为传统中药之一，用于消化不良、遗精盗汗等症，效果极佳，故而以"金"命名。

【性味归经】
性平，味甘。归脾、胃、小肠、膀胱经

【适合体质】
食积、消化不良者

【煲汤适用量】
3~10克

【别　名】
肫皮、鸡黄皮、鸡食皮、鸡中金、化骨胆

【功效主治】

鸡内金具有消积滞、健脾胃的功效，主治食积胀满、呕吐反胃、泻痢、疳积、消渴、遗溺、喉痹乳蛾、牙疳口疮。其若配山楂、麦芽等，可增强消食导滞作用，治疗食积症状较重者；若与白术、山药、使君子等同用，可治小儿脾虚疳积。口服鸡内金后胃液分泌量、酸度及消化力均见增高，其见效速度较慢，但维持也较久。其临床上用于治疗消化不良，尤其适宜于因消化酶不足而引起的胃纳不佳、积滞胀闷、反胃、呕吐、大便稀烂等。鸡内金对消除各种消化不良的症状都有帮助，可减轻腹胀、肠内异常发酵、口臭、大便不成形等症状。其治小儿遗尿，或成人之小便频数、夜尿，还可治体虚遗精，尤其对肺结核患者之遗精有较好的效果。

【食用宜忌及用法】

鸡内金可煎汤服用，或入丸、散。其外用：焙干研末调敷或生贴，可治皮肤病损。凡慢性病和胃气不足者用鸡内金时宜炙用（焙用）。其粉剂的效果优于煎剂。鸡内金研末用效果比煎服好。用于治疗慢性肝炎，以焙鸡内金15克为1日量，分3次用蜜糖水冲服。

【选购与保存】

鸡内金以干燥、完整、个大、色黄者为佳。其宜置通风干燥处保存。

滋补药膳 鸡内金山药甜椒煲

·开胃消食+消积除胀·

主料

新鲜山药150克　鸡内金10克　红甜椒60克

新鲜香菇60克　玉米粒35克　毛豆仁35克

辅料 天花粉10克，色拉油半匙

制作

①鸡内金、天花粉放入棉布袋和200毫升清水置入锅中，煮沸，约3分钟后关火，滤取药汁备用。②新鲜山药去皮洗净，切薄片；红甜椒洗净，去蒂头和子，切片；新鲜香菇洗净，切片；炒锅倒入色拉油加热，放入所有材料翻炒2分钟。③倒入药汁，以大火焖煮约2分钟，加盐调味即可。

适宜人群 脾胃气虚引起的食欲不振、消化不良者；小儿营养不良者；便秘患者；胃痛患者；糖尿病患者。

不宜人群 无

滋补药膳 南瓜内金猪展汤

·利尿排石+和胃消食·

主料

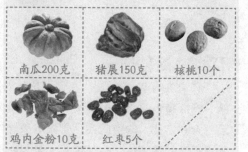

南瓜200克　猪展150克　核桃10个

鸡内金粉10克　红枣5个

辅料 盐、高汤各适量

制作

①南瓜洗净，去皮切成方块；猪展洗净，切成块；红枣、核桃洗净备用。②锅中注水烧开后加入猪展，氽去血水后捞出。③另起砂煲，将南瓜、猪展、核桃、猪展、红枣放入煲内，注入高汤，小火煲煮1.5小时后调入盐、鸡精调味即可。

适宜人群 结石病患者（如肾结石、尿路结石、膀胱结石、胆结石等）；尿路感染患者；慢性肝炎患者；胃痛患者；食积腹胀、食欲不振者；便秘患者。

不宜人群 脾虚腹泻者。

神曲 "健脾和胃、消食调中的常用药"

神曲为辣蓼、青蒿、杏仁等药加入面粉或麸皮混和后，经发酵而成的曲剂。它含有酵母菌、酶菌、B族维生素复合体、挥发油、苷类。神曲是健脾和胃、消食调中的常用药。

【性味归经】
性温，味甘、辛。
归脾、胃经

【适合体质】
食积者

【煲汤适用量】
6~15克

【别　　名】
六神曲，泉州神曲，范志曲，百草曲

【功效主治】

神曲具有健脾和胃、消食调中的功效，主治饮食停滞、胸痞腹胀、呕吐泻痢、产后瘀血腹痛、小儿腹大、坚积等病症。其亦可用于健脾，治脾胃泄泻。其治疗食积不化，胸闷脘痞，食欲不振者，可与麦芽、山楂、莱菔子等同用；若脾胃虚弱，食滞中阻，而脘痞食少者，可与党参、白术、麦芽等配伍；若积滞日久不化，见脘腹攻痛胀满者，可与木香、厚朴、三棱等同用。若暑湿秽浊兼夹食滞者，可与藿香、佩兰、苍术、厚朴等配伍，以化湿消食；若肠腑湿热，积滞不化，下痢赤白不爽者，可与大黄、黄连、槟榔、焦山楂等配用，以泻热、导滞、消食。

【食用宜忌及用法】

神曲可煎汤服用，或研末入丸、散。神曲全年均可制作。其制作方法为用鲜青蒿、鲜苍耳、鲜辣蓼各6千克，切碎；赤小豆碾末、杏仁去皮研各3千克，混合拌匀，入麦麸5千克，白面30千克，加水适量，揉成团块，压平后用稻草或麻袋覆盖，使之发酵，至外表长出黄色菌丝时取出。本品不适用于口干、舌少津，或有手足心热、食欲不振、脘腹作胀、大便干结者服用。哺乳期妇女也应慎用神曲。还因其能堕胎，故孕妇应忌食。积滞而表现有胃火炽旺、舌绛无津者，不宜用神曲。此时由于津液消耗，应先生津、清热，用甘寒、清凉之品，如竹茹、布渣叶、天花粉之类。

【选购与保存】

神曲以陈久、无虫蛀者为佳。置通风干燥处，防蛀。

滋补药膳 神曲金针菇鱼汤

·健胃消食+健脾益气·

主料

神曲20克　金枪鱼肉150克　金针菇100克

西蓝花80克

辅料 姜丝、盐各适量

制作

①将金枪鱼肉、金针菇、西蓝花均洗净，金针菇和西蓝花剥成小朵备用。②锅置火上，倒入清水，将神曲、金枪鱼肉、金针菇、西蓝花均放入锅中大火煮开，转小火续煮20分钟。③加盐调味，放入姜丝皆可。

适宜人群 脾胃虚弱腹胀食积者；需回乳的哺乳妇女；小儿疳积患者；消化不良患者；厌食者；食管癌、胃癌患者。

不宜人群 哺乳期妇女、孕妇均忌食。

滋补药膳 神曲厚朴木香饮

·行气除胀+消食化积·

主料

神曲10克　厚朴10克　木香5克

陈皮3克

辅料 麦芽糖适量

制作

①将神曲、厚朴、木香、陈皮均洗净备用。②先将神曲、厚朴、木香放入锅中，加水适量，煮沸后转小火煮10分钟。③再放入陈皮煮沸，加入麦芽糖烊化即可。

适宜人群 脾胃气滞所见的食后腹胀、脘腹痞满、消化不良、便溏完谷不化者；需回乳的哺乳妇女；小儿疳积患者；痰湿较重者。

不宜人群 阴虚燥热者、血热出血症患者、哺乳期妇女、孕妇。

木瓜

"百益果王"

成熟果实含葡萄糖、果糖、蔗糖、胡萝卜素、维生素C、酒石酸、枸橼酸、苹果酸等成分。未成熟果实的汁液中含多量的番木瓜蛋白酶、脂肪酶等成分。木瓜素有"百益果王"之称。

【性味归经】
性平、微寒，味甘。
归肝、脾经

【适合体质】
腿脚抽筋、脚气患者

【煲汤适用量】
5~10克（干）

【别　名】
木瓜海棠、光皮木瓜，木瓜花、木梨、木李、楔楂

【功效主治】

木瓜具有平肝和胃、舒筋络、活筋骨、降血压的功效。其用于脾胃虚弱、食欲不振、产后缺乳、消化不良、饮食积滞、脘腹疼痛，绦虫、蛔虫等寄生虫病。其用于风湿痹痛、筋脉拘挛、脚气肿痛。木瓜有较好的舒筋活络作用，且能化湿，为治风湿痹痛所常用，能去湿除痹，尤为治湿痹、筋脉拘挛要药，亦常用于腰膝关节酸重疼痛，常与乳香、没药、生地黄同用。其可治疗筋急项强，不可转侧，如木瓜煎，木瓜治此症，一则使湿浊得化，中焦调和；二则舒筋活络，使吐利过多而致的足腓挛急得以缓解。

【食用宜忌及用法】

木瓜适宜慢性萎缩性胃炎患者，缺奶的产妇，风湿筋骨痛、跌打扭挫伤患者，消化不良、肥胖患者食用。孕妇、过敏体质人士不适宜食用木瓜。木瓜中的番木瓜碱，对人体有小毒，每次食用量不宜过多，过敏体质者应慎食。木瓜宜与牛奶同食，可消除疲劳、润肤养颜；木瓜宜与莲子同食，可清心润肺、健胃益脾；木瓜宜与玉米同食，可预防慢性肾炎和冠心病；木瓜宜与猪肉同食，有助于吸收蛋白质。

【选购与保存】

选购木瓜时，一般以大半熟的程度为佳，这样的木瓜肉质爽滑可口。购买时用手触摸，果实坚而有弹性者为佳。木瓜不宜在冰箱中存放太久，以免长斑点或变黑。

滋补药膳 木瓜煲猪脚

·丰胸通乳+滋阴润肤·

主料 〉

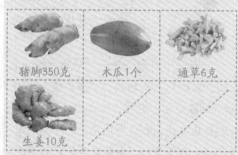

猪脚350克　　木瓜1个　　通草6克

生姜10克

辅料 〉 盐6克，味精3克

制作 〉

①木瓜剖开去子去皮，切成小块，生姜洗净切成片；②猪脚烙去残毛，洗净，砍成小块，再放入沸水中汆去血水；③将猪脚、木瓜、通草、姜片装入煲内，加适量清水煲至熟烂，加入盐、味精调味即可。

适宜人群 产后妇女、乳汁不通者；青春期乳房发育不良者、皮肤粗糙暗黄者、气血亏虚者、便秘者。

不宜人群 肥胖患者、高血脂患者、痰湿中阻者、感冒患者。

滋补药膳 银耳木瓜羹

·滋阴润肺+降压降脂·

主料 〉

西米100克　　银耳50克　　木瓜200克

红枣10克

辅料 〉 白糖适量

制作 〉

①西米泡发洗净，入电饭锅中，加入适量水；木瓜去皮去子切成块，银耳泡发，洗净，摘成小朵备用；红枣洗净，去核。②锅置火上，加水烧开，下入西米、银耳、木瓜、红枣，大火煮沸，转小火续煮30分钟；最后加入白糖调味即可。

适宜人群 高血压患者、高血脂患者、糖尿病患者（不加白糖）、阴虚干咳者、皮肤干燥粗糙者、慢性萎缩性胃炎患者、慢性肾炎患者、痛风患者、消化不良患者、便秘者。

不宜人群 孕妇以及对木瓜过敏者。

乌梅 "生津止渴的居家良药"

乌梅为蔷薇科植物梅的干燥未成熟果实。其主产四川、浙江、福建、湖南、贵州。此外，广东、湖北、云南、陕西、安徽、江苏、广西、江西、河南等地亦产乌梅。它含柠檬酸、固甾醇和齐墩果酸样物质。乌梅是生津止渴的居家良药。

【性味归经】
味酸、涩，性平。归肝、脾、肺、大肠经

【适合体质】
阴虚体质

【煲汤适用量】
4~8克

【别　　名】
梅实、熏梅、橘梅肉

【功效主治】

乌梅具有敛肺止咳、收敛生津、涩肠止泻、安蛔驱虫的功效，主治久咳、虚热烦渴、久疟、久泻、痢疾、便血、尿血、血崩、蛔厥腹痛、呕吐、钩虫病、牛皮癣、胬肉等。其用于肺虚久咳少痰或干咳无痰，可与罂粟壳、杏仁等同用；治疗虚热消渴，可单用煎服，或与天花粉、麦冬、人参等同用，如玉泉散。本品还有良好的涩肠止泻痢作用，为治疗久泻、久痢之常用药，可与罂粟壳、诃子等同用，如固肠丸。其治疗蛔虫所致腹痛、呕吐、四肢厥冷的蛔厥病，常配伍细辛、川椒、黄连、附子等同用，如乌梅丸。乌梅还可润肤止痒、抗过敏，降血糖，对慢性肾炎、慢性非特异性结肠炎、霉菌性阴道炎、功能失调性子宫出血有一定的食疗作用。

【食用宜忌及用法】

乌梅适宜食欲不振、便秘、孕妇、口臭或宿醉者食用。乌梅可煎汤服用，亦可直接食用，或入丸、散。其外用：煅研干，撒或调敷。本品有收敛作用，故外热、热滞、表邪未解者不宜用。本品味酸，胃酸过多者慎用。外用乌梅膏可治胼胝、鸡眼。治疗鸡眼可先局部用热水泡软，剪去鸡眼老皮，然后涂药，纱布包扎，24小时换药1次。

【选购与保存】

乌梅以个大、肉厚、核小、外皮乌黑色、不破裂露核、柔润、味极酸者为佳。其宜置于阴凉干燥处，防霉、防虫。

滋补药膳 杨桃乌梅甜汤

·滋阴润燥+生津止渴·

主料 〉

杨桃1颗	乌梅4颗	麦冬15克
天门冬10克		

辅料 〉 冰糖1大匙，紫苏梅汁、盐适量

制作 〉

①将麦门冬，天门冬放入棉布袋；杨桃表皮以少量的盐搓洗，切除头尾，再切成片状。②药材与全部材料放入锅中，以小火煮沸，加入冰糖搅拌溶化。③取出药材，加入紫苏梅汁拌匀，待降温后即可食用。

适宜人群 咽干喑哑、咽喉肿痛者；暑热烦渴者；肺阴虚干咳咯血者、慢性萎缩性胃炎患者；更年期综合征患者；高血压、高血脂患者；阴虚体质者。

不宜人群 胃酸过多者慎用。

滋补药膳 乌梅当归鸡汤

·滋阴补血+益气补虚·

主料 〉

当归15克	鸡肉300克	乌梅6颗
枸杞子10克	党参10克	

辅料 〉 盐各适量

制作 〉

①鸡肉洗净，斩块，氽去血水；当归、枸杞子、党参均分别洗净备用。②锅中加水适量，置于火上，大火煮开后，放入所有主料，转小火煮2小时。③最后加盐调味即可。

适宜人群 贫血者；干燥综合征患者；体质虚弱者；面色萎黄无华者；尿血、便血者；胃酸分泌过少者。

不宜人群 消化性溃疡患者、胃酸分泌过多者、表邪未解者。

297

第九章

化痰止咳平喘汤

　　凡以祛痰或消痰为主要作用的药物，称为化痰药；抑制或减轻咳嗽和喘息的药物，称为止咳平喘药，用以上两类药物烹制的汤膳常统称为化痰止咳平喘汤。化痰止咳平喘药主要具有祛痰、镇咳、平喘、抑菌、抗病毒、消炎的作用，咳嗽每多夹痰，故化痰止咳平喘三者常同用。对于久咳肺气虚弱者，常用此类药搭配猪肺、老鸭、乳鸽等补养肺气的食物做成汤膳，能增强食疗效果。

　　在治疗疾病时，要辨证应用化痰止咳平喘药，若有表证者，当配伍解表药同用，如风寒感冒，配麻黄、桂枝、防风等；风热感冒者，配菊花、桑叶等；若有里寒者，配干姜、吴茱萸、肉桂等温里散寒药同用；若虚劳咳嗽者常配五味子、冬虫夏草、蛤蚧等补虚敛肺药同用。此外，"脾为生痰之源"，故化痰止咳平喘常配健脾燥湿药同用，如白术、莱菔子、白扁豆等。"气滞则痰凝、气行则痰消"，所以也常配伍理气药同用，可加强化痰之功。

川贝母 "止咳化痰常用药"

川贝母为百合科植物卷叶贝母、乌花贝母或棱砂贝母等的鳞茎。其分布于云南、四川、西藏等地。它含甾体生物碱（川贝碱）、西贝碱等成分。川贝母是润肺止咳的名贵中药材，应用历史悠久，疗效卓著，驰名中外。

【性味归经】
性凉，味苦、甘；
归肺、心经

【适合体质】
阴虚体质

【煲汤适用量】
5~10克

【别　　名】
虻、黄虻、苘、贝母、空草、药实、苦花、勤母

【功效主治】

川贝母具有润肺散结、止嗽化痰的功效，治虚劳咳嗽、吐痰咯血、心胸郁结、肺痿、肺痈、瘿瘤、瘰疬、喉痹、乳痈。川贝母含有川贝母碱、去氢川贝母碱等，有镇咳、化痰、镇痛、降压等药理作用，用于治疗急慢性支气管炎、上呼吸道感染及肺结核等引起的咳嗽。中医用来治疗痰热咳喘、咯痰黄稠之症；又兼甘味，故善润肺止咳，治燥热之咳嗽、痰少而黏之症，及阴虚燥咳、劳嗽等虚证。其治肺阴虚劳嗽，久咳有痰者，常配沙参、麦冬等以养阴润肺化痰止咳；治肺热、肺燥咳嗽，常配知母以清肺润燥，化痰止咳，如二母散。川贝还有散结开郁之功，治疗痰热互结所致的胸闷心烦之症及瘰疬痰核等病。

【食用宜忌及用法】

川贝母适宜阴虚劳嗽者服用。川贝母可煎汤服用，或入丸、散。其外用：研末撒或调敷。脾胃虚寒及有湿痰者不宜用川贝母。川贝母宜与豆腐同食，可清热润肺、化痰止咳；宜与甲鱼同食，可补肝益肾、养血润燥；宜与雪梨同食，可滋阴润肺、止咳化痰。

【选购与保存】

川贝母以质坚实、粉性足、色白的为佳。川贝母易虫蛀，宜低温、干燥贮存。

滋补药膳 海底椰参贝瘦肉汤

·益气养阴+镇喘止咳·

主料 〉

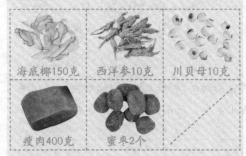

海底椰150克	西洋参10克	川贝母10克
瘦肉400克	蜜枣2个	

辅料 〉 盐2克

制作 〉

①海底椰、西洋参、川贝母均洗净备用。②瘦肉洗净，切块，飞水；蜜枣洗净。③将以上备好的用料一起放入煲内，注入沸水700毫升，加盖，煲4小时，加盐调味即可。

适宜人群 阴虚干咳、咯血者；肺热咳吐黄痰者；咽干口渴者；暑热汗出过多体虚者；慢性咽炎患者、阴虚便秘者、皮肤干燥粗糙者。

不宜人群 脾胃虚寒者，风寒感冒未愈者。

滋补药膳 海底椰贝杏鹌鹑汤

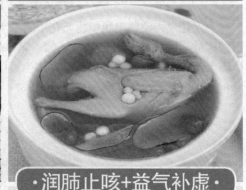

·润肺止咳+益气补虚·

主料 〉

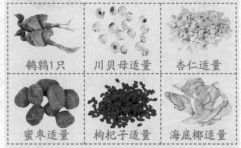

鹌鹑1只	川贝母适量	杏仁适量
蜜枣适量	枸杞子适量	海底椰适量

辅料 〉 盐3克

制作 〉

①鹌鹑收拾干净；川贝母、杏仁均洗净；蜜枣、枸杞子均洗净泡发；海底椰洗净，切薄片。②锅上水烧开，下入鹌鹑，煮尽血水，捞起洗净。③瓦煲注适量水，放入全部材料，大火烧开，改小火煲3小时，加盐调味即可。

适宜人群 肺虚哮喘、咳嗽、咳痰、气喘者；体质虚弱、神疲乏力者；小儿肺炎、百日咳患者；慢性咽炎患者、气虚或阴虚便秘者。

不宜人群 寒湿中阻、消化不良者；感冒未愈患者。

无花果 "健脾开胃、解毒消肿的常用药"

　　无花果为桑科榕属植物无花果的果实，它含葡萄糖、果糖、蔗糖、蛋白质、柠檬酸、琥珀酸、丙二酸、草酸、苹果酸、植物生长激素、淀粉化糖酶、脂肪酶、蛋白酶、胶质、类固醇类、维生素C、钙、磷等成分。无花果是无公害绿色食品，被誉为"21世纪人类健康的守护神"。

【性味归经】
味甘、微辛，性平。
归肺、胃、大肠经

【适合体质】
各种体质

【煲汤适用量】
9~15克（大剂量30~60克）

【别　　名】
映日果、奶浆果、蜜果、树地瓜、文先果、明目果、菩提圣果

【功效主治】

　　无花果具有清热生津、健脾开胃、解毒消肿的功效。主治咽喉肿痛、燥咳声嘶、乳汁稀少、肠热便秘、食欲不振、消化不良、泄泻痢疾、痈肿、癣疾等症。

【食用宜忌及用法】

　　无花果适宜消化不良者、食欲不振者、高血脂患者、高血压患者、冠心病患者、动脉硬化患者、癌症患者、便秘者食用。孕妇也宜常吃适量的无花果，因为无花果不仅有丰富的营养成分，还能够治疗痔疮及通乳。无花果可煎汤服用，亦可生食鲜果。其外用：可取适量煎水洗；研末调敷或吹喉。但脂肪肝患者、脑血管意外患者、腹泻者、正常血钾性周期性麻痹患者等不适宜食用无花果；大便溏薄者不宜生食无花果。

【选购与保存】

　　选购无花果时，首先要挑选大个的，这样的果子果肉饱满，水分多；其次尽量挑选颜色较深的，这样的果实才熟透了，口感上更甜；再次，可以轻捏果实表面，挑选较为柔软的；最后，要避免选购尾部开口较大的无花果，因其难免会沾染到空气中的灰尘和细菌，不太卫生。新鲜无花果存放的时间比较短，因为熟了的果实很软，放的时间久了会烂掉，所以不好储存，建议现摘现吃，吃新鲜的，营养价值高。

滋补药膳 南北杏无花果煲排骨

·清热止咳+润肺利咽·

主料〉

| 排骨200克 | 南北杏各10克 | 无花果适量 |
| 姜片适量 | | |

辅料〉 盐3克，鸡精4克

制作〉

①排骨洗净，斩成块；南北杏、无花果均洗净。②锅加水烧开，放入排骨汆尽血渍，捞出洗净。③砂煲内注上适量清水烧开，放入排骨、南北杏、无花果、姜片，用大火煲沸后改小火煲2小时，加盐、鸡精调味即可。

适宜人群〉 咳嗽咳痰者（如肺炎、肺气肿、肺癌等患者）；咽喉干燥者；便秘患者；胃癌、肠癌患者。

不宜人群〉 正常血钾性周期性麻痹者、便稀腹泻者。

滋补药膳 无花果煲猪肚

·健脾开胃+益气补虚·

主料〉

| 无花果15克 | 猪肚1个 | 蜜枣适量 |
| 胡椒适量 | 生姜适量 | |

辅料〉 盐、鸡精各适量

制作〉

①猪肚加盐、醋反复擦洗，用清水冲洗；无花果、蜜枣洗净，胡椒稍研碎；生姜洗净，去皮切片。②将猪肚汆去血沫。③将所有食材一同放入砂煲中，加清水，大火煲滚后改小火煲2小时，至猪肚软烂后调入盐、鸡精即可。

适宜人群〉 脾胃虚弱所见的饮食不香、消化不良者；慢性萎缩性胃炎、胃癌患者；肺虚咳嗽气喘者；胃下垂患者；妊娠胎动不安者。

不宜人群〉 脂肪肝患者、脑血管意外患者。

桔梗

"止咳祛痰的常用良药"

桔梗为桔梗科植物桔梗的根。其主产于安徽、河南、湖北、辽宁、吉林、河北、内蒙古等地。桔梗是我国传统常用中药材，药食两用，需求量较大。

【性味归经】
性平，味苦、辛。归肺经

【适合体质】
痰湿体质

【煲汤适用量】
3~10克

【别　名】
苦梗、苦桔梗、大药

【功效主治】

桔梗具有开宣肺气、祛痰排脓的功效。其主治外感咳嗽、咽喉肿痛、肺痈吐脓、胸满胁痛、痢疾腹痛等病症。桔梗有较强的祛痰镇咳作用，麻醉犬口服煎剂1克/千克后，呼吸道黏液分泌量显著增加，作用强度可与氯化铵相比。此外，桔梗还具有降低血糖的作用，家兔内服桔梗的水或酒精提取物均可使血糖下降。桔梗皂苷能降低鼠肝内胆固醇含量及增加类固醇的分泌，因而对胆固醇代谢有影响。桔梗体外试验水浸剂对絮状表皮癣菌有抑制作用。

【食用宜忌及用法】

桔梗适宜咳嗽多痰患者服用。桔梗可煎汤服；或入丸、散。阴虚久嗽、气逆及咳血者忌服，胃溃疡者慎用桔梗。作为肺经药的桔梗，也常用于调整大肠的功能状态。桔梗如加入治痢剂中可缓解里急后重，加入凉膈散中可缓和其泻下作用。服用桔梗后能刺激胃黏膜，剂量过大，可引起轻度恶心，甚至呕吐。胃及十二指肠溃疡患者慎用。

【选购与保存】

桔梗以条粗均匀，坚实、洁白、味苦者为佳；条不均匀，折断中空，色灰白者质次。其宜置通风干燥处保存，防蛀。

滋补药膳 菊花桔梗雪梨汤

·清热润肺+止咳化痰·

主料〉

甘菊5朵　桔梗5克　雪梨1个
冰糖适量

辅料〉 水适量

制作〉

①甘菊、桔梗洗净，加1200毫升水煮开，转小火继续煮10分钟，去渣留汁。②加入冰糖搅匀后，盛出待凉。③雪梨洗净，削去皮，梨肉切丁，加入已凉的汁中即可。

适宜人群 风热感冒者；咳嗽气喘、咳吐黄痰者（如肺炎、肺脓肿、肺结核、肺癌等）；咽喉肿痛、咽干口燥者（如咽炎、扁桃体炎）；高血压患者；上火者。

不宜人群 脾胃虚寒者。

滋补药膳 桔梗牛丸汤

·滋阴润肺+降压降糖·

主料〉

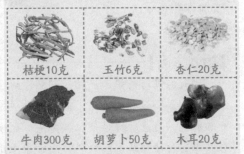

桔梗10克　玉竹6克　杏仁20克
牛肉300克　胡萝卜50克　木耳20克

辅料〉 盐、味精、淀粉、高汤各适量

制作〉

①玉竹、桔梗、杏仁均洗净；牛肉洗净，剁成肉馅，加淀粉搅匀；胡萝卜去皮，洗净切碎；木耳泡发洗净，撕成小块备用。②炒锅上火倒入高汤，下入肉馅汆成丸子，再下入桔梗、玉竹、杏仁、胡萝卜、木耳，调入盐、味精煮熟即可。

适宜人群 肺热咳嗽、慢性咽炎、暗疮、糖尿病、高血压、高血脂、动脉硬化、肥胖症等患者以及营养不良者、病后体虚者。

不宜人群 脾胃虚寒腹泻者、风寒咳嗽者。

胖大海 "化痰通便的清凉药材"

胖大海为梧桐科植物胖大海的种子。其主产于越南、泰国、印度尼西亚、马来西亚等地。胖大海是化痰通便的清凉药材，也是"开嗓圣药"。

【性味归经】
性凉，味甘、淡。
归肺、大肠经

【适合体质】
痰湿体质

【煲汤适用量】
4.5~9克

【别　　名】
安南子、大洞果、胡大海、大发、通大海、大海子

【功效主治】

胖大海具有清热、润肺、利咽、解毒的功效。现代药理研究认为胖大海具有缓泻、利尿、镇痛的作用。其可治肺热咳嗽、干咳无痰、声音嘶哑、咽喉疼痛、牙龈肿痛、目赤、慢性便秘、痔疮、大便出血、吐血衄血等。另外，胖大海也适合夏季时作清热解暑的饮料，而临床上用于治疗急性扁桃体炎有不错的效果。胖大海还可外用，用于透疹，治麻疹出疹不快。

【食用宜忌及用法】

胖大海不适宜长期用来代茶饮用。因为其长期服用会产生腹泻、脾胃虚寒、食欲不振、胸闷、消瘦等不良的作用。且对于声带有结、声带长出息肉，或因为烟酒刺激过度等外因所引发的声音嘶哑，使用胖大海并不具效果。脾胃虚寒，平时就伴有腹部冷痛、大便稀溏者不宜服用胖大海，风寒感冒或肺阴虚患者、低血压、糖尿病患者也不宜服用胖大海。此外，胖大海含有肾毒性，不要轻易服用，要根据自身条件来定，否则会危害身体。

【选购与保存】

胖大海以个大、淡黄棕色、表面皱纹细、微有光泽、振摇不响、无碎裂者为佳。其宜置干燥处，防霉、防蛀保存。

滋补药膳 胖大海雪梨汁

·滋阴清热+润肺止咳·

主料〉

胖大海9克	麦冬10克	桔梗6克
雪梨2个		

辅料〉白砂糖适量

制作〉

①将胖大海、麦冬、桔梗洗净，雪梨洗净切小块。②将胖大海、桔梗、麦冬、雪梨加水后用大火蒸1小时。③最后加入白砂糖即可。

适宜人群 夏季暑热烦渴者、阴虚干咳咯血者、肺热咳嗽咳痰者、咽喉干燥者、口干喜饮者、上火者、肠燥便秘者、皮肤干燥瘙痒者。

不宜人群 脾胃虚寒腹泻者、风寒咳嗽者。

滋补药膳 胖大海薄荷玉竹饮

·清热利咽+滋阴生津·

主料〉

胖大海9克	薄荷5克	玉竹6克
冰糖适量		

辅料〉水适量

制作〉

①将胖大海、薄荷、玉竹均洗净备用。②锅中加水500毫升，放入胖大海、玉竹煎煮5分钟，再加入薄荷、冰糖煮沸即可。

适宜人群 上火引起的口舌生疮、喉咙肿痛、牙龈肿痛出血、口腔溃疡、阴虚干咳患者；慢性咽炎患者；痤疮患者；糖尿病患者（不加冰糖）。

不宜人群 脾胃虚寒者。

罗汉果 "清肺润肠的保健果品"

　　罗汉果为葫芦科植物罗汉果的果实。其主产广西桂林。它含罗汉果苷，较蔗糖甜300倍。另其含果糖、氨基酸、黄酮等。罗汉果是我国特有的珍贵葫芦科植物，被人们誉为"神仙果"。

【性味归经】
性凉，味甘。归肺、大肠经

【适合体质】
痰湿体质

【煲汤适用量】
9~15克

【别　　名】
拉汗果、假苦瓜

【功效主治】

　　罗汉果有清热润肺、止咳化痰、润肠通便之功效。其主治百日咳、痰多咳嗽、血燥便秘等病症。其对于急性气管炎、急性扁桃体炎、咽喉炎、急性胃炎都有很好的疗效。用它的根捣碎，敷于患处，可以治顽癣、痈肿、疮疖等。用罗汉果少许，冲入开水浸泡，是一种极好的清凉饮料，既可提神生津，又可预防呼吸道感染，常年服用，能驻颜美容、延年益寿，无任何毒副作用。罗汉果中含有丰富的天然果糖、罗汉果甜苷及多种人体必需的微量元素，热含量极低。罗汉果具有降血糖的作用，为糖尿病、高血压、高血脂和肥胖症患者之首选天然甜味剂。

【食用宜忌及用法】

　　罗汉果适宜经常吸烟、饮酒，需要洗肺、护肝、养胃和洗肠清宿便者食用；演员、教师、广播员、营业员等需保护发音器官者也适宜食用；还适宜深夜加班工作，容易上火、排毒能力减低者，室外活动、运动量较大，体内水分容易流失者食用。罗汉果可鲜食也可泡茶，取几片罗汉果的果瓤，泡在热开水中，五六分钟后饮用，味道极鲜美。从罗汉果中提炼的膏质，制成罗汉果冲剂、罗汉果精、罗汉果定喘片等常被作为保健药使用，但便溏者忌服。

【选购与保存】

　　罗汉果以形圆、个大、坚实、摇之不响、色黄褐者为佳。其宜置干燥处，防霉、防蛀保存。

滋补药膳 罗汉果杏仁猪肺汤

·清热润肺+止咳化痰·

主料〉

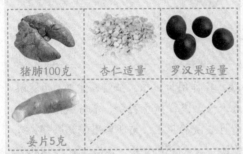

猪肺100克 　　杏仁适量 　　罗汉果适量

姜片5克

辅料〉 盐3克

制作〉

①猪肺洗净，切块；杏仁、罗汉果均洗净。②锅里加水烧开，将猪肺放入煲尽血渍，捞出洗净。③把姜片放进砂锅中，注入清水烧开，放入杏仁、罗汉果、猪肺，大火烧沸后转用小火煲炖3小时，加盐调味即可。

适宜人群〉肺热咳嗽咳痰者（如肺炎、支气管炎）；肺阴虚干咳咯血者（如肺结核）；咽喉干燥者。

不宜人群〉脾胃虚寒者、便稀腹泻者。

滋补药膳 罗汉果银花玄参饮

·滋阴益胃+清热利咽·

主料〉

罗汉果半个 　　金银花6克 　　玄参8克

薄荷3克

辅料〉蜂蜜适量

制作〉

①将罗汉果、金银花、玄参、薄荷均洗净备用。②锅中加水600毫升，大火煮开，放入罗汉果、玄参煎煮2分钟，再加入薄荷、金银花煮沸即可。③滤去药渣，加入适量蜂蜜即可饮用。

适宜人群〉肺阴虚干咳咯血者（如肺结核）；慢性咽炎、扁桃体炎患者；热病伤津、咽喉干燥、肠燥便秘者；痤疮、痱子、疔疮患者。

不宜人群〉脾胃虚寒者。

枇杷叶 "清解肺热、胃热的常用药"

枇杷叶为双子叶植物蔷薇科枇杷的干燥叶，主产广东、江苏、浙江、福建、湖北等地。枇杷叶是常用止咳化痰药。

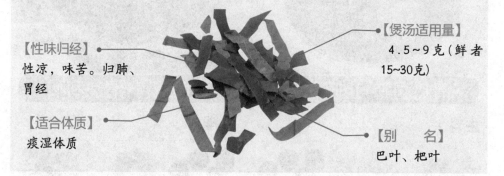

【性味归经】
性凉，味苦。归肺、胃经

【适合体质】
痰湿体质

【煲汤适用量】
4.5～9克（鲜者15~30克）

【别　名】
巴叶、杷叶

【功效主治】

枇杷叶具有化痰止咳、和胃止呕的功效，其作用为镇咳、祛痰、健胃，为清解肺热和胃热的常用药；治肺热咳嗽，表现为干咳无痰或痰少黏稠，不易咳出，或咳时有胸痛、口渴咽干、苔黄脉数（可见于急性支气管炎），宜可单用制膏服用，或与黄芩、桑白皮、栀子等同用，如枇杷清肺饮；治疗肺燥咳嗽、咯血与宣燥润肺之品桑叶、麦冬、阿胶等同，如清燥救肺汤；治胃热噫呕（呃逆或噫气作呕）、胃脘胀闷，配布渣叶、香附、鸡内金等。本品能清胃热，降胃气而止呕吐、呃逆，常配陈皮、竹茹等同用。

【食用宜忌及用法】

枇杷叶可煎汤服用、熬膏或入丸、散。枇杷叶可晾干制成茶叶，有泄热下气、和胃降逆之功效，为止呕之良品，可辅助治疗各种呕吐呃逆。比如：胃热呕吐可取枇杷叶15克，配竹茹20克，麦冬10克，制半夏6克，水煎服，每日1剂；声音嘶哑者，取鲜枇杷叶30克(去毛)，淡竹叶15克，水煎服，每日1剂，一般2～3剂即可见效。但胃寒呕吐及肺感风寒咳嗽者慎用枇杷叶。

【选购与保存】

枇杷叶以叶大、色灰绿、叶脉明显、不破碎者为佳。其应放置通风干燥处防潮保存。

滋补药膳 枇杷虫草花老鸭汤

·清热泻肺+止咳化痰·

主料〉

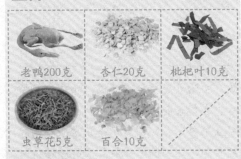

老鸭200克　杏仁20克　枇杷叶10克

虫草花5克　百合10克

辅料〉 盐2克

制作〉

①老鸭洗净，斩块；虫草花、百合、杏仁分别洗净；枇杷叶煎水去渣备用。②锅内放水烧沸，放老鸭肉氽去血水后，捞出；另起一锅，放鸭肉、虫草花、杏仁、百合，加适量清水一起炖。③等肉熟后倒入枇杷叶汁，加盐调味即可。

适宜人群〉 肺热咳嗽、咳吐黄痰者；胃热呕吐厌食、胃痛烧心者；肠燥便秘者；慢性咽炎患者。

不宜人群〉 脾胃虚寒者、慢性腹泻者。

滋补药膳 苦瓜甘蔗枇杷汤

·滋阴泻火+清热利咽·

主料〉

甘蔗200克　苦瓜200克　鸡胸骨1副

枇杷叶20克

辅料〉 盐适量

制作〉

①鸡胸骨入沸水中氽烫，捞起冲洗净，再置净锅中，加水800毫升。②甘蔗洗净，去皮，切小段；苦瓜洗净切半，去子和白色薄膜，再切块。③将甘蔗放入有鸡胸骨的锅中，以大火煮沸，转小火续煮1小时，将枇杷叶和苦瓜放入锅中再煮30分钟，加盐调味即可。

适宜人群〉 暑热汗出烦热者；上火所致的咽喉干燥肿痛者；痤疮、痱子患者；肺热咳嗽者；高血压患者。

不宜人群〉 脾胃虚寒者、糖尿病患者。

杏仁

"止咳平喘的常用药"

杏仁为蔷薇科植物杏、野杏、山杏、东北杏的种子。其主产河北、山东、山西、河南、陕西、甘肃、青海、新疆、辽宁、吉林、黑龙江、内蒙古、江苏、安徽等地。它富含蛋白质、脂肪、糖类、胡萝卜素、B族维生素、维生素C、维生素P以及钙、磷、铁等营养成分，其中胡萝卜素的含量在果品中仅次于芒果，人们将杏仁称为"抗癌之果"。

【性味归经】
性温、味苦。归肺、大肠经

【适合体质】
痰湿体质

【煲汤适用量】
4.5~9克

【别　　名】
杏核仁、杏子、木落子、苦杏仁、杏梅仁

【功效主治】

杏仁具有祛痰止咳、平喘、润肠的功效，主治外感咳嗽、喘满、喉痹、肠燥便秘，常用于肺燥喘咳等患者的保健与治疗。杏仁含有丰富的脂肪油，有降低胆固醇的作用。美国研究人员的一项最新研究成果显示，胆固醇水平正常或稍高的人，可以用杏仁取代其膳食中的低营养密度食品，达到降低血液胆固醇并保持心脏健康的目的。因此，杏仁对防治心血管系统疾病有良好的作用。研究者认为，杏仁中所富含的多种营养素，比如维生素E、单不饱和脂肪和膳食纤维共同作用能够有效降低心脏病的发病危险。

【食用宜忌及用法】

杏仁适宜有呼吸系统疾病的人、癌症患者、术后放化疗的人、女性体虚多白带、中老年遗精白浊、小便频数及幼儿遗尿者食用。杏仁可煎汤服用，或入丸、散。其外用：捣敷。阴虚咳嗽及大便溏泄者忌服杏仁。过量服用苦杏仁，可发生中毒，表现为眩晕，突然晕倒、心悸、头疼、恶心呕吐、惊厥、昏迷、紫绀、瞳孔散大、对光反射消失、脉搏弱慢、呼吸急促或缓慢而不规则。若不及时抢救，中毒患者可因呼吸衰竭而死亡。

【选购与保存】

杏仁以颗粒均匀、有深棕色脉纹、饱满肥厚、味苦、不发油者为佳。其宜置于通风干燥处保存，防虫，防霉。

滋补药膳 杏仁核桃牛奶饮

·润肠通便+益智补脑·

主料〉

杏仁9克	核桃仁20克	牛奶200克
蜂蜜适量		

辅料〉 水适量

制作〉

①将杏仁、核桃仁放入清水中洗净，与牛奶一起放入炖锅中。②加适量清水后将炖锅置于火上烧沸，再用文火煎煮20分钟即可关火。③待牛奶稍凉后放入蜂蜜搅拌均匀即可饮用。

适宜人群〉 习惯性便秘者；肺虚咳嗽者；脑力劳动者；记忆力衰退者；皮肤暗黄粗糙、面生细纹者；神经衰弱者；失眠多梦者；胃阴亏虚者。

不宜人群〉 便稀腹泻者。

滋补药膳 杏仁白萝卜炖猪肺

·益气敛肺+止咳化痰·

主料〉

猪肺250克	白萝卜100克	杏仁9克
花菇50克		

辅料〉 上汤1碗半，生姜2片，盐6克，味精3克

制作〉

①猪肺反复冲洗干净，切成大块；杏仁、花菇浸透洗净；白萝卜洗净，带皮切成中块。②将以上用料连同1碗半上汤、姜片放入炖盅，盖上盅盖，隔水炖之，先用大火炖30分钟，再用中火炖50分钟，后用小火炖1小时即可。③炖好后加盐、味精调味即可。

适宜人群〉 一般人群皆可食用，尤其适合肺虚或肺热咳嗽咳痰者

不宜人群〉 脾虚腹泻者。

白果

"敛肺气、定喘咳"

白果为银杏科植物银杏的种子。全国大部分地区有产。主产广西、四川、河南、山东、湖北、辽宁等地。白果果仁富含淀粉、粗蛋白、脂肪、蔗糖、矿物元素、粗纤维，并富含银杏酚和银杏酸，有一定毒性。

【性味归经】
性平，味甘、苦、涩。归肺、心、膀胱经

【适合体质】
痰湿体质

【煲汤适用量】
4.5~9克

【别　　名】
银杏、白果肉、银杏肉

【功效主治】

白果具有敛肺气、定喘嗽、止带浊、缩小便的功效，中医将其归类于止咳平喘药，主治哮喘、痰嗽、白带，白浊、遗精、淋病、小便频数等病症，生食还可解酒。其可治疗呼吸道感染性疾病，具有敛肺气、定喘咳的功效。其治疗肺肾两虚之虚喘，配五味子、胡桃肉等以补肾纳气，敛肺平喘；若治疗肺热燥咳，喘咳无痰，宜配天门冬、麦冬、款冬花以润肺止咳。白果有收缩膀胱括约肌的作用，治小便白浊，可单用或与萆薢、益智仁等同用；治疗遗精、尿频、遗尿，常配熟地黄、山茱肉、覆盆子等，以补肾固涩；治疗妇女带下，属脾肾亏虚，色清质稀者最宜，常配山药、莲子等健脾益肾之品同用；若治疗湿热带下，色黄腥臭等，也可配黄柏、车前子等，以化湿清热止带，如易黄汤。

【食用宜忌及用法】

白果适宜支气管哮喘、慢性气管炎、肺结核患者食用。白果可煎汤服用，捣汁或入丸、散。其外用：捣敷。但有实邪者忌服白果。白果不宜生食和多食，因含有氢氰酸，过量食用可出现呕吐、呼吸困难等中毒病症，严重时患者可中毒致死。白果不宜与鳗鱼、草鱼同食，与这些食物同食会引起身体不适。

【选购与保存】

白果以外壳白色、种仁饱满、里面色白者为佳。其宜置通风干燥处保存，以防虫蛀、发霉。

滋补药膳 百合白果鸽子煲

·敛肺止咳+益气补虚·

主料 〉

鸽子1只　水发百合30克　白果10颗

葱段2克

辅料 〉 盐少许

制作 〉

①将鸽子杀洗干净，斩块，氽水；水发百合洗净；白果洗净备用；②净锅上火倒入水，下入鸽肉、水发百合、白果煲至熟，加盐、葱段调味即可。

适宜人群 肺虚咳嗽气喘者（如慢性肺炎、慢性支气管炎、肺结核、肺气肿、肺癌等患者）；皮肤干燥粗糙者；贫血者；产后病后体虚者；抵抗力差易感冒者。

不宜人群 有实邪者忌服。

滋补药膳 白果覆盆子猪肚汤

·健脾止泻+补肾固精·

主料 〉

猪肚150克　白果适量　覆盆子适量

姜片适量　葱各5克

辅料 〉 盐适量

制作 〉

①猪肚洗净切段，加盐涂擦后用清水冲洗干净；白果洗净去壳；覆盆子洗净；葱洗净切段。②将猪肚、白果、覆盆子、姜片放入瓦煲内，注入清水，大火烧开，改小火炖煮2小时。③加盐调味，起锅后撒上葱段即可。

适宜人群 虚冷腹泻者；肾虚早泄、遗精者；女性白带黏稠量多有鱼腥味者；小儿遗尿患者；老年人夜尿频多者；脾胃虚寒、食欲不振者；

不宜人群 内火旺盛者、便秘者。

第十章

安神补脑汤

补脑安神汤分为补脑益智汤膳和养心安神汤膳。

补脑益智药是指具有改善记忆力，增强大脑功能的药材，如莲子、天麻等，常配伍黑米、核桃、大豆等具有补脑作用的食材同用，可改善记忆力衰退、健忘失眠、思维障碍、智力下降等症，对脑力劳动过度，大脑疲劳者也有很好的补益作用，现代医学常用来辅助治疗神经衰弱、老年痴呆、小儿智力发育迟缓等。补脑益智药药性多平和，有些能药食两用，一般无不良作用。

安神药具有安神定志、镇静催眠的作用，对于心烦失眠、心律失常、心肌缺血等多种导致睡眠质量不高的病症均有良好的疗效。安神药常与补血药、滋阴药、补益心脾药配伍同用，治疗心神不宁、血虚阴亏证。若因火热所致的失眠，安神药也可配伍清泻心火药，如知母、栀子、芦根等；若阴虚血少者，应配伍养阴补血药，如阿胶、熟地黄、首乌等；若肝阳上亢者，当配伍平肝潜阳药，如天麻、钩藤、地龙等。

莲子

"养心益肾、补脾润肠"

莲子为睡莲科植物莲的成熟种子。它含有淀粉、蛋白质、脂肪、碳水化合物、棉籽糖、钙、磷、铁等成分。莲子是一种养生药材，常用于食疗保健中。

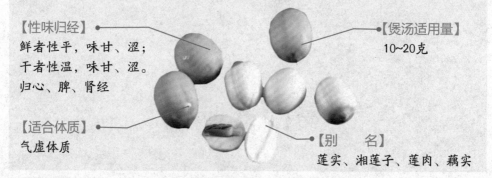

【性味归经】
鲜者性平，味甘、涩；
干者性温，味甘、涩。
归心、脾、肾经

【适合体质】
气虚体质

【煲汤适用量】
10~20克

【别　　名】
莲实、湘莲子、莲肉、藕实

【功效主治】

莲子具有清心醒脾、补脾止泻、补中养神、健脾补胃、益肾固精、涩精止带、滋补元气的功效。其治疗肾虚精关不固之遗精、滑精，常与芡实、龙骨等同用，如金锁固精丸；治脾虚带下者，常与茯苓、白术等药同用；治脾肾两虚，带下清稀，腰膝酸软者，可与山茱萸、山药、芡实等药同用。现代药理研究发现，莲子所含的氧化黄心树宁碱有抑制鼻咽癌的作用。其主治心烦失眠、脾虚久泻、大便溏泄、久痢、腰疼、男子遗精、妇人赤白带下等。此外，莲子还可预防早产、流产、孕妇腰酸。

【食用宜忌及用法】

莲子适宜慢性腹泻、癌症、失眠、多梦、遗精、心慌者食用。便秘、消化不良、腹胀者不宜食用。莲子一定要先用热水泡一阵再烹调，否则硬硬的不好吃，还会延长烹调的时间。火锅内加入莲子，有助于均衡营养。

【选购与保存】

莲子以颗粒大、饱满、整齐者为佳；石莲子以色黑、饱满、质重坚硬者为佳。莲子最忌受潮受热，受潮容易被虫蛀，受热则莲心的苦味会渗入莲肉，因此，莲子应存于干爽处。莲子一旦受潮生虫，应立即日晒或火焙，晒后需摊晾两天，待热气散尽凉透后再收藏。晒焙过的莲子的色泽和肉质都会受影响，煮后风味大减，同时药效也受一定影响。

滋补药膳 扁豆莲子鸡汤

·益智补脑+健脾消食·

主料〉

鸡腿300克	扁豆100克	莲子40克
核桃20克	山楂8克	

辅料〉 盐、料酒各适量

制作〉

①全部药材放入纱布袋与1500克清水、鸡腿、共置入锅中，以大火煮沸，转小火续煮45分钟备用。②扁豆洗净沥干，放入锅中与其他材料混合，续煮15分钟至扁豆熟软。③取出纱布袋，加入盐、料酒后关火即可食用。

适宜人群〉 一般人皆可食用，尤其适合老年人、脑力劳动者、神经衰弱者、记忆力衰退者、失眠者、大便不爽者、贫血者、脾虚食欲不振及消化不良者食用。

不宜人群〉 糖尿病患者。

滋补药膳 莲子山药芡实甜汤

·健脾补虚+美容养颜·

主料〉

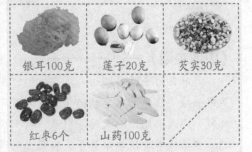

银耳100克	莲子20克	芡实30克
红枣6个	山药100克	

辅料〉 冰糖适量

制作〉

①银耳洗净，泡发备用。②红枣用刀划几个口；山药洗净，去皮，切成块。③银耳、莲子、芡实、红枣同时入锅，加水适量，煮约20分钟，待莲子、银耳煮软，将准备好的山药放入一起煮，加入冰糖调味即可。

适宜人群〉 脾虚久泻者、食欲不振者、营养不良者、皮肤干燥粗糙者、心烦失眠者、体质虚弱者、高血压患者。

不宜人群〉 痰湿中阻、食积腹胀者。

天麻 "治疗头晕、头痛的要药"

天麻为兰科植物天麻的块茎，它含香夹兰醇、黏液质、天麻苷、结晶性的中性物质、维生素A等成分。天麻是善于调和诸药的补气良药。

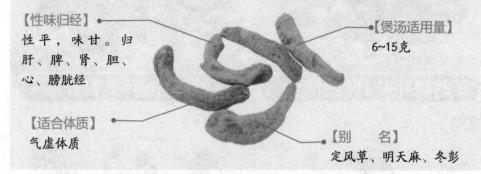

【性味归经】
性平，味甘。归肝、脾、肾、胆、心、膀胱经

【煲汤适用量】
6~15克

【适合体质】
气虚体质

【别　名】
定风草、明天麻、冬彭

【功效主治】

天麻具有平肝潜阳、息风定惊的作用，为治头晕目眩的要药。其主治眩晕，头风头痛，肢体麻木，抽搐拘挛，半身不遂，语言寒涩，急、慢惊风，小儿惊痫动风。用天麻制出的天麻注射液，对三叉神经痛、血管神经性头痛、脑血管病头痛、中毒性多发性神经炎等，有明显的镇痛效果。天麻还具有较好的镇静作用，常用来治疗神经衰弱，且能抑制咖啡因所致的中枢兴奋作用，还有加强戊巴比妥纳的睡眠时间效应。天麻能抗惊厥，对面神经抽搐、肢体麻木、半身不遂、癫痫等有一定的疗效，还有缓解平滑肌痉挛、缓解心绞痛、胆绞痛的作用。天麻能治疗高血压。久服天麻可平肝益气、利腰膝、强筋骨，还可增加外周及冠状动脉血流量，对心脏有保护作用。天麻尚有明目和显著增强记忆力的作用。天麻对人的大脑神经系统具有明显的保护和调节作用，能增强视神经的分辨能力。

【食用宜忌及用法】

天麻可煎汤服用，或入丸、散。使御风草根，勿使天麻，若同用，即令人有肠结之患。与钩藤比较，钩藤偏于治疗因热而生风的头痛晕眩；天麻偏于治疗风寒夹有痰湿引起的头痛晕眩。

【选购与保存】

天麻以色黄白、半透明、肥大坚实的外型，嚼之黏牙者为佳；色灰褐、外皮未去净、体轻、断面中空者为次。其应置于通风干燥处保存，以防霉、防虫蛀。

滋补药膳 天麻黄精炖老鸽

·平肝养肾+息风降压·

主料〉

老鸽1只　天麻15克　黄精10克

地龙10克　枸杞子少许

辅料〉 盐、葱各3克，姜片5克

制作〉

①老鸽收拾干净；天麻、地龙、黄精、枸杞子均洗净；葱洗净切段。②热锅注水烧沸，下老鸽滚尽血渍，捞起。③炖盅注入水，放入天麻、地龙、黄精、枸杞子、姜片、老鸽，大火煲沸后改小火煲3小时，放入葱段，加盐调味即可。

适宜人群 高血压患者、动脉硬化者、肢体麻木者、头晕头痛者、中风半身不遂者、帕金森病患者、肾虚患者、老年痴呆患者、体质虚弱者。

不宜人群 内热炽盛者、感冒未愈者。

滋补药膳 天麻党参老龟汤

·益智补脑+延年益寿·

主料〉

老龟1只　党参20克　红枣15克

排骨100克　天麻15克

辅料〉 盐5克，味精3克

制作〉

①老龟宰杀，洗净；排骨砍小段，洗净；红枣、党参、天麻均洗净备用。②将以上备好的材料均装入煲内，加入适量水，大火煮沸后以小火慢煲3小时。③加入盐、味精调味即可。

适宜人群 体质虚弱者；头晕头痛者；老年痴呆患者；阴虚潮热盗汗者；癌症、肿瘤患者；更年期综合征患者；贫血；心悸失眠者。

不宜人群 表邪未清者、食积腹胀者。

酸枣仁 "安神敛汗、抗失眠"

酸枣仁为为鼠李科植物酸枣的种子。其主产河北、陕西、辽宁、河南。它含含多量脂肪油和蛋白质，并有2种甾醇。它主含2种三萜化合物：白桦脂醇、白桦脂酸，另含酸枣皂苷，苷元为酸枣苷元，还含大量维生素C。酸枣仁是安神敛汗、抗失眠的常用药。

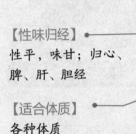

【性味归经】
性平，味甘；归心、脾、肝、胆经

【适合体质】
各种体质

【煲汤适用量】
6~15克

【别　名】
枣仁、酸枣核

【功效主治】

酸枣仁具有宁心安神、养肝、敛汗的功效，可用来治疗虚烦不眠、惊悸怔忡、烦渴、虚汗等病症。现代药理研究发现，酸枣仁有镇静、催眠、镇痛、抗惊厥、降温、兴奋子宫等作用。其治疗心肝阴血亏虚，心失所养，神不守舍之心悸、怔忡、健忘、失眠、多梦、眩晕等，常与当归、白芍、何首乌、龙眼肉等补血、补阴药配伍；若心脾气血亏虚，惊悸不安，体倦失眠者，可以本品与黄芪、当归、党参等补养气血药配伍应用，如归脾汤。其他像心慌惊悸、精神恍惚、健忘、神经衰弱及心脏神经官能症者亦可用酸枣仁治疗。

【食用宜忌及用法】

女性更年期常有喜怒无常、心悸怔忡、失眠多梦等症状，不时食用酸枣仁可帮助更年期女性安宁心神，度过尴尬的更年期。酸枣仁可煎汤服用，或入丸、散。本品药性和缓，在安神的同时又有一定的滋养强壮作用，一般炒用。酸枣仁在临床中，凡表现为虚热、精神恍惚或烦躁疲乏者宜生用，或半生半炒用；而胆虚不宁，兼有脾胃虚弱、消化不良、烦渴、虚汗者宜炒用。炒枣仁不宜多炒久存，否则会泛油变质，影响疗效。凡有实邪郁火及患有滑泄症者应慎服酸枣仁。

【选购与保存】

酸枣仁以粒大饱满、外皮紫红色、无核壳者为佳；其应置于阴凉干燥的地方密封保存，并防霉、防蛀、防鼠食。

滋补药膳 双仁菠菜猪肝汤

·补血养心+安神助眠·

主料

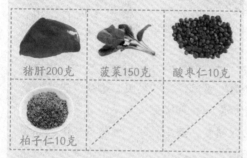

猪肝200克　菠菜150克　酸枣仁10克

柏子仁10克

辅料 盐6克

制作

①将酸枣仁、柏子仁装在纱布袋内，扎紧；猪肝洗净、切片；菠菜去根，洗净、切段。②将纱布袋入锅，加水熬成高汤。③猪肝氽烫捞起，和菠菜一起加入高汤中，烧滚后加盐调味即可。

适宜人群 更年期女性、失眠多梦者、心律失常者、虚热烦渴者、健忘者、神经官能症患者、贫血患者、视力下降者。

不宜人群 凡有实邪郁火及患有滑泄者应慎服。

滋补药膳 香菇枣仁甲鱼汤

·滋阴益气+防癌抗癌·

主料

甲鱼500克　香菇适量　豆腐皮适量

上海青适量　酸枣仁10克

辅料 盐、鸡精、姜片各适量

制作

①甲鱼处理干净；香菇、豆腐皮、上海青均洗净切好；酸枣仁洗净备用。②甲鱼焯去血水后入瓦煲，加入姜片、酸枣仁、水煲开。③煲至甲鱼熟烂，放入盐、鸡精，用香菇、豆腐皮、上海青装饰摆盘即可。

适宜人群 甲状腺功能亢进患者、癌症患者、失眠患者、更年期综合征患者、阴虚盗汗者、病后产后体质虚弱者、糖尿病患者。

不宜人群 感冒未愈者。

柏子仁 "性质平和的养心安神药"

柏子仁为柏科植物侧柏的种仁。主产山东、河南、河北。此外，陕西、湖北、甘肃、云南等地亦产。柏子仁香气透心、体润滋血，常食有健美作用。

【性味归经】
性平，味甘。归心、肾、大肠经

【适合体质】
各种体质的失眠、便秘患者

【煲汤适用量】
6~15克

【别　名】
柏实、柏子、柏仁、侧柏子

【功效主治】

柏子仁具有养心安神、润肠通便的功效，主治惊悸、失眠、遗精、盗汗、便秘等病症。柏子仁含有大量脂肪油及少量挥发油，可减慢心率，并有镇静作用。柏子仁中的脂肪油有润肠通便作用，对阴虚精亏、老年虚秘、劳损低热等虚损型疾病大有裨益。其挥发油另还有增强记忆的作用。其用于治疗失眠，性能和功用与酸枣仁大致相同，且多配和同用，如柏子宁心汤、补心丹。柏子仁用于治疗便秘，适用于阴虚、产后及老人的肠燥便秘，性质和缓而无副作用，常与火麻仁同用，方如三仁丸。柏子仁治疗体虚较甚者则配肉苁蓉、当归等；用于治疗阴虚盗汗，常配牡蛎、五味子、太子参同用；治体虚自汗、盗汗，每与五味子、山茱萸、黄芪等益气固表止汗药同用。

【食用宜忌及用法】

本品为性质平和的安神药，在镇静的同时又有一定的滋补作用，可作为补养药常用。柏子仁可煎汤内服，或入丸、散。其外用：炒研取油涂。大便溏薄者、痰多者亦忌食柏子仁。柏子仁不宜与菊花、羊蹄、诸石及面同食。

【选购与保存】

柏子仁以粒饱满、黄白色、油性大而不泛油、无皮壳杂质者为佳。柏子仁易走油变化，不宜暴晒，应置阴凉干燥处，防热、防蛀。

滋补药膳 柏子仁参须鸡汤

·益气补虚+养血安神·

主料 ⟩

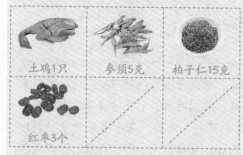

土鸡1只　　参须5克　　柏子仁15克

红枣3个

辅料 ⟩ 盐、葱花各适量

制作 ⟩

①将土鸡去内脏，洗净；红枣、柏子仁、参须均洗净备用。②砂锅洗净，置于火上，将土鸡放入锅中，放入红枣、柏子仁、参须，加适量清水，大火煮开，转小火慢炖煮2小时。③再加入盐调味，撒上葱花即可。

适宜人群 ⟩ 脾胃虚弱、食欲不振者；产后、病后体虚者；血虚心烦失眠、心悸者；更年期综合征患者；自汗盗汗者。

不宜人群 ⟩ 消化不良者；感冒未愈者；内火旺盛者。

滋补药膳 柏子仁猪蹄汤

·养心安神+健脾补虚·

主料 ⟩

柏子仁　　葵花子仁适量　　火麻仁适量

猪蹄400克

辅料 ⟩ 盐适量

制作 ⟩

①猪蹄洗净，剁开成块；火麻仁、柏子仁均洗净备用。②锅置火上，倒入清水，下入猪蹄余至透，捞出洗净。③砂锅注水烧开，放入猪蹄、柏子仁、葵花子仁、火麻仁，用猛火煲沸，转小火煲3小时，加盐调味即可。

适宜人群 ⟩ 肠燥便秘、失眠多梦、心慌、忧郁、焦虑、遗精盗汗、食欲不振等患者以及老年痴呆、记忆力衰退者。

不宜人群 ⟩ 便稀腹泻、痢疾者。

远志 "益智安神、祛咳止痰"

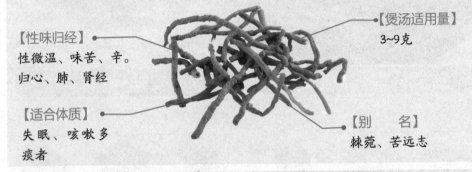

远志为远志科植物远志或卵叶远志的干燥根。其在秦岭南北坡均产，生于海拔400～1000米的山坡草地或路旁。其根含皂苷、皂苷细叶远志素，另含远志醇、N-乙酰氨基葡萄糖、生物碱细叶远志定碱、脂肪油、树脂等成分。远志是益智安神、去咳止痰的良药。

【性味归经】
性微温、味苦、辛。
归心、肺、肾经

【煲汤适用量】
3～9克

【适合体质】
失眠、咳嗽多痰者

【别　　名】
棘菀、苦远志

【功效主治】

远志具有安神益智、祛痰、消肿的功效，常用于治疗心肾不交引起的失眠多梦、健忘惊悸、神志恍惚，还可治咳痰不爽、疮痈肿毒、乳房肿痛等病症。其治心肾不交之心神不宁、失眠、惊悸等，常与茯神、龙齿、朱砂等镇静安神药同用，如远志丸；治疗健忘症，常与人参、茯苓、菖蒲同用，如开心散；治疗痰阻心窍所致之癫痫抽搐，惊风发狂等；治疗癫痫昏仆、痉挛抽搐，可与半夏、天麻、全蝎等化痰、息风药配伍；治疗痰多黏稠、咳吐不爽或外感风寒、咳嗽痰多者，常与杏仁、贝母、瓜蒌、桔梗等同用。

【食用宜忌及用法】

远志治疗因惊恐而致惊悸不安者，多与茯神、龙齿、朱砂等配伍，以镇心安神；因痰阻心窍所致癫痫昏仆、弃挛抽搐、口吐涎沫者，可与菖蒲、半夏、天麻、全蝎等配伍；痈疽发背疮毒者，可单用该品为末浸酒饮服，并以药滓调敷患处，以散瘀解毒消痈。远志可煎汤服用，浸酒或入丸、散。心肾有火、阴虚阳亢者忌服远志；有胃炎及胃溃疡者慎用远志。制远志多是与甘草共制而成，能增强镇咳祛痰的效果，并能降低远志所含成分对胃黏膜的刺激作用。而蜜炙远志可增强化痰止咳的作用。

【选购与保存】

远志以条粗、皮厚、去净木心者为佳，置通风干燥处保存。

滋补药膳 远志菖蒲猪心汤

·重镇安神+养心助眠·

主料〉

猪心300克　　胡萝卜1根　　远志9克

菖蒲15克

辅料〉 盐2小匙，葱适量，棉布袋1只

制作〉

①将远志、菖蒲装在棉布袋内，扎紧，做成药袋。②猪心氽烫，捞起，切片；葱洗净，切段。③胡萝卜削皮洗净，切片，与①一起下锅加4碗水煮汤；以中火滚沸至剩3碗水，加入猪心煮沸，下葱段，盐调味即成。

适宜人群 心律失常重症患者；神经官能综合征患者；心悸失眠健忘者；高热惊厥神昏者；癫狂者；耳鸣耳聋患者。

不宜人群 高血压患者、高血脂患者、热性病症者。

滋补药膳 四宝炖乳鸽

·益智补脑+养心安神·

主料〉

乳鸽1只　　山药200克　　香菇40克

远志10克　　枸杞子10克

辅料〉 盐适量

制作〉

①将乳鸽收拾干净，剁成小块；山药去皮，切成滚刀块与乳鸽块一起氽水；香菇、枸杞子洗净；远志洗净备用。②将所有主料放入锅中，加水适量，大火煮开，转小火续炖2小时，最后加盐调味即可。

适宜人群 老年人、更年期女性；心悸失眠患者；记忆力衰退者；神经官能综合征患者；体虚自汗盗汗者；肾虚腰酸者；气血亏虚者；肺虚咳嗽者。

不宜人群 感冒未愈者、内火旺盛者。

合欢皮 "神经衰弱患者常用药"

合欢皮为豆科植物合欢的树皮。其在我国大部分地区都有生产。其树皮含皂苷、鞣质等；种子含合欢氨酸和S-(2-羧乙基)-L-半胱氨酸等氨基酸。合欢皮是神经衰弱患者的常用药。

【性味归经】
性平，味甘。入心、肝二经

【适合体质】
气郁体质

【煲汤适用量】
10~15克

【别　　名】
合昏皮、夜合皮、合欢木皮

【功效主治】

合欢皮具有解郁和血、宁心、消痈肿的功效，主治心神不安、忧郁失眠、肺痈、痈肿、瘰疬、筋骨折伤，对于情志不遂、忿怒忧郁、烦躁失眠、心神不宁等症，能使五脏安和，心志欢悦，以收安神解郁之效，可单用或与柏子仁、酸枣仁、首乌藤、郁金等安神解郁药配伍应用。用于骨伤科，治跌打、瘀肿作痛，可用合欢皮配麝香、乳香研末，温酒调服，也可与桃仁、红花、乳香、没药、骨碎补等活血疗伤、续筋接骨药配伍同用，尤其适用于关节肌肉的慢性劳损性疼痛。合欢皮治疗肺脓肿，胸痛，咳吐脓血，单用有效，也可与鱼腥草、冬瓜仁、桃仁、芦根等清热消痈排脓药同用；治疮痈肿毒，常与蒲公英、紫花地丁、连翘、野菊花等清热解毒药同用。

【食用宜忌及用法】

合欢皮治疗情志不遂、忧郁而致失眠、心神不宁者，可与柏子仁、心参、酸枣仁等同用，以增强养心开郁、安神定志作用；跌打骨折肿痛者，可与当归、川芎等活血之品配伍；或与麝香、乳香等同用。合欢皮可煎汤服用，或入散剂。其外用：研末调敷。但溃疡病及胃炎患者慎服，风热自汗、外感不眠者禁服合欢皮。

【选购与保存】

合欢皮以皮薄均匀、嫩而光润者为佳。其宜置于通风干燥处保存。

滋补药膳 合欢佛手猪肝汤

·疏肝养血+解郁安神·

主料 〉

合欢皮12克　佛手片10克　鲜猪肝150克

生姜10克

辅料 〉 食盐、大蒜、葱段、味精各适量

制作 〉

①将合欢皮、佛手片置于砂锅中，加入适量清水煎煮，煮沸约20分钟。②新鲜猪肝洗净切片，生姜切末加生姜末、食盐、大蒜等略腌片刻，入锅中与药汁一起煮熟即可。

适宜人群 抑郁症患者；肝炎、肝硬化患者；乳腺增生者；心烦失眠者；更年期女性；贫血者；食积腹胀、消化不良、胸闷不舒者。

不宜人群 溃疡病及胃炎患者慎服，风热自汗者禁服。

滋补药膳 合欢山药炖鲫鱼

·疏肝解郁+调畅情绪·

主料 〉

鲫鱼1条　　山药40克　　合欢皮15克

山楂6克

辅料 〉 盐5克

制作 〉

①将鲫鱼收拾干净、斩块，山药去皮、洗净切块，合欢皮、山楂分别洗净备用。②净锅上火倒入水，调入盐，下入鲫鱼、山药、合欢皮、山楂，大火煲沸，转小火煲至鲫鱼熟透即可。

适宜人群 气郁体质者；抑郁症患者；乳腺增生者；心烦失眠者；神经衰弱患者；更年期女性；食欲不振、消化不良、胸闷不舒者。

不宜人群 胃溃疡患者。

|第十一章|

理气调中汤

　　凡以疏理气机为主要作用，治疗气滞或气逆证为主的汤药，称为理气调中汤。理气药又名行气药，味多辛苦芳香，性多温，主归脾、胃、肝、肺经，善于行散或泄降，主能调气健脾、疏肝解郁、理气宽胸、行气止痛、破血散结、兼能消积、燥湿。主要用来治疗气滞腹胀、乳房胀痛、抑郁不乐、疝气疼痛、胁肋疼痛、月经不调以及食积腹胀等症。现代临床也常用来治疗乳腺增生、乳腺癌、肿瘤、癌证等病。

　　若脾胃气滞伴有食积者，常配消食药（如山楂、神曲、莱菔子等）同用；兼脾胃虚弱者，常配补气健脾药（如白术、黄芪等）同用；兼有湿热者，配清热利湿药同用（如黄连、龙胆草等）；肝郁气滞伴肝血不足者，配养血药（如白芍、当归）同用。本类药多辛温香燥，易耗气伤阴，故气阴不足者慎用。

陈皮

"行气镇咳的化痰良药"

陈皮为芸香科植物橘的果皮。其在全国各产橘区均产。它含橙皮苷、川陈皮素、柠檬烯、a-蒎烯、B-蒎烯、B-水芹烯等成分。陈皮是行气镇咳的化痰良药。

【性味归经】
性温，味苦、辛；归
脾、胃、肺经

【适合体质】
脾胃气虚和脾胃
气滞者

【煲汤适用量】
5~10克

【别　　名】
川橘

【功效主治】

陈皮具有理气健脾、燥湿化痰的功效，主要用于治疗脾胃气滞之脘腹胀满或疼痛、消化不良、恶心呕吐等症，常与苍术、厚朴等同用，如平胃散；治疗痰湿壅肺之咳嗽气喘等病症，可与半夏、茯苓等同用，如二陈汤；若治寒痰咳嗽，多与干姜、细辛、五味子等同用，如苓甘五味姜辛汤；若脾胃气滞较甚，脘腹胀痛较剧者，可与木香、枳实等同用，以增强行气止痛之功。陈皮具有促进胃排空和抑制胃肠蠕动的作用，其所含的挥发油对胃肠道有温和的刺激作用，能促进正常胃液的分泌，有助于消化。陈皮还具有一定的利胆、排石作用。此外，还能兴奋心脏，能增强心肌收缩力、扩张冠状动脉、升高血压、抗休克。陈皮挥发油能抗过敏、松弛气管平滑肌，对变应性哮喘有一定的疗效。此外，陈皮还有抗动脉粥样硬化、抗炎、抗血小板和细胞凝聚、调节激素平衡、抗肿瘤等作用。

【食用宜忌及用法】

陈皮气味芳香，在日常生活中，也常被用来作为泡茶的材料，但不宜长时间饮用大量的陈皮茶，以免损伤元气。陈皮可煎汤服用。但气虚、阴虚燥咳者忌服陈皮，吐血症患者慎服，且不适合单味使用。

【选购与保存】

陈皮以选择完整、干燥的陈皮为宜。其宜置于通风干燥处保存。

滋补药膳 青萝卜陈皮鸭汤

·补肺止咳+理气化痰·

主料 〉

| 鸭肉200克 | 青萝卜100克 | 生姜10克 |
| 陈皮10克 | | |

辅料 〉 盐、鸡精各适量

制作 〉

①鸭肉收拾干净，放入沸水锅中汆去血水，捞出切件。②青萝卜洗净，去皮，切块；生姜洗净，切片；陈皮洗净，切片。③将鸭肉、青萝卜、生姜、陈皮放入锅中，加入清水以小火炖2小时，调入盐、鸡精即可。

适宜人群 肺虚久咳气喘、咳痰者；湿浊阻中之胸闷腹胀、便溏、食欲不振者；病后产后体质虚弱者、抵抗力差易感冒者。

不宜人群 出血症患者忌食。

滋补药膳 陈皮暖胃肉骨汤

·理气健脾+开胃消食·

主料 〉

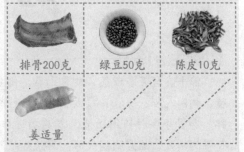

| 排骨200克 | 绿豆50克 | 陈皮10克 |
| 姜适量 | | |

辅料 〉 盐3克，鸡汤、胡椒粉、葱花适量

制作 〉

①排骨洗净切块，汆水，绿豆洗净，用温水浸泡；陈皮洗净，切丝；姜洗净，切片。②锅置火上，倒入鸡汤，放入姜、绿豆、排骨、陈皮，大火煮开，转小火续炖2小时，加盐、胡椒粉，撒葱花便可。

适宜人群 食欲不振、食积腹胀、消化不良者；脾胃虚寒者；肝炎患者；肝硬化患者；排尿不畅者。

不宜人群 气虚、阴虚燥咳者忌服。

佛手 "理气、健胃、止呕之佳品"

本品为芸香科柑橘属植物佛手的干燥果实。其主产于闽粤、川、江浙等地。佛手不仅有较高的观赏价值，而且具有珍贵的药用价值。佛手全身都是宝，其根、茎、叶、花、果均可入药。

【性味归经】
性温，味辛。归肝、脾、胃经

【适合体质】
气郁体质

【煲汤适用量】
6~9克（干）

【别　名】
五指柑、佛手柑、佛手片、蜜罗柑、福寿柑、手橘

【功效主治】

佛手具有芳香理气、健胃止呕、化痰止咳的功效，可用于消化不良、舌苔厚腻、胸闷气胀、呕吐、咳嗽以及神经性胃痛等，有理气化痰、止咳消胀、舒肝健脾、和胃等多种药用功能。本品功近香橼，清香之气尤胜，有和中理气、醒脾开胃的功效，治疗胸闷气滞、胃脘疼痛、食欲不振或呕吐等症，可配合木香、青皮、香附、砂仁等药同用。据《史料》记载，佛手还可治疗肿瘤，在治疗女性白带病及醒酒的药剂中，佛手是其中的主要原料之一。其治肝郁气滞及肝胃不和之胸胁胀痛，脘腹痞满等，可与柴胡、香附、郁金等同用。此外，佛手还有扩张冠状血管，增加冠脉血流量，降低血压，改善心肌缺血的作用。

【食用宜忌及用法】

治恶心呕吐：可取佛手15克，陈皮9克，生姜3克，加水煎服；治哮喘：可取佛手15克，藿香9克，姜皮3克，加水煎服；治白带过多：可取佛手20克，猪小肠适量，共炖，食肉饮汤；治老年胃弱、消化不良：可取佛手30克，粳米100克，共煮粥，早晚分食。阴虚血燥、气无郁滞者慎服佛手，孕妇忌用佛手。

【选购与保存】

佛手以质硬而脆、干燥者为佳，置阴凉干燥处保存，防霉、防蛀。

滋补药膳 佛手柑老鸭汤

·益气补虚+消食除胀·

主料〉

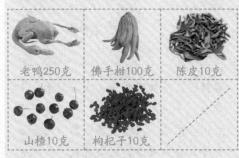

老鸭250克　佛手柑100克　陈皮10克

山楂10克　枸杞子10克

辅料〉 盐5克，鸡精3克

制作〉

①老鸭收拾干净，切件，余水；佛手柑洗净，切片；枸杞子洗净，浸泡；陈皮、山楂煎汁去渣备用。②锅中放入老鸭肉、佛手柑、枸杞子，加入适量清水，小火慢炖。③至香味四溢时，倒入药汁，调入盐和鸡精，稍炖，出锅即可。

适宜人群〉 脾虚气滞所致的食欲不振、食积腹胀、消化不良患者；乳腺增生、乳房胀痛者；高血压患者；冠心病患者。

不宜人群〉 气无郁滞者、孕妇。

滋补药膳 佛手胡萝卜马蹄汤

·行气止痛+疏肝和胃·

主料〉

胡萝卜100克　佛手柑75克　马蹄35克

姜末适量

辅料〉 精盐、香油、植物油、胡椒粉各适量

制作〉

①将胡萝卜、佛手柑、马蹄洗净，均切丝备用，姜切末。②净锅上火，倒入植物油，将姜末爆香，下入胡萝卜、佛手柑、马蹄煸炒，调入精盐、胡椒粉烧开，淋入香油即可。

适宜人群〉 肝郁气滞（如胸胁胀满、食积腹胀）患者；胃痛（如消化性溃疡、胃癌）患者；抑郁症患者；营养不良者；小便不利者。

不宜人群〉 孕妇。

白术　　"健脾益气、燥湿利水"

白术为菊科植物白术的干燥根茎。其主产浙江、安徽。它含挥发油、苍术酮、苍术醇、白术内酯A、白术内酯B等。白术是健脾益气、燥湿利水的良药。

【性味归经】
性温，味苦、甘。
归脾、胃经

【适合体质】
脾虚湿阻者

【煲汤适用量】
6~12克

【别　　名】
山蓟、山芥、天蓟、
山姜、冬白术

【功效主治】

白术被前人誉之为"脾脏补气健脾第一要药"，有健脾益气、燥湿利水、止汗、安胎的功效，常用于虚胀腹泻、水肿、黄疸、小便不利、自汗、胎气不安等病症的治疗。其治疗脾虚有湿，食少便溏或泄泻，常与人参、茯苓等品同用，如四君子汤；治疗脾肺气虚，卫气不固，表虚自汗，易感冒者，宜与黄芪、防风等补益脾肺、祛风之品配伍，如玉屏风散。白术可促进肠胃运动，帮助消化，还对呕吐、腹泻有一定的治疗作用，但常需配消导药或利水渗湿药同用。白术能抑制子宫平滑肌，对自发性子宫收缩以及益母草等引起的子宫兴奋性收缩有显著抑制作用，所以有较好的安胎作用。此外，白术还有抗氧化、延缓衰老、利尿、降血糖、抗菌、保肝、抗肿瘤等药理作用。

【食用宜忌及用法】

白术性温而燥，故高热、阴虚火盛、津液不足、口干舌燥、烦渴、小便短赤、温热下痢（如细菌性痢疾、细菌引起的急性肠炎等）、肺热咳嗽等情况的患者不宜使用。另外，其不宜与桃、李子、大蒜、土茯苓同食，以免降低药效。

【选购与保存】

白术选购以体大、表面灰黄色、断面黄白色、有云头、质坚实者为佳，置于阴凉、干燥处，防蛀。

滋补药膳 山药白术羊肚汤

·补气安胎+升举内脏·

主料

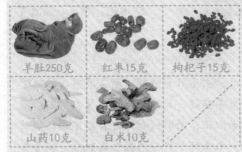

羊肚250克 　红枣15克 　枸杞子15克
山药10克 　白术10克

辅料 盐、鸡精各适量

制作

①羊肚洗净，切块，氽水；山药洗净，去皮，切块；白术洗净，切段；红枣、枸杞子均洗净，浸泡。②锅中加水烧沸，放入羊肚、山药、白术、红枣、枸杞子，加盖炖煮。③炖2小时后调入盐和鸡精即可。

适宜人群 气虚胎动不安者、内脏下垂者、产后病后体虚者、营养不良者、小儿疳积患者、慢性腹泻者、贫血患者。

不宜人群 消化不良、腹胀者。

滋补药膳 薏芡白术田鸡汤

·健脾止泻+利水消肿·

主料

田鸡4只 　薏米30克 　芡实20克
白术12克 　茯苓12克

辅料 盐5克

制作

①白术、茯苓均洗净，投入砂锅，加入适量清水，用文火约煲30分钟后，倒出药汁，除去药渣。②田鸡宰洗干净，去皮斩块，备用；芡实、薏米均洗净，投入砂锅内大火煮开后转小火炖煮20分钟，再将田鸡放入锅中炖煮。③加入盐与药汁，一同煲至熟烂即可。

适宜人群 妊娠水肿者；脾虚腹泻者；肾炎水肿、小便不利者；肥胖者；高血压患者。

不宜人群 阴虚便秘者。

玫瑰花 "舒肝镇痛的常用理气药"

玫瑰花为蔷薇科植物玫瑰初放的花。其主产于江苏、浙江、福建、山东、四川、河北等地。瑰花味香气浓郁，素有"国香"之称。玫瑰花不仅可以用来观赏，还具有非常重要的药用价值，是人们尤其是女性常用的理气药。

【性味归经】

性温，味甘、微苦。归肝、胃经

【适合体质】

气郁体质

【煲汤适用量】

6~15克

【别　　名】

徘徊花、湖花、刺玫花

【功效主治】

玫瑰花具有理气解郁、活血散瘀的功效，主治肝胃气痛、新久风痹、吐血咯血、月经不调、赤白带下、痢疾、乳痈肿毒等病症。其治疗肝郁犯胃之胸胁脘腹胀痛，呕恶食少，可与香附，佛手，砂仁等配伍；治肝气郁滞之月经不调，经前乳房胀痛，可与当归、川芎、白芍等配伍。本品可治肝郁胁痛、胃脘痛。不论胃神经官能症或慢性胃炎、慢性肝炎，凡有胃部或胁部闷痛、发胀，都可用玫瑰花配香附、川楝子等，对兼有泄泻者亦可用玫瑰花。

【食用宜忌及用法】

玫瑰花适宜皮肤粗糙、贫血患者、体质虚弱者服用。可取玫瑰花花蕾3~5朵，沸水冲泡，焖5分钟即可饮用；可边喝边冲，直至色淡无味，即可更换茶，此品具有强肝养胃、活血调经、润肠通便、解郁安神之功效。治气滞，胸胁胀闷作痛：可取玫瑰花6克，香附6克，水煎服。治胃痛：可取玫瑰花9克，香附12克，川楝子、白芍各9克，水煎服。口渴、舌红少苔、脉细弦之阴虚火旺证者不宜长期、大量饮服玫瑰花，孕妇不宜多次饮用玫瑰花。

【选购与保存】

玫瑰花以朵大、瓣厚、色紫、鲜艳、香气浓者为佳。其置阴凉干燥处，密闭保存，防潮。

滋补药膳 玫瑰枸杞子养颜羹

·活血通络+美容养颜·

主料〉

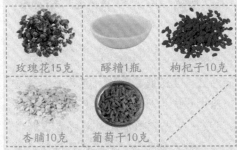

玫瑰花15克　　醪糟1瓶　　枸杞子10克

杏脯10克　　葡萄干10克

辅料〉 玫瑰露酒50克，白糖10克，醋少许，生粉20克

制作〉

①玫瑰花洗净，切丝备用；枸杞子、葡萄干均洗净备用。②锅中加水烧开，放入玫瑰露酒、白糖、醋、醪糟、枸杞子、杏脯、葡萄干煮开；③用生粉勾芡，撒上玫瑰花丝即成。

适宜人群〉 爱美女士；面色暗黄或苍白者；面生色斑者；痛经、月经不调、经前乳房胀痛者；抑郁症患者，肥胖者；贫血者。

不宜人群〉 内火旺盛者。

滋补药膳 玫瑰调经汤

·疏肝理气+调经止痛·

主料〉

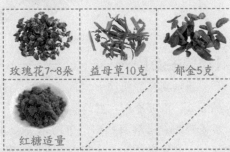

玫瑰花7~8朵　　益母草10克　　郁金5克

红糖适量

辅料〉 水适量

制作〉

①将玫瑰花、益母草、郁金略洗，去除杂质。②将玫瑰花、益母草、郁金放入锅中，加水600毫升，大火煮开后再煮5分钟。③关火后滤去药渣，倒入杯中即可饮用。

适宜人群〉 月经不调（如痛经、闭经、经期错乱、经前乳房胀痛）的患者；面色萎黄无光泽者；乳腺增生者；胃脘痛者；产后血瘀腹痛者；血瘀型盆腔炎患者；抑郁症患者。

不宜人群〉 阴虚火旺者、孕妇。

砂仁

"化湿健脾的芳香药材"

砂仁为姜科植物阳春砂或缩砂的成熟果实或种子。其分布于福建、广东、广西、云南等地。现广东、广西、云南等地区均大面积栽培砂仁。阳春砂种子含挥发油，油中含乙酸龙脑酯、樟脑、樟烯、柠檬烯、β-蒎烯、苦橙油醇及α-蒎烯、莰烯、桉油精、芳樟醇、α-胡椒烯、愈创木醇、黄酮类等成分。

【性味归经】
性温，味微辛。归胃、肾、脾经

【适合体质】
气郁体质

【煲汤适用量】
3~6克

【别　名】
缩砂仁、缩砂蜜、缩砂

【功效主治】

砂仁具有行气调中、和胃醒脾、安胎的功效，主治腹痛痞胀、胃呆食滞、噎膈呕吐、寒泻冷痢、妊娠胎动等病症。若湿阻中焦者，砂仁常与厚朴、陈皮、枳实等同用；若脾胃气滞，可与木香、枳实同用，如香砂枳术丸；若脾胃虚弱之证，可配健脾益气之党参、白术、茯苓等，如香砂六君子汤。砂仁还可治疗妊娠呕吐、胎动不安而与脾胃虚寒有关者，常与与艾叶、苏梗、白术等配伍同用；若气血不足，胎动不安者，可与人参、白术、熟地黄等配伍，以益气养血安胎。砂仁所含的挥发油具有促进消化液分泌、增强胃肠蠕动的作用，并可排除消化管内的积气，用于治疗消化不良、寒湿泻痢、腹胀满闷、虚寒胃痛。另外，它还有一定的抑菌作用。

【食用宜忌及用法】

砂仁常与厚朴、枳实、陈皮等配合，治疗胸脘胀满、腹胀食少等病症。砂仁可煎汤服用(不宜久煎)，或入丸、散。一般将砂仁干果用布包好，然后用锤子之类的东西把它们砸成碎末，然后就可以用来做调味料了。如果将其用在煲汤中一般不用砸成碎末，成颗放进去煲就可以。但阴虚有热者忌服砂仁。

【选购与保存】

砂仁以个大、坚实、仁饱满、气味浓厚者为佳，以阳春砂质量为优。其宜置阴凉干燥处。

滋补药膳 砂仁陈皮鲫鱼汤

·健脾行气+利水消肿·

主料〉

鲫鱼300克	陈皮5克	砂仁4克
姜片适量	葱段适量	

辅料〉 盐、油、鸡精各适量

制作〉

①鲫鱼去鳃、鳞、肠杂，洗净；砂仁打碎；陈皮浸泡去瓤。②锅内注油烧热，将鲫鱼稍煎至两面金黄。③瓦煲装入清水，放入陈皮、姜片，滚后加入鲫鱼，小火煲2小时后加入砂仁稍煮，调入盐、葱段、鸡精调味即可。

适宜人群 脾虚消化不良、寒湿泻痢、虚寒胃痛、水肿以及妊娠呕吐、胎动不安、妊娠水肿与脾胃虚寒有关者。

不宜人群 阴虚有热者、湿热内蕴者。

滋补药膳 砂仁黄芪猪肚汤

·健脾化湿+益气补虚·

主料〉

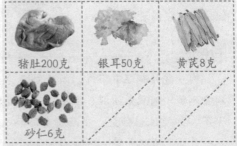

猪肚200克	银耳50克	黄芪8克
砂仁6克		

辅料〉 盐适量

制作〉

①银耳以冷水泡发，去蒂，撕小块；黄芪、砂仁洗净备用。②猪肚刷洗干净，氽水，切片。③将猪肚、银耳、黄芪、砂仁放入瓦煲内，大火烧沸后再以小火煲2小时，再加盐调味即可。

适宜人群 脾胃气虚者，恶心呕吐、厌油腻、便溏腹泻者，神疲乏力、困倦者，内脏下垂者，脾虚湿盛引起的妊娠胎动不安及妊娠呕吐者。

不宜人群 阴虚有热者忌服。

肉豆蔻 "温中下气的消食常用药"

肉豆蔻为肉豆蔻科植物肉豆蔻的种子。其主产马来西亚及印度尼西亚，中国广东、广西、云南亦有栽培。肉豆蔻是温中下气的消食常用药。

【性味归经】
性温、味辛。归脾、胃、大肠经

【适合体质】
虚寒引起的腹泻便稀溏、腹痛者

【煲汤适用量】
3~9克

【别　名】
迦拘勒、豆蔻、肉果

【功效主治】

肉豆蔻具有温中下气、消食固肠的功效，主治心腹胀痛、虚泻冷痢、呕吐、宿食不消。肉豆蔻固涩、温中，其作用为收敛、止泻、健胃、排气，用于虚冷、冷痢，如慢性结肠炎、小肠营养不良、肠结核等。偏于肾阳虚弱者，肉豆蔻可配补骨脂、五味子等，方如四神丸。偏于脾阳虚弱者，配党参、白术、茯苓、大枣；脾胃皆虚者用养脏汤，此方治脱肛亦好。肉豆蔻用于健胃，对有脾胃虚寒、食欲不振、肠麻痹、腹胀、肠鸣腹痛者较适宜，又能止呕，治小儿伤食吐乳和消化不良，配香附、神曲、麦芽、砂仁、陈皮等。

【食用宜忌及用法】

煨肉豆蔻的制法为取净肉豆蔻，用面粉加适量水拌匀，逐个包裹或用清水将肉豆蔻表面湿润后，滚面粉3～4层，倒入已炒热的滑石粉或沙中，拌炒至面皮呈焦黄色时取出，过筛、剥去面皮、放凉。每100千克肉豆蔻，用滑石粉50千克。体内火盛、中暑热泄、肠风下血、胃火齿痛及湿热积滞、滞下初起者，皆不宜服用肉豆蔻。肉豆蔻内服须煨熟后去油用。湿热泻痢者忌用肉豆蔻。

【选购与保存】

肉豆蔻商品以个大、体重、坚实、表面光滑、油足、破开后香气强烈者为佳。反之，个小、体轻、瘦瘪、表面多皱、香气淡者为次。其宜置通风干燥处，防蛀。

滋补药膳 豆蔻陈皮鲫鱼羹

·行气健脾+利水消肿·

主料 〉

| 鲫鱼1条 | 肉豆蔻9克 | 陈皮6克 |
| 葱段15克 | | |

辅料 〉 盐少许，油适量

制作 〉

①鲫鱼宰杀收拾干净，斩成两段后下入热油锅煎香；肉豆蔻、陈皮均洗净浮尘。②锅置火上，倒入适量清水，放入鲫鱼，待水开后加入肉豆蔻、陈皮煲至汤汁呈乳白色。③加入葱段继续熬煮20分钟，调入盐即可。

适宜人群 脾虚腹泻者；腹胀痞满、消化不良者；腹胀肾炎水肿者；呕吐、宿食不消者。

不宜人群 阴虚燥热、肠燥便秘、中暑热泄、肠风下血、胃火齿痛及湿热积滞等患者。

滋补药膳 肉豆蔻补骨脂猪腰汤

·补肾壮阳+安胎止泻·

主料 〉

| 肉豆蔻9克 | 补骨脂9克 | 猪腰100克 |
| 红枣适量 | 姜适量 | |

辅料 〉 盐少许

制作 〉

①猪腰洗净，切开，除去白色筋膜；肉豆蔻、补骨脂、红枣洗净；姜洗净，去皮切片。②锅注水烧开，入猪腰氽去表面血水，倒出洗净。③用瓦煲装水，在大火上滚开后放入猪腰、肉豆蔻、补骨脂、红枣、姜，以小火煲2小时后调入盐即可。

适宜人群 肾阳亏虚引起的阳痿、早泄、遗精、腰膝酸软、形寒肢冷、胎动不安的患者；以及虚寒腹泻者。

不宜人群 湿热泻痢及阴虚火旺者。

第十二章

收涩中药汤

　　凡具有收敛固涩的作用，以治疗各种滑脱病症为主的药物统称为收涩药，又称为固涩药。此类药大多性酸涩，分别具有固表止汗、敛肺止咳、涩肠止泻、收敛止血、固精缩尿、燥湿止带等作用，主要用于治疗自汗盗汗、虚喘久咳、久泻久痢、遗精滑泻、遗尿或尿频、带下过多、下血崩漏等滑脱不禁之证。《本草纲目》记载："脱则散而不收，故用酸涩之药以敛其耗散。"

　　应用收涩药治疗属于治标应急的方法，所以应配合补虚药同用，如黄芪、白术、山药、党参、太子参、杜仲、熟地黄等，还可配合猪肚、鸽肉等滋补食材同用，标本兼治，纠正体虚症状。现代医学上还常用收涩药来治疗内脏器官脱垂（如子宫脱垂、脱肛），植物神经失调（故有潮热、自汗、盗汗），肌张力降低，括约肌功能减退（遗尿等）。使用收涩药时应注意，凡表邪未去，湿热泻痢、血热出血，内热未清者，皆不宜使用收涩药。

五味子 "补益肝肾的滋养药材"

五味子为木兰种植物五味子的果实。其主产辽宁、吉林、黑龙江、河北等地，商品习称北五味子。五味子是补益肝肾的滋补药材。

【性味归经】
性温、味酸。归肺、心、肾经

【适合体质】
气虚体质

【煲汤适用量】
1.5~6克（干）

【别　名】
玄及、会及、五梅子

【功效主治】

五味子具有敛肺、滋肾、生津、收汗、涩精的功效。其治肺虚喘咳、口干作渴、自汗盗汗、劳伤羸瘦、梦遗滑精、久泻久痢。其用于治疗虚寒喘咳，久泻久痢而属肾虚者，治汗出过多而致血气耗散、体倦神疲；治神经衰弱，取其有强壮和兴奋神经系统的作用，适用于过度虚乏、脑力劳动能力降低、记忆力和注意力减退者。其适用于治疗耳源性眩晕（旧称美尼尔氏综合征），治过敏性、瘙痒性皮肤病，治慢性肝炎。五味子还能缓解失眠、精神衰弱，可降血糖、抗氧化、延缓衰老、加强睾丸功能，改善组织细胞代谢功能，促进生殖细胞的增生，促进卵巢排卵。五味子还可提高正常人和眼病患者的视力以及扩大视野，对听力也有良好影响，并可提高皮肤感受器的辨别力。

【食用宜忌及用法】

五味子可煎汤服用，或入丸、散。其外用：研末掺或煎水洗。外有表邪、内有实热，或咳嗽初起、痧疹初发者忌服。有较显著的高血压病和动脉硬化的患者慎用五味子。本品入煎剂时宜捣碎用，入丸剂宜蜜制，以免酸涩过甚。本品由过酸而引起的副作用有上腹不适、烧心感，必要时可加服重碳酸缓解。本品滋补宜熟用，治虚火宜生用。

【选购与保存】

五味子为不规则球形或扁球形，以紫红色、粒大、肉厚、有油性及光泽者为佳。其宜置通风干燥处，防霉。

滋补药膳 猪肝炖五味子五加皮

·强肝明目+祛风敛汗·

主料〉

猪肝180克　五加皮15克　五味子15克

红枣2个　姜适量

辅料〉 盐、鸡精各适量

制作〉

①猪肝洗净切片；五味子、五加皮洗净；姜去皮，洗净切片。②锅中注水烧沸，入猪肝汆去血沫；炖盅装水，放入猪肝、五味子、五加皮、红枣、姜炖3小时，调入盐、鸡精后即可食用。

适宜人群 卫表不固自汗盗汗者；视力减退、老眼昏花、夜盲症、白内障等眼病患者；风湿性关节炎患者；贫血者；体虚经常感冒者。

不宜人群〉肠燥便秘者。

滋补药膳 五味子爆羊腰

·补肾固精+强腰壮脊·

主料〉

羊腰500克　清水1000毫升　杜仲15克

五味子6克

辅料〉葱花、蒜末、油、盐、淀粉各适量

制作〉

①杜仲、五味子洗净，放入锅中，加水煎去药汁。②羊腰洗净，切小块，用淀粉、药汁裹匀。③烧热油锅，放入腰花爆炒，熟嫩后，再放入葱花、蒜末、盐即可。

适宜人群 肾虚阳痿、遗精早泄、腰脊疼痛、头晕耳鸣、听力减退、尿频或遗尿、不育等患者。

不宜人群 外有表邪，内有实热，或咳嗽初起、痧疹初发者。

芡实 "常用的收敛性强壮药"

芡实为睡莲科植物芡的成熟种仁。其主产江苏、湖南、湖北、山东。此外，福建、河北、河南、江西、浙江、四川等地亦产芡实。芡实是常用的收敛性强壮药。

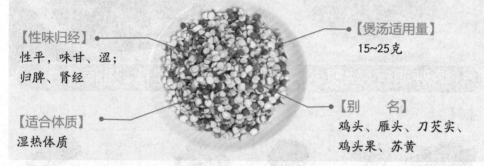

【性味归经】
性平，味甘、涩；
归脾、肾经

【适合体质】
湿热体质

【煲汤适用量】
15~25克

【别　　名】
鸡头、雁头、刀芡实、
鸡头果、苏黄

【功效主治】

芡实具有固肾涩精、补脾止泻的作用。其可治疗遗精、淋浊、带下、小便不禁、大便泄泻。其用于治遗精、夜尿、小便频数，常配金樱子、莲须、莲实、沙苑子等，方如金锁固精丸。其用于健脾，治小儿脾虚腹泻，一般配党参、茯苓、白术、神曲等同用。其治疗脾肾两虚之带下清稀，常与党参、白术、山药等药同用；尤其治妇女白带由湿热所致而略带黄色者，常配山药、牛膝、黄柏、车前子等，方如易黄汤。

【食用宜忌及用法】

芡实，常配金樱子、莲须、莲实、沙苑子等，对于慢性肾炎，可用芡实30克，红枣18克，与猪肾同煮，常服；治小儿遗尿则配桑螵蛸。如属于肝旺脾弱，有肝热表现或自汗，可用芡实配薏米、莲子、独脚金等煮汤作茶饮。用芡实与瘦肉同炖，对解除神经痛、头痛、关节痛、腰酸痛等虚弱症状，大有裨益。常吃芡实还可以治疗老年人的尿频之症。芡实药力虽然可靠，但效力较缓，需长时间服用才见效。凡外感疟痢、痔、气郁痞胀、溺赤便秘、食不运化及产后孕妇皆忌之。

【选购与保存】

芡实以颗粒饱满均匀、粉性足、无碎末及皮壳者为佳；置于通风干燥处保存。

滋补药膳 莲子芡实薏米牛肚汤

·健脾补虚+涩肠止泻·

主料〉

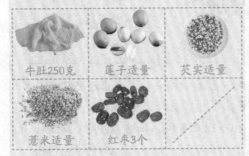

牛肚250克　莲子适量　芡实适量

薏米适量　红枣3个

辅料〉 盐少许

制作〉

①牛肚加盐搓洗，再用清水冲干净，切块；莲子、芡实、薏米、红枣均洗净待用。②将牛肚、莲子、芡实、薏米、红枣放入汤煲内，倒入适量清水，用大火煮沸后转小火煲熟，调入盐即可。

适宜人群 病后虚羸者，气血不足者，营养不良、脾胃薄弱腹泻之人，内脏下垂（如胃下垂、久泻脱肛、子宫脱垂）者。

不宜人群 食积腹胀、消化不良者。

滋补药膳 山药芡实老鸽汤

·补肾健脾+固精止遗·

主料〉

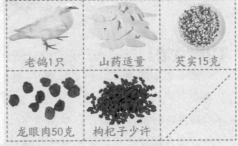

老鸽1只　山药适量　芡实15克

龙眼肉50克　枸杞子少许

辅料〉 盐3克

制作〉

①老鸽收拾干净；芡实洗净；山药、枸杞子均洗净，泡发。②锅注水烧沸，将老鸽放入，煮尽血水，捞起。③砂煲注水，放入山药、枸杞子、芡实、老鸽，以大火煲沸，下入龙眼肉转小火煲1.5小时，加盐调味即可。

适宜人群 肾虚尿频、遗尿者；肾虚遗精早泄者；肺虚喘咳者；脾虚食少者；久泻不止者；带下清稀过多者；产后、病后体虚者；贫血者。

不宜人群 湿盛中满、有积滞、有实邪者。

浮小麦 "止汗、镇静、抗利尿"

浮小麦为禾本科植物小麦未成熟、干瘪轻浮的颖果。其全国大部分地区多有生产。它含淀粉、蛋白质、糖类、糊精、脂肪、粗纤维、谷甾醇、卵磷脂、尿囊素、精氨酸、淀粉酶、蛋白分解酶及微量B族维生素、维生素E等。浮小麦是止汗、镇静、抗利尿的良药。

【性味归经】
性凉，味甘、咸。归心经

【适合体质】
自汗、盗汗者

【煲汤适用量】
15~30克

【别　　名】
浮水麦、浮麦

【功效主治】

浮小麦轻浮走表，能实腠理、固皮毛，为养心敛液，固表止汗之佳品。其具有止汗、镇静、抗利尿的功效，可治骨蒸劳热、自汗、盗汗等症。其用于止汗，治疗各种虚汗、盗汗，单用虽有效，但多配麻黄根、牡蛎、黄芪等加强敛汗作用，也可配糯豆衣。其治疗气虚自汗者，可与黄芪、煅牡蛎、麻黄根等同用，如牡蛎散；治疗阴虚发热，骨蒸劳热等，常与玄参、麦冬、生地黄、地骨皮等药同用；用于抗利尿，治疗小儿遗尿，配桑螵蛸、益智仁等，疗效较好，方如加味甘麦大枣汤。现代医学证实，浮小麦含有丰富的维生素B_1和蛋白质，有治疗脚气病、末梢神经炎的功效。

【食用宜忌及用法】

浮小麦适用于止汗，治疗各种虚汗、盗汗，单用虽有效，也可配糯豆衣，方如浮小麦糯豆衣煎剂，此方治肺结核盗汗的效果较好。脾胃虚寒者慎用浮小麦，表邪汗出者忌用；无汗而烦躁或虚脱汗出者忌用。此外，小麦为浮小麦的成熟颖果，能养心除烦，治心神不宁，烦躁失眠及妇人脏躁。因此用来敛汗固表，宜用浮小麦；用来养心安神，宜用小麦。

【选购与保存】

浮小麦以粒匀、轻浮，表面有光泽者为佳。其选择时以能浮在水面上的为好，但一般不需太讲究，最好选择陈久的浮小麦；其宜置于通风干燥处保存。

滋补药膳 浮小麦莲子黑枣茶

·敛阴止汗+清心安神·

主料 >

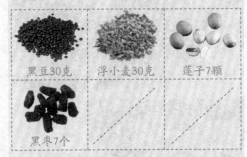

黑豆30克　　浮小麦30克　　莲子7颗

黑枣7个

辅料 > 冰糖少许

制作 >

①将黑豆、浮小麦、莲子、黑枣均洗净，放入锅中，加水1000毫升，大火煮开，转小火煲至熟烂。②调入冰糖搅拌溶化即可，代茶饮用。

适宜人群 阴虚自汗、盗汗者；五心烦热者；心悸失眠者；遗精者；小儿遗尿患者；神经衰弱患者；更年期综合征患者。

不宜人群 脾胃虚寒者、无汗而烦躁或虚脱汗出者。

滋补药膳 麦枣龙眼汤

·补血养心+安神助眠·

主料 >

浮小麦30克　　龙眼20克　　红枣8个

甘草5克

辅料 > 冰糖适量

制作 >

①浮小麦淘净，以清水浸泡1小时，沥干；红枣、甘草洗净；龙眼去壳、核。②将浮小麦、龙眼肉、红枣、甘草一起放入锅中，加水700毫升，以大火煮沸后转小火煮约30分钟，去渣留汁，加冰糖调味即可。

适宜人群 心悸失眠者；气虚盗汗者；贫血者；脾胃气虚食欲不振者；面色萎黄或苍白者；小儿盗汗、遗尿者。

不宜人群 感冒未愈者、中满腹胀者。